동국여지지

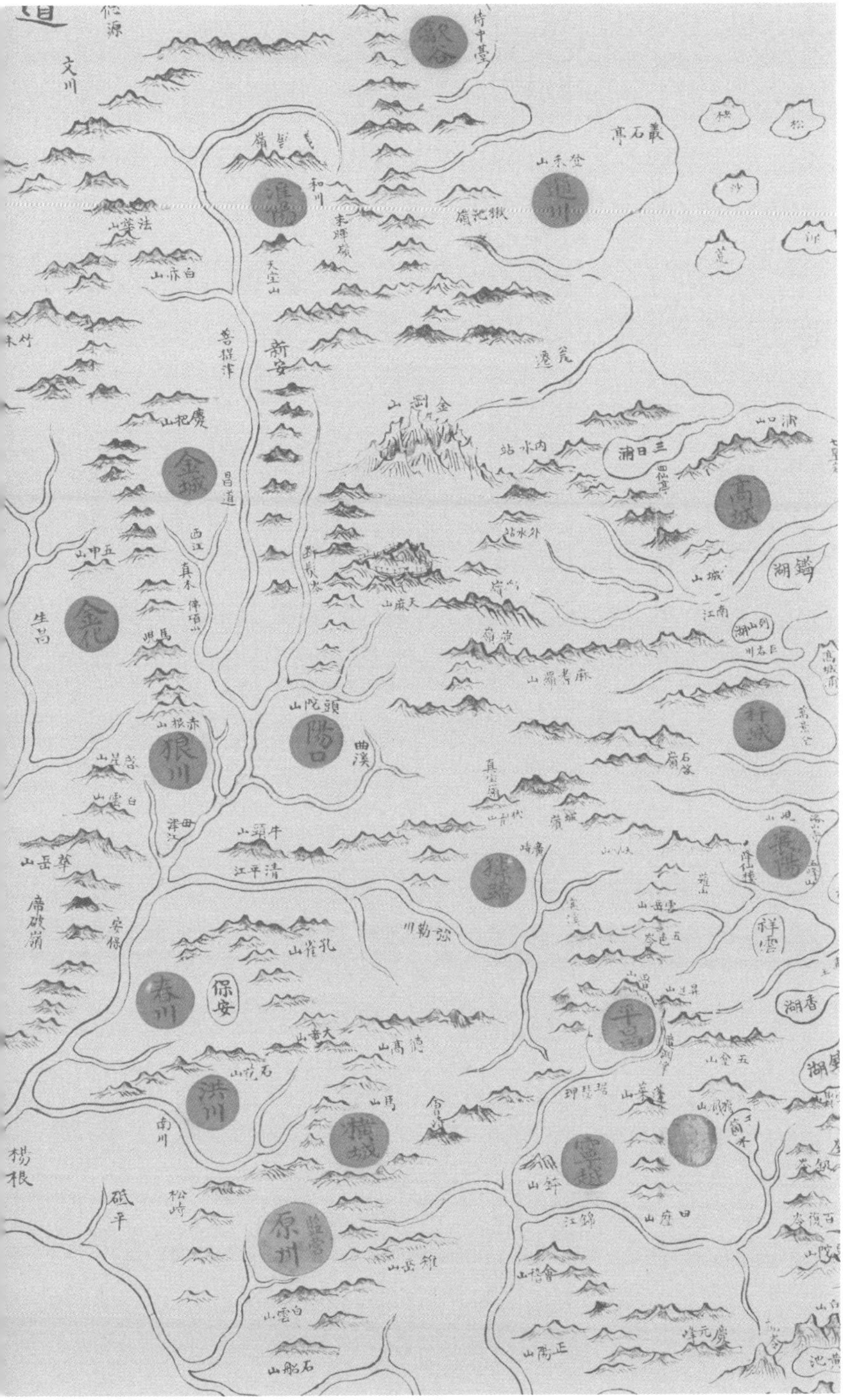

동국여지지 7

강원도

유형원 지음
오세옥 옮김

한국고전번역원

일러두기

1. 이 책의 번역 대본은 서울대학교 규장각한국학연구원 소장《동국여지지(東國輿地志)》(古4790-51)를 저본으로 한 한국고전번역원《교감표점 한국고전총간 지리류 5-7 동국여지지 Ⅰ~Ⅲ》이다.
2. 역주는 내용이 간단하면 간주(間註)로, 길면 각주(脚註)로 처리하였다.
3. 한자는 필요한 경우 이해를 돕기 위하여 넣었으며, 운문(韻文)은 원문을 병기하였다.
4. 원문의 오류를 수정하였거나 오류가 의심되는 경우, 교감자료와 중요한 자구(字句)에서 차이가 있는 경우에는 그 내용을 각주로 밝혔다.
5. '한글 맞춤법'의 용법과 다르거나 새로 만든 문장부호는 다음과 같다.

「　」: '　' 안의 재인용을 나타낼 때 사용한다.

『　』: 「　」 안의 재인용을 나타낼 때 사용한다.

…… : 원문의 '云云'을 처리할 때, 각주에서 긴 인용문을 처리할 때, 각주의 표제어가 네 어절 이상일 경우 생략되는 말을 처리할 때 사용한다.

- - : 본문에서 2차 소자(小字) 및 원문 결락의 처음과 끝에 사용한다.

□ : 원문의 글자가 빠진 빈 난을 표기하거나 '결락과 판독 불가 글자에 대한 지침'에 따라 번역할 때 사용한다.

차례

제7권

강원도

江原道

본래 조선(朝鮮)의 옛 지역인 예맥(濊貊) 지역이다. 천문으로는 미수(眉宿)와 기수(箕宿) 분야이다. 위조선(衛朝鮮 위만 조선(衛滿朝鮮)) 때 한 무제(漢武帝)가 조선을 멸하고 사군(四郡)을 설치하였으니, 이곳이 임둔군(臨屯郡)이 되었다. 소제(昭帝) 시원(始元) 연간에 임둔을 파하고 그 지역을 낙랑군(樂浪郡)에 예속시켰다가 뒤에 영지(領地)가 광대하다고 하여 다시 영동(嶺東) 7현(縣)으로 나누고 낙랑동부도위(樂浪東部都尉)를 설치하였다. 동한(東漢) 건무(建武) 연간에 도위관(都尉官)을 파하고 그 거수(渠帥)를 봉하여 현후(縣侯)로 삼았다.《후한서(後漢書)》에 "예(濊)는 북쪽으로 고구려(高句麗)와 옥저(沃沮), 남쪽으로 진한(辰韓)과 접하고, 동쪽으로 대해(大海)까지 닿아 있으며, 서쪽으로 낙랑(樂浪)에 이르니, 예와 옥저, 고구려는 본래 모두 조선 땅이다. 무왕(武王)이 기자(箕子)를 조선에 봉하고, 그 뒤 40여 대를 지나 조선후(朝鮮侯) 준(準)에 이르렀는데, 연(燕)나라 사람 위만(衛滿)이 준을 격파하고 스스로 조선왕이 되어 나라를 전하여 손자 우거(右渠)에 이르렀다. 한 무제 원삭(元朔) 1년(기원전 128)에 예군(濊君) 남려(南閭) 등이 우거를 배반하여 28만 명을 거느리고 요동(遼東)에 나아가 내속하였다. 이에 황제가 그 지역을 창해군(滄海郡)으로 삼았다가 몇 년이 지나 파하였다. 원봉(元封) 3년(기원전 108)에 이르러 조선을 멸하고 사군(四郡)을 나누어 설치하였고, 소제 시원 5년(기원전 82)에 임둔과 진번(眞番)을 파하여 낙랑과 현도(玄菟)에 병합시켰는데, 현도는 다시 고구려 서쪽으로 거주지를 옮겼고, 단단대령(單單大嶺)에서 동쪽으로 옥저, 예맥은 모두 낙랑에 예속되었다. 뒤에 영지가 광대하다고 하여 다시 영동 7현으로 나누고 낙랑동부도위를 설치하였다. 광무제(光武帝) 건무(建武) 6년(30)에 도위관(都尉官)을 파하고 마침내 영동 지역을 버리고 모두 그 거수를 봉하여 현후로 삼았으며, 모두 세시(歲時)에 조하(朝賀)하도록 하였다. 대군장(大君長)이 없고 그 관호(官號)로 후(侯), 읍군(邑君), 삼로(三老)가 있었다. 그 언어와 법속(法俗)은 대개 고구려와 서로 비슷하였고 인성은 우직하고 성실하였으며, 즐기고 욕심내는 것은 적었다." 하였다. 살피건대 《후한서》에 또 이르기를 "옥저 지역은 남쪽으로 예맥과 접하고, 진한 지역은 북쪽으로 예맥과 접한다." 하였고, 진수(陳壽)의 《위지(魏志)》와 두우(杜佑)의 《통전(通典)》에 실린 내용 또한 그러하다. 《고려사(高麗史)》 〈지리지(地理志)〉에는 "교주도(交州道)는 본래 맥(貊) 땅이다." 하고, 또 "춘주(春州)는 본래 맥국(貊國)이고, 명주(溟州)는 본래 예국(濊國)이다." 하였으니, 대개 예와 맥 지역은 인접한 작은 땅으로 항상 부속되어 있었으므로 필시 병칭하여 예맥이라 하거나 혹은 통칭하여 예라고 하였을 것이다. 그렇지만 그 안에서 또한 각각 구역을 구별하였으니, 대개 영동이 예 땅이 되고 영서(嶺西)가 맥 땅이 된다. 위에서 "단단대령에서 동쪽으로 옥저와 예맥"이라고 한 것은 바로 합해서 말한 내용일 뿐이니, "서쪽으로 낙랑에 이른다."라는 것과 "영동 7현"이라는 말로 참조하여 그 지형을 탐색해 보면 알 수 있다.

뒤에 고구려 소유가 되었다가 신라(新羅)가 병합하였다. 경덕왕(景德王) 때에 명주와 삭주(朔州) 2주를 설치하고 군현을 나누어 다스렸다. 고려(高麗) 성종(成宗) 때에 삭방도(朔方道)를 설치하여 명주, 화주(和州) 등 주현을 다스리고 춘주 등의 주현을 예속시켰다. 명종(明宗) 때 연해명주도(沿海溟州道)라 개칭하고, 춘주 등 주현을 분할하여 춘주도(春州道)를 설치하였다. 혹 동주도(東州道)라고도 칭하였다. 원종(元宗) 때에 명주도를 강릉도(江陵道)라 개칭하고, 동주도를 교주도(交州道)라 개칭하였다. 공민왕(恭愍王) 때에 강릉도를 강릉삭방도(江陵朔方道)라

개칭하였다. 신우(辛禑) 때에 이르러 강릉도를 비로소 삭방도에서 분리하여 교주도에 합하고 교주강릉도(交州江陵道)라고 칭하였다. 또 충주(忠州) 소관인 평창군(平昌郡)을 내속시켰다. 공양왕(恭讓王) 때에 철원(鐵原), 영평(永平) 등 군현을 분할하여 경기(京畿)에 이속시켰다.

본조 태조(太祖) 초에 고쳐 강원도로 삼았다. 공정왕조(恭靖王朝 정종(定宗))에 원주(原州)의 속현(屬縣)인 영춘(永春)과 충주 관할인 영월(寧越)이 개 이빨처럼 어긋나게 맞물려 있다 하여 서로 바꿨다. 태종조(太宗朝)에 가평(加平)과 조종(朝宗)을 분할하여 경기에 예속시키고 경기 이천현(伊川縣)을 본도에 내속시켰으며, 세종조(世宗朝)에는 또 철원과 안협(安峽)을 본도에 도로 예속시켰다. 금상(今上) 때[1]에 원양도(原襄道)로 개칭하였다가 얼마 뒤에 다시 강원도라고 칭하였다. 부(府) 1개, 목(牧) 1개, 도호부(都護府) 5개, 군(郡) 7개, 현(縣) 12개이다.

관원

관찰사(觀察使) 1인이다.

병마절도사(兵馬節度使) 1인으로 관찰사가 겸한다.

수군절도사(水軍節度使) 1인으로 관찰사가 겸한다.

도사(都事), 심약(審藥), 검률(檢律) 각 1인이다.

1 금상(今上) 때 : 현종 7년(1666)이다.《承政院日記 顯宗 7年 2月 18日》

강릉대도호부 江陵大都護府

동쪽으로 해안까지 10리이다. 서쪽으로 평창군(平昌郡) 경계까지 159리, 횡성현(橫城縣) 경계까지 190리이다. 서남쪽으로 정선군(旌善郡) 경계까지 90리이다. 남쪽으로 삼척부(三陟府) 경계까지 94리이다. 북쪽으로 양양부(襄陽府) 경계까지 60리이다. 서울과의 거리는 600리이다.

한전 旱田

수전 水田

건치연혁 建置沿革

옛 예국(濊國)이다. 일명 철국(鐵國)이라고 하고, 일명 예국(蘂國)이라고 한다. 한 무제(漢武帝) 원삭(元朔) 초에 예군(濊君) 남려(南閭)가 한나라에 귀속하자, 한나라가 그 지역을 창해군(蒼海郡)으로 삼았다가 몇 년 만에 파하였다.[2] 원봉(元封) 3년(기원전 108)에 조선을 멸하고 여기

2 한……파하였다 : 한 무제(漢武帝) 원삭(元朔) 1년(기원전 128)에 창해군(蒼海郡)으로 삼

에 동이현(東暆縣)을 설치하고 임둔군(臨屯郡) 치소로 삼았다. 고구려가 하서량(河西良)이라 칭하였다. 일명 하슬라주(何瑟羅州)라고 한다. 신라 선덕왕(善德王) 때에 하서소경(河西小京)으로 삼았고, 무열왕(武烈王) 때에 지역이 말갈(靺鞨)과 잇닿아 있다 하여 고쳐 주(州)로 삼고 도독부(都督府)를 설치하였다. 경덕왕(景德王) 16년(757)에 명주(溟州)를 설치하였다. 고려 태조(太祖) 19년(936)에 동원경(東原京)을 설치하고, 얼마 뒤에 명주로 고쳤다. 성종(成宗) 초에 하서부(河西府)라고 칭하고, 5년(986)에 명주도독부(溟州都督府)로 고쳤으며, 11년(992)에 고쳐 목(牧)으로 삼았다. 원종(元宗) 초에 고쳐 경흥도호부(慶興都護府)로 삼았다. 공신 김홍취(金洪就)의 고향이므로 호칭을 승격시킨 것이다. 충렬왕(忠烈王) 때에 강릉부(江陵府)로 고치고, 공양왕(恭讓王) 초에 승격시켜 대도호부로 삼았다. 본조에서 그대로 따르고, 세조(世祖) 때에 진(鎭)을 두었다. 관장하는 면은 12개이다.

진관

도호부(都護府) 2개 삼척(三陟), 양양(襄陽)

군(郡) 4개 평해(平海), 간성(杆城), 고성(高城), 통천(通川)

현(縣) 2개 울진(蔚珍), 흡곡(歙谷)

관원

부사(府使), 판관(判官), 교수(敎授) 각 1인이다.

고, 원삭 3년(기원전 126)에 파하였다.《漢書 武帝紀》

군명 郡名

예국(濊國), 임둔(臨屯), 동이(東暆), 하서(河西), 명주(溟州), 동원(東原)

형승 形勝

북쪽에서 산이 뻗어 오고, 동쪽 끝으로 바다가 이어진다. 고려 이곡(李穀)의 시[3]에 "산이 북쪽에서 뻗어와서 푸르름이 끝나지 않았고, 바다가 동쪽 끝이 되어 가없이 넓고 넓네.〔山自北來靑未了 海爲東極浩無邊〕"라고 하였다.

서쪽은 큰 고개에 막히고 동쪽은 푸른 바다에 닿아 있다. 지지(地志)에 "서쪽은 큰 고개에 막히고 동쪽은 푸른 바다에 닿아 있다. 남쪽으로 평해(平海)에서 북쪽으로 통천(通川)에 이르기까지 일대 여러 고을이 영해(嶺海) 사이에 끼어 자리하고 있다."라고 하였다.

산수가 천하에 으뜸이다. 지지에 "강릉은 영해 사이의 외진 곳에 있는데, 산수의 형승은 천하에 으뜸이다."라고 하였다.

푸른 바다가 드넓고 깊은 골짝이 천 겹이다. 고려 안축(安軸)의 〈경포대기(鏡浦臺記)〉

동해의 지경은 대부분 맑고 상쾌하다. 본조 허목(許穆)의 글[4]에 "대령(大嶺 대관령)의 동쪽은 뭇 산봉우리에 모두 눈이 쌓여 있으므로 해와 달이 떠오

3 이곡(李穀)의 시 : 〈강릉 객사 동헌에 있는 시에 차운하다〔次江陵客舍東軒詩韻〕〉이다. 《稼亭集 卷19》

4 허목(許穆)의 글 : 〈종형에게 답한 편지〔答從兄書〕〉이다. 《記言 卷21》

르는 것만 바라보았습니다. 동해는 모두 모래가 깔린 바다이고, 바닷가도 모래가 많습니다. 간간이 무성한 솔숲이나 큰 못이 있어 이름난 절경을 이루고 있습니다." 하고, 또 말하기를 "남해의 진기하고 풍요한 것이 동해 지역의 맑고 상쾌한 것만 못하니, 예로부터 걸출한 선비로서 바닷가에서 세속을 잊은 자들이 대부분 동해의 바닷가를 일컫고 남해를 말하지 않은 것은 대개 이 때문입니다."라고 하였다.

풍속 風俗

사람들의 성품은 우직하고 성실하며, 즐기고 욕심내는 것이 적다. 《후한서(後漢書)》에 "예(濊)는 그 사람들의 성품이 우직하고 성실하며, 즐기고 욕심내는 것이 적어서 청하거나 구걸하지 않으며 염치가 있다."라고 하였다.

질병을 꺼리고 피한다. 《후한서》에 "질병을 꺼리고 피하여 사람이 죽으면 바로 살던 집을 버리고 다시 새로 집을 짓는다."라고 하였다.

별을 살펴서 그해의 풍흉(豐凶)을 안다. 《후한서》에 "별자리를 살펴서 그해의 풍흉을 미리 알았다."라고 하였다.

○ 이상은 예맥의 공통되는 풍속으로 옛 도읍인 본부에 실었다.

선비들은 학문을 숭상한다. 어렸을 때부터 책을 끼고 스승을 따른다. 글 읽는 소리가 마을에 가득히 들리며, 게으름 부리는 자는 여러 사람이 함께 쫓아내는 벌을 준다.

풍속이 놀이와 잔치를 좋아한다. 그 풍속은 매양 가절(佳節)을 만나면 서로 맞이하여 함께 마시며, 보내고 맞이하는 일이 끊임없다. 그러나 농사에 힘쓰지 않아서 살림살이가 넉넉하지 못하다.

바닷물을 퍼다가 소금을 굽고 산을 경작한다. 고려 이제현(李齊賢)의 시[5]에 "바닷물 퍼다가 소금을 굽고, 화전을 일구어 구름 속에서 농사짓네.〔和泥煮白浪 帶燒墾蒼雲〕"라고 하였다.

사람들이 대부분 장수한다. 〈회토기(會土記)〉에 "청량(淸涼)한 산이 명주를 빙 둘러 안고 있으므로 장수하는 사람들이 많다."라고 하였다.

경로회(敬老會)를 행한다. 고을 풍속이 노인을 공경하여 매양 좋은 절후를 만나면 70세 이상의 노인을 초청하여 경치가 좋은 곳에 모여서 경하드린다.

산천 山川

대관령(大關嶺) 부 서쪽 40리에 있다. 진산(鎭山)이다. 일명 대령(大嶺)이라고 한다. 함경도의 검산(劍山)과 분수령(分水嶺)에서부터 본도에 들어와 철령(鐵嶺), 추지령(楸池嶺), 금강산(金剛山)이 되고, 또 금강산에서 미시파령(彌時坡嶺), 설악산(雪嶽山), 소동라령(所冬羅嶺), 오대산(五臺山)을 지나 이 고개가 되는데, 천여 리에 걸쳐 뻗쳐 있으니 《한지(漢志)》에 단단대령(單單大嶺)이라 한 것[6]이 바로 이곳이다. 여러 고개가 모두 산등성이로 서로 연결되어 있고 길이 나서 통하는데, 이 고개가 더욱 험하여 돌아서 올라가야 한다. 그 높이는 30리이다. ○ 본조 김세렴(金世濂)의 시[7]에,

5 이제현(李齊賢)의 시 : 〈강릉 길에서 박안집과 헤어지면서〔江陵道朴安集告別〕〉이다. 《益齋亂藁 卷4》

6 한지(漢志)에……것 : 한지는 《후한서(後漢書)》를 가리킨다. 이 말은 《후한서》 권85 〈동이열전(東夷列傳)〉에 실려 있다.

7 김세렴(金世濂)의 시 : 〈강릉기사(江陵記事)〉이다. 《東溟集 卷3》

삼산은 동해에 솟아 있고 三山出東海
오악은 중국을 떠받드네 五嶽奠中國
이 고개 다시 험준하여 茲嶺復巉巖
웅장한 모습으로 남북을 진무하네 屹然鎭南北
안으로는 푸른 천 개 산봉이 모이고 內攢千峯碧
밖으로는 검푸른 깊은 바다가 넘실대네 外盪重溟黑
우뚝 솟아 짙은 그늘 드리우고 突兀起重陰
가팔라서 빼어난 경색 드러내네 崢嶸聳秀色
바위가 험하여 길이 끊어지고 巖峭路斷絶
산봉우리 겹쳐 하늘도 기울었네 岫複天欹昃
올라가 구름 밖을 나오니 登臨出雲表
호탕한 기운에 가슴이 휑해지네 浩蕩失胸臆

하였다.

오대산(五臺山) 일명 청량산(淸涼山)이라 한다. 부 서쪽 130리에 있다. 높고 거대하며 매우 깊다. 산에 다섯 봉우리가 있으니, 동쪽 봉우리는 만월(滿月)이라 하고, 남쪽 봉우리는 기린(麒麟)이라 하고, 서쪽 봉우리는 장령(長嶺)이라 하고, 북쪽 봉우리는 상왕(象王)이라 하고, 가운데 봉우리는 지로(智爐)라고 한다. 다섯 봉우리가 고리처럼 늘어서 있고 규모가 대등하기 때문에 이렇게 이름하였다. 본조 세조가 일찍이 순행하다가 이곳에 올랐다. 허목(許穆)의 기문(記文)[8]에 "산기운이 최대로 쌓인 것이 5개이므로 오대(五臺)라 부른다. 그 북쪽은 상왕봉(象王峯)인데 지극히 높고 험준하며,

8 허목(許穆)의 기문(記文) : 〈오대산기(五臺山記)〉이다. 《記言 卷28》

그 정상은 비로(毗盧)가 된다. 그 동쪽이 북대(北臺)인데 대에 감로수(甘露水)가 있다. 비로봉 남쪽이 지로봉(智爐峯)이고, 지로봉 위에 중대(中臺)가 있는데, 산이 깊고 기운이 서늘하여 새도 날아들지 않는다. 중대 남쪽에 쌍옥정(雙玉井)이 있다. 북대 동남쪽이 만월봉(滿月峯)인데, 정상이 동대(東臺)이고, 대 아래에 청계(淸溪)가 있다. 동대에 올라 동해 바다의 일출을 바라볼 수 있다. 상왕봉 서남쪽이 장령봉(長嶺峯)이고 위에 서대(西臺)가 있다. 서대에서 신정(神井)의 샘물을 길으는데 이를 우통수(于筒水)라고 이른다. 장령봉의 동남쪽이 기린봉(麒麟峯)인데 위에 남대(南臺)가 있다. 그 남쪽 산기슭에 영감사(靈鑑寺)가 있으니, 지금 이곳에 사책(史冊)을 보관하고 있다. 상원사(上院寺)는 지로봉 남쪽 기슭에 있는데, 산속의 아름다운 절이다. 상원사에서 중대에 오르기까지 5리이고 또 북대에 오르기까지 5리이며, 서쪽으로 장령에 오르기까지 또 5리이고 거기서 동대까지는 15리, 남대까지는 10리이다. 대개 산에 흙이 많고 돌이 적으며, 나무는 회나무〔檜〕가 많다. 산중의 물이 합해져서 큰 내가 되는데, 월정사(月精寺) 아래에 이르러서 금강연(金剛淵)이 된다." 하였다.

보현산(普賢山) 부 서쪽 35리에 있다.

원읍현(員泣峴) 대관령 중턱에 있다. 부 서쪽 40리에 있다. 세상에서 전하기를 "어떤 한 관원이 강릉 부사에서 체직되어 돌아갈 때 이곳에 이르러 돌아보고는 슬퍼하며 눈물을 흘렸으므로 이름을 원읍현이라고 지었다." 한다.

모로현(毛老峴) 부 서쪽 125리에 있다.

독현(禿峴) 부 서쪽 189리에 있다.

화비령(火飛嶺) 부 남쪽 35리에 있다. 고개의 흙이 검어서 마치 불로 태운 듯하므로 이렇게 이름하였다.

삽령(鈒嶺) 부 남서쪽 60리에 있다. 정선(旌善)으로 가는 길이다.

월정산(月正山) 부 동쪽 6리에 있다.

화부산(花浮山) 부 북쪽 3리에 있다.

소은백산(所隱柏山) 부 서쪽 65리에 있다. 민간에 전해지기를 "신선이 살던 곳으로, 예전에 사냥꾼이 짐승을 쫓다가 높은 산봉우리에 올라 골짜기 안을 보니, 늙은 나무와 띳집과 길들이 빼곡하고 시냇가에는 베를 마전하고 옷을 빨아 널어서 영락없이 사람이 살고 있는 듯하였다. 산을 내려가 찾아보았더니 구름과 아지랑이만 골짜기에 가득하여 길을 잃고 그곳이 어디인지 몰랐다." 한다.

소우음산(所于音山) 부 서쪽 80리에 있다. 산속에 샘이 있는데, 가뭄이 들어 비를 빌면 효험이 있었다.

해령산(海靈山) 부 동쪽 27리에 있다.

담정산(淡定山) 부 남쪽 32리에 있다.

사화산(沙火山) 부 북쪽 30리에 있다.

주문산(注文山) 부 북쪽 42리에 있다.

청학산(青鶴山) 부 서북쪽 50리에 있다. 오대산에서 이어져 100리를 뻗어나가 다른 줄기가 되는데, 바위산이 모여 옹립하고 푸른 학이 봉우리 위에 서식한다. 그 산이 겹겹의 산령(山嶺) 가운데 있으므로 예전에는 이름이 없다가 본조 이이(李珥)가 이름을 지었다. ○ 이이의 〈유산기(遊山記)〉[9]에 "백운천(白雲遷), 토곡(兔谷), 곡연(曲淵)을 지나고 다시 두 고개를 넘어

9 이이의 유산기(遊山記) : 〈청학산을 유람하면서 지은 기문(遊青鶴山記)〉이다. 《栗谷全書 卷13》

무릇 30여 리를 가니, 한 고개가 높고 험준한데 길을 따라 수석(水石)이 갈수록 기이하고 뭇 산봉우리가 푸른 기운에 둘러싸여 있다. 여기에서 서쪽으로 10리쯤 가면 새라야 지날 수 있는 듯이 험한 돌 잔도가 매우 위태하게 나 있는데 이름이 관음천(觀音遷)이다. 그 서쪽에 석문(石門)이 있고, 석문 안에 비선암(秘仙巖)[10]이 있으니 옛 이름은 식당암(食堂巖)이다. 바위 서쪽에 옛 산성이 있다. 다시 5리를 가니 바로 석봉(石峯)이 우뚝 솟아 있다. 그 중 기세가 하늘에 닿을 듯한 것이 셋으로, 구름을 끼고 있는 벼랑이 하얀 눈빛을 띠고 높다랗게 서 있는데, 맑은 물이 그 사이에서 쏟아져 나와 부딪쳐서 폭포가 되고 깊게 괴어 못을 이루었으며, 봉우리 위에는 청학소(靑鶴巢)가 있다. 석문에 들어서면서 이미 경색(境色)이 더욱 기이하여 황연히 별세계이니, 그 봉우리를 촉운(矗雲)이라 이름 짓고, 그 골짜기를 천유(天遊)라 이름 짓고, 그 산을 통틀어 청학(靑鶴)이라 이름 지었다." 하였다.

천유동(天遊洞) 부 서북쪽 70리, 청학산 안에 있다. 청학동(靑鶴洞)이라고도 한다. 산봉우리가 고리처럼 합쳐지고 골짜기가 그윽하고 깊어 완연히 별천지를 이루고 있다. 그 동남쪽 골짜기에 구룡연(九龍淵)이 있으니, 층층 절벽과 기암이 까마득히 높아 오르기 어려운데 물이 그 사이에서 퍼져 흘러 구절폭포(九折瀑布)가 되고, 폭포 아래는 모두 깊은 못이다. 그 바위 위에 크게 '구룡연(九龍淵)'이라는 글자가 기이한 필치로 쓰여져 있으니, 본조 허목(許穆)이 쓴 것이다. 석문을 통과하여 관음천을 지나고 고개를 넘어 나가면 비로소 인가가 나타난다. 청학산에 자세히 보인다.

10 비선암(秘仙巖) : 〈청학산을 유람하면서 지은 기문〉에 의하면, 이이가 이때 지은 이름이다. 《栗谷全書 卷13》

대은동(大隱洞) 부 서쪽 180리에 있다. 세속에서 봉평(蓬坪)이라고 한다. 겹겹의 산 가운데 긴 골짜기와 너른 들이 있는데 모두 비옥하여 경작할 만하고 논도 있다. 도로가 막히고 끊어졌지만 민가에서 종종 들어와 사는 자도 있다. 그중 가장 깊은 곳으로 또 송아지를 끌고 험지를 넘어야 하는 곳도 있는데 그곳에도 경작할 만한 전답이 있다.

대화석굴(大和石窟) 대화역(大和驛) 북쪽에 있다. 그 깊이를 헤아릴 수가 없는데, 혹 홍천현(洪川縣) 경계까지 이른다고도 한다. 굴 안은 그윽하고 어두워 횃불이 없으면 깊이 들어갈 수가 없다. 돌 기운이 엉긴 채 흐르는 듯하여 보기에는 무르고 축축할 것 같은데, 지팡이로 두드려 보니 단단한 소리가 난다. 돌 모양이 매우 특이하여 완연히 사물의 모습을 이루고 있으니, 어떤 것은 당번(幢幡) 같고 어떤 것은 인형 같으며, 논 모양도 있다. 또 땅속으로 흐르는 내가 있는데 사람들이 그 소리를 들을 수 있다.

바다〔海〕 부 동쪽 10리에 있다. 허목이 말하기를[11] "동해는 동쪽, 남쪽, 북쪽으로 끝이 없어서 항상 거센 바람이 불 때가 많고 파도가 언덕을 들이쳐 높이가 10장(丈)이나 된다. 오직 서풍이 불어야 바다가 잠잠하지만 여풍(厲風 북서풍)이 불면 바다가 일렁인다." 하였다.

견조도(堅造島) 부 동쪽 10리에 있고, 남천(南川)이 바다에 들어가는 어귀이다. ○ 고려 김극기(金克己)의 시에,

바다 안의 견조도는	海中堅造島
높고 험하여 잔풀도 없네	巖險絶纖草
좋은 경치는 신선 세계 가깝고	勝境近神仙

11 허목이 말하기를 : 〈척주기사(陟州記事)〉 '기후를 기록함〔誌候〕'에 실려 있다. 《記言 卷37》

신선 남긴 자취는 부로들이 전하네　　　　　　　　遺蹤傳父老

하였다.

성남천(城南川) 부성(府城) 남쪽 100보에 있다. 원류는 대관령에서 나와 여러 계곡물과 합류하여 송악연(松嶽淵)이 되고, 광제연(廣濟淵)이 되고, 동쪽으로 바다에 들어간다.

금강연(金剛淵) 오대산 월정사 곁에 있다. 부 서쪽 110리에 있다. 산속의 물이 합해져서 큰 내를 이루는데, 사면이 모두 반석(盤石)이다. 이 물이 10자 높이의 폭포가 되어 떨어지고 휘돌아 모여 못이 되는데, 민간에 전해지기를 신룡(神龍)이 숨어 있다고 한다. 봄이면 여항어(餘項魚)가 무리 지어 물을 거슬러 올라와 못 속에 들어가 자맥질하며 노는데, 힘껏 높은 절벽까지 뛰어올라 혹 올라오는 것도 있고 혹 반쯤 오르다가 도로 떨어지기도 한다.

우통수(于筒水) 부 서쪽 150리, 오대산 서쪽에 있다. 서대(西臺)의 아래에 샘이 솟아 나오니 바로 한수(漢水)의 수원(水源)이다. ○ 본조 권근(權近)의 기문[12]에 "서대 아래에 함천(檻泉)[13]이 솟아 나오는데, 빛깔과 맛이 보통 샘물보다 훌륭하고 그 무게 또한 그러하니, 이름을 우통수라고 한다. 서쪽으로 수백 리를 흘러 한강(漢江)이 된다. 한강이 비록 여러 곳에서 물이 흘러들어 모이지만, 우통수가 마치 중국의 양자강(揚子江)의 중령(中泠)[14]과

12 권근(權近)의 기문 : 〈오대산 서대 수정암 중창기(五臺山西臺水精庵重創記)〉이다. 《陽村集 卷14》

13 함천(檻泉) : 남천(濫泉)과 같은 말이다. 위로 샘솟는 샘을 말한다. 《시경(詩經)》 〈첨앙(瞻卬)〉에 "용솟음쳐 나오는 함천이여 그 깊기도 하도다.〔觱沸檻泉, 維其深矣.〕"라고 하고, 그 주에 "함천은 샘이 솟아 나오는 것이다.〔檻泉, 泉上出者.〕" 하였다.

14 중령(中泠) : 중국 강소성(江蘇省) 진강현(鎭江縣) 서북쪽의 양자강(揚子江) 속에 있는 샘 이름이다. 강물과 함께 흐르면서도 이 물은 특히 섞이지 않고 찬 맛을 그대로 지닌다고 한

같이 빛깔과 맛이 변하지 않으니, 한강이라고 이름한 것도 이 때문이다." 하였다.

방림천(芳林川) 부 서쪽 158리에 있다.

연곡포(連谷浦) 연곡폐현(連谷廢縣) 동쪽 5리에 있다. 부와의 거리는 35리이다.

오진(梧津) 부 남쪽 90리에 있다.

주문진(注文津) 부 북쪽 40리에 있다.

○ 이상의 세 포(浦)에는 예전에 척후(斥候)가 있었었다.

안인포(安仁浦) 부 동남쪽 25리에 있다.

경호(鏡湖) 부 북쪽 50리에 있다. 경포(鏡浦)라고도 한다. 둘레가 20리이다. 물이 거울처럼 맑고 깊지도 얕지도 않아 겨우 사람 어깨가 잠길 정도이니, 사면과 중앙이 동일하다. 서쪽 언덕에 경포대(鏡浦臺)가 있다.

풍호(楓湖) 부 북쪽 14리에 있다. 본조 정경세(鄭經世)의 시[15]에 "한송정 남쪽 가는 바로 풍호인데, 눈앞 가득 잔잔한 물결 가없어서 흐릿하네.〔寒松南畔是楓湖 極目平波遠有無〕"라고 한 것이 이곳이다. 그 서(序)에 이르기를 "유람하는 자들이 한송정(寒松亭)에서 남쪽으로 가서 긴 숲 사이를 지나 고운 모래를 밟고 가는데 들어갈수록 더욱 깊어진다. 솔숲과 모래밭을 다 지나간 다음 조금 돌아서서 서쪽으로 고개를 돌리면 홀연히 평평한 호수가 보이는데, 하늘과 똑같은 빛이 되어 밝고 맑기가 마치 하나의 별세계

다. 우통수가 여러 물 가운데 중심 물줄기가 되어 한강 물의 성질을 그대로 유지시킨다는 뜻으로 인용한 말이다.

15 정경세(鄭經世)의 시 : 〈풍호를 추억하다〔憶楓湖〕〉이다.《愚伏集 卷2》

인 듯하니 참으로 뛰어난 풍경이다. 그런데도 세간에서 이곳을 일컫는 이를 본 적이 없으니, 이는 다만 경포의 빼어난 경치에 눌려 그런 것으로, 경수(涇水)가 맑게 흐르는데도 위수(渭水) 때문에 탁수가 된 것과 같을 뿐이다. 내가 수령으로 있을 적에[16] 여러 번 이곳에 가서 노닐면서 즐거워하였으니, 이는 그윽하고 고요하며 평안하고 안온하여 두건을 젖혀 쓰고 지팡이를 짚고 거닐면서 노닐기에 알맞은 점을 사랑해서이다." 하였다.

토산 土産

모시〔苧〕, 삼〔麻〕, 궁간상(弓幹桑), 우계현(羽溪縣)에서 난다. 죽전(竹箭), 부 북쪽 증산(甑山) 및 부 동북쪽 강문도(江門島)에서 난다. 배〔梨〕, 잣〔海松子〕, 인삼(人蔘), 자단향(紫檀香), 황양(黃楊), 오미자(五味子), 지치〔紫草〕, 송이버섯〔松蕈〕, 당귀(當歸), 작약(芍藥), 복령(茯苓), 속새〔木賊〕, 산개(山芥), 매〔鷹〕, 꿀〔蜂蜜〕, 황랍(黃蠟), 산무애뱀〔白花蛇〕, 바다수달〔海獺〕, 소금〔鹽〕, 미역〔藿〕, 참가사리〔細毛〕, 김〔海衣〕, 해삼(海蔘), 전복〔鰒〕, 홍합(紅蛤), 문어(文魚), 삼치〔麻魚〕, 방어(魴魚), 광어(廣魚), 적어(赤魚), 고등어〔古刀魚〕, 대구어(大口魚 대구), 비목어(比目魚), 황어(黃魚), 연어(鰱魚), 송어(松魚), 은구어(銀口魚 은어), 누치〔訥魚〕, 붕어〔鯽魚〕, 여항어(餘項魚), 순채〔蓴〕, 회세합(回細蛤)

16 내가……적에 : 강릉 부사로 재직할 때를 말한다. 정경세는 1613년(광해군5) 3월 강릉 부사에 제수되었다.《愚伏集 附錄 年譜》

성곽 城郭

부성(府城) 예전에 토성(土城)이 있었는데, 중종(中宗) 7년(1512)에 개축하였다. 돌로 쌓았다. 둘레가 2782자이다. 4개의 문을 세웠으니, 동쪽 문을 □□이라 하고, 남쪽 문을 □□이라 하고, 서쪽 문을 □□이라 하고, 북쪽 문을 □□이라 한다. 성안에 우물 14개와 못 2개가 있다.

학교 學校

향교(鄕校) 부 북쪽 3리에 있다. 고려 김승인(金承印)이 존무사(存撫使)가 되어 처음 만들었다. 본조 성종(成宗) 때에 성전(聖殿) 및 동서무(東西廡), 동서재(東西齋), 강청(講廳), 전사청(典祀廳), 제기고(祭器庫), 교수아(教授衙), 유사방(有司房)을 중수하면서 기구를 모두 갖추었고, 또 남루(南樓)를 지었다.

구산서원(丘山書院) 부 서쪽 30리에 있다. 본조에서 함가중(咸可中)이 세우고[17] 공자(孔子) 영정(影幀)을 얻어 사당 안에 봉안하였다. 서원 곁에 작은 바위가 있고 그 아래를 연어대(鳶魚臺)라고 한다.

석천서원(石川書院) 부에 있다. 문성공(文成公) 이이(李珥)의 외가(外家)가 부의 북평(北坪)에 살았고 이이가 여기서 태어났으므로 부 사람들이 서원

17 본조에서 함가중(咸可中)이 세우고 : 대본에는 '中建本朝'로 되어 있는데, 탈자와 착간이 있는 듯하여 《퇴계집외집(退溪集外集)》 권1 〈구산서원 시에 차운하다(次丘山書院韻)〉 병서(幷序)와 《광뢰집(廣瀨集)》 권10 〈삼척 부사 칠봉 함공 묘갈명(三陟府使七峯咸公墓碣銘)〉에 근거하여 바로잡고 보충하여 번역하였다.

을 세워 제사 지낸다.[18]

궁실 宮室

임영관(臨瀛館) 바로 객관(客館)이다. ○ 본조 정수강(丁壽岡)의 시[19]에,

임영 옛 마을이 몇 천 년이던가	臨瀛古府幾千年
땅이 동해로 트여 바다 하늘 당기었네	地拆東溟控海天
산천은 옛 그대로 눈앞에 들어오고	依舊山川來眼底
누각은 새로 중수되어 구름 곁에 솟았네	重新樓閣倚雲邊
집집마다 선비는 삼동에 공부하러 가고	家家士造三冬學
곳곳마다 풍년이 드니 만 집에 연기로세	處處秋登萬井煙
이는 모두 임금 교화를 잘 펴는 사또의 힘이라	摠是使君宣化力
나는 이제 도리어 경호 신선 되었노라	吳今還作鏡湖仙

하였다.

의운루(倚雲樓) 객관 남쪽에 있다. 누각이 매우 크고 통창하므로 고금에 제영(題詠)한 시가 그 위에 많이 있다.

운금루(雲錦樓) 객관 동북쪽 모퉁이에 있다. 누각 남쪽에 못이 있으니, 모종

18 부……지낸다 : 《율곡전서》 권34 부록2 〈원향록(院享錄)〉에 의하면, 1636년(인조14)에 석천에 창건하여 위판을 봉안하였고, 1652년(효종3)에 감사 김익희(金益熙)와 부사 이만영(李晩榮)이 부 남쪽 구정촌(求正村)에 이건(移建)하였다. 그 후 1660년(현종1)에 송담서원(松潭書院)으로 사액(賜額)을 받았다.《국역연려실기술 별집 제4권 사전전고(祀典典故) 서원(書院)》

19 정수강(丁壽岡)의 시 : 〈강릉 동헌 시에 차운하다〔次江陵東軒韻〕〉이다.《月軒集 卷3》

을 내서 연을 심었다. 못 안에 섬이 있는데 섬 위에 대나무를 심어서 경치가 매우 뛰어나다. 성종 8년(1477)에 부사 이신효(李愼孝)가 중창(重創)하였다. 서거정(徐居正)의 기문이 있다.

한송정(寒松亭) 부 북쪽 15리에 있다. 동쪽으로 큰 바다에 닿아 있다. 예전에 천 년 된 무성한 솔숲이 있어 찬 그림자가 푸르게 드리워지므로 이렇게 이름하였다. 정자 곁에 차샘〔茶泉〕, 돌아궁이〔石竈〕, 돌절구〔石臼〕가 있는데, 바로 신라 때 술랑(述郞) 등 선인들이 노닐던 곳이다. ○ 《악부(樂府)》에 〈한송정곡(寒松亭曲)〉이 있다. 세상에서 전하기를 "이 곡조가 비파 바닥에 쓰여져 있는 채로 떠다니다가 중국 강남(江南) 지방에 이르렀는데, 강남 사람들이 그 가사를 이해하지 못하였다. 고려 광종(光宗) 때 장진산(張晉山)이 사명을 받들고 송(宋)나라에 들어가자 강남 사람들이 그 가사에 대해 물으니, 장진산이 시를 지어 풀이하기를,

달 밝은 한송정 밤이요 月白寒松夜
물결 고요한 경포의 가을이라 波安鏡浦秋
슬피 울며 오고 가니 哀鳴來又去
신의 있는 갈매기 한 마리 有信一沙鷗

라고 하였다." 한다. ○ 고려 안축(安軸)의 시[20]에,

네 선인[21]이 일찍이 여기에 모였을 때 四仙曾會此
객은 맹상군(孟嘗君)의 문전 같았을 듯 客似孟嘗門

20 안축(安軸)의 시 : 〈한송정에 제하다〔題寒松亭〕〉이다. 《謹齋集 卷1》

21 네 선인 : 신라 효소왕(孝昭王) 때의 화랑인 영랑(永郞), 술랑(述郞), 남석랑(南石郞), 안상랑(安祥郞) 사선(四仙)을 말한다. 이들은 당시 전국의 명승, 특히 금강산 일대를 유람하고 경관을 감상하면서 심신을 수련하고 도의(道義)를 닦았다고 한다.

구슬 신발[22]은 구름처럼 자취도 없고　珠履雲無迹
푸른 소나무는 불타고 남지 않았네　蒼官火不存
신선 자취 찾으며 푸른 숲 생각하고　尋眞思翠密
옛일을 추억하며 황혼에 섰노라　懷古立黃昏
오직 차 달이던 샘물만이 남아　惟有煎茶井
예전 그대로 바위 밑에 있구나　依然在石根

하였다. ○ 본조 유계문(柳季聞)의 시에,

옛 선인이 유랑하던 곳에　古仙浪遊處
다투어 사모하여 객이 문간을 메우네　爭慕客塡門
약을 만들던 사람은 어디로 갔나　煉藥人何去
차 달이던 아궁이만 홀로 남았네　煎茶竈獨存
항아리 속[23]은 일월이 한가한데　壺中閑日月
세상일은 아침저녁 동안이어라　世上卽晨昏
머리를 돌려서 유적을 찾으니　回首尋遺迹
오직 소나무만이 절로 뿌리 박았네　唯松自託根

하였다.

경포대(鏡浦臺) 경포 가에 있다. 바로 관동 팔경(關東八景) 중의 하나이다.

22 구슬 신발 : 귀한 손님이란 의미로 사용되었다. 초(楚)나라 춘신군(春申君)의 문객이 3000여 명인데, 그중 귀한 손님은 다 구슬로 꾸민 신을 신었다고 한다.《史記 春申君列傳》

23 항아리 속 : 신선 세계를 말한다. 후한(後漢) 때 선인(仙人) 호공(壺公)이 시장에서 약을 팔다가 장이 파하면 문득 병 속으로 들어가곤 했는데, 이를 본 비장방(費長房)이 한번은 그를 따라 병 속으로 들어가 보니, 그 안에 일월(日月)이 걸려 있고 선경인 별천지가 펼쳐져 있었다는 고사에서 온 말이다.《後漢書 方術列傳下 費長房》

포는 둘레가 20리이고, 물이 거울처럼 맑다. 서쪽 언덕에 대가 있고 대 곁에는 단약(丹藥)을 제련하는 오래된 돌절구가 있다. 포 동쪽 어귀에 다리가 있으니 강문교(江門橋)라고 한다. 다리 너머가 죽도(竹島)이고 섬 북쪽은 모두 백사장이며, 백사장 밖에는 푸른 바다가 만 리 펼쳐져 있어 곧장 일출이 바라다보인다. 본조의 태조(太祖)와 세조가 일찍이 순행하여 이곳에 머물렀다. ○ 고려 안축의 기문에 "대에 예전에는 정우(亭宇)가 없었는데, 태정(泰定) 병인년(1326, 충숙왕13)에 지금의 지추부학사(知秋部學士)인 박숙정(朴淑貞) 공이 관동 안렴사가 되었을 때 그 위에 정자를 지었다. 내가 이 대에 올라 보니 멀고 가까이 온통 산과 물인데 사방을 둘러보매 수목이 울창하다. 멀리 있는 바다는 드넓고 질펀하여 안개 속에 물결이 출렁거리고, 가까이는 경포호가 맑고 깨끗하여 바람 따라 잔물결이 찰랑거린다. 멀리 있는 산은 골짜기가 천 겹이어서 구름과 이내가 아득하고 가까이는 산봉우리가 10리에 뻗어 초목이 푸르르다. 항상 갈매기와 물새가 떴다 잠겼다 하고 오락가락하면서 대 앞에서 한가하게 노닌다. 봄가을의 안개와 달, 아침저녁의 맑고 흐림이 때에 따라 달라져 기상이 변화무쌍하다. 이것이 경포대의 대체적인 경관이다. 내가 오랫동안 앉아 조용히 사색해 보니 나도 모르게 막연하게 정신이 엉긴 채 형상 밖으로 벗어나 마음으로만 알고 말로는 형용할 수 없는 것이 있었다. 옛날 신라 시대에 영랑(永郎) 등 신선들이 이곳에서 노닐 때에도 반드시 즐거워한 바가 있었을 것이다. 박공이 명하여 이 정자를 짓도록 하자 고을 사람들은 예전에 정자가 있었다는 것을 모르고 모두 지으려고 하지 않았는데, 흙을 파자 옛터가 발견되고 주춧돌이 아직도 남아 있으니, 사람들이 모두 기이하게 여겼다. 옛날 그때가 이미 오래 지나서 정자 터가 매몰되기까지 하였는데 지금 다시 발견하였

으니, 어찌 운수가 있는 것이 아닌 줄 알겠는가." 하였다. ○ 안축의 시[24]에,

비 개자 가을 기운 강가 성에 가득하여	雨晴秋氣滿江城
조각배 띄워 한산한 정취를 푸노라	來泛扁舟放野情
땅은 병 속에 들어서[25] 티끌이 이르지 않고	地入壺中塵不到
사람은 거울 속에 노닐어 그림 그리기 어렵네	人遊鏡裏畫難成
안개 물결 위에 흰 물새 때때로 지나가고	煙波白鳥時時過
백사장 길로 푸른 나귀 천천히 걸어가네	沙路青驢緩緩行
이르노니 뱃사공아, 노를 빨리 젓지 말라	爲報長年休疾棹
저 외로운 달이 밤 깊어 밝아지길 기다려야지	待看孤月夜深明

하였다. ○ 고려 김극기의 시에,

푸른 갯가에 대를 쌓았으니	築臺枕碧浦
올라 구경하는 것을 어찌 오래 마다하랴	登眺那辭久
부서지는 물결에 노래하는 부채 들썩이고	碎浪動歌扇
상서로운 바람에 춤추는 소매 나부끼네	祥飆飄舞袖
하수 기울인 듯 옥주 들고 청담 나누고[26]	河傾玉麈談
바닷물 넘실대듯 은잔의 술 수작하네	海瀲銀觥酒
알지 못하겠네, 네 선인[27]의 마음이	未知四仙心

24 안축의 시 : 〈경포호에 배를 띄우다〔鏡浦泛舟〕〉이다. 《謹齋集 卷1》

25 땅은……들어서 : 이곳을 선경(仙境)에 비유한 것이다. 28쪽 주 23 참조.

26 옥주(玉麈)……나누고 : 옥주는 고라니〔麈〕의 꼬리털로 만든 먼지떨이로, 청담(淸談)을 하던 고사(高士)들이 많이 가지고 다녔다는 고사에서 나온 말이다. 《晉書 王衍列傳》 여기서는 경포대에 모인 사람들을 고사에 비유하였다.

27 네 선인 : 27쪽 주 21 참조.

지금 사람들과 서로 통할는지 今古相照否

하였다. ○ 본조 김세렴의 시[28]에,

누각에 울려 퍼지는 옥피리 소리 서늘한데 曲樓吹徹玉笙寒
동북 하늘 창연하게 푸른 물결 둘렀구나 東北蒼然繞碧瀾
발해의 봄 기운이 바다에 일어나고 渤海春陰生大壑
십주[29]의 새벽 안개가 요단[30]에 떨어지네 十洲晨影落瑤壇
만 리 산하는 놀란 파도 밀어내고 山河萬里排驚浪
천년의 일월은 탄환처럼 달리누나 日月千齡走小丸
삼청[31] 두루 밟아도 사람은 보이지 않고 踏遍三淸人不見
벽도 꽃 아래 푸른 난새 머물러 있네[32] 碧桃花下駕靑鸞

하였다.

경호당(鏡湖堂) 경포 동쪽에 있다. 경포대와 동서로 마주 보고 있다. 고을 사람인 김충의(金忠懿)의 별서(別墅)이다.

환선정(喚仙亭) 경포 남쪽 언덕에 있다. 북쪽으로 푸른 바다가 바라다보이

28 김세렴의 시 : 〈경호(鏡湖)〉이다. 《東溟集 卷2》

29 십주(十洲) : 바닷속의 신선이 산다는 열 곳의 명산 승경지로, 선경(仙境)을 이른다. 십주는 동해의 조주(祖洲)·영주(瀛洲)·생주(生洲), 서해의 유주(流洲)·봉린주(鳳麟洲)·취굴주(聚窟洲), 남해의 염주(炎洲)·장주(長洲), 북해의 현주(玄洲)·원주(元洲)이다. 《海內十洲記》

30 요단(瑤壇) : 아름다운 옥을 깎아서 만든 누대로, 신선들이 사는 곳을 말하는데, 여기서는 경포대를 비유하였다.

31 삼청(三淸) : 천상(天上)의 신선이 산다는 옥청(玉淸), 상청(上淸), 태청(太淸)의 세 궁궐을 말한다.

32 벽도……있네 : 벽도는 신선이 먹는 푸른 복숭아로 일명 천도(天桃)라 하고, 푸른 난새는 선녀인 서왕모(西王母)의 사자였다는 청조(靑鳥)를 가리키기도 하는데, 일반적으로 신선들이 타고 다니는 새를 일컫는다. 신선들이 머물고 있다는 뜻이다.

고 서쪽으로는 경포대와 마주 대하고 있다. 고을 사람인 사예(司藝) 권칭(權稱)이 지은 것이다. 김세렴의 시[33]에 "금방 걸린 옥루[34]가 경포호 한켠에 있어, 난간 밖 파도 소리가 발해에서 돌아오네.〔玉樓金榜鏡湖限 檻外濤聲渤海回〕" 하였다.

쾌재정(快哉亭) 부 동쪽 9리에 있다. 곁에 오래된 비석이 있다. 예전에 군사가 주둔한 곳이다.

취원대(聚遠臺) 부 동쪽에 있다. 본조 조운흘(趙云仡)의 시에 "걸어서 성 동쪽 취원대에 오르니, 화려한 복사꽃 붉은 살구꽃이 성에 가득 피었네.〔步上城東聚遠臺 繁桃紅杏滿城開〕"라고 한 것이 이곳이다.

척번대(滌煩臺), 청백당(淸白堂) 모두 객관 서쪽에 있다.

봉수 烽燧

주문산 봉수(注文山烽燧) 북쪽으로 양양부(襄陽府)의 양야산(陽野山)에 응하고, 남쪽으로 사화산(沙火山)에 응한다.

사화산 봉수(沙火山烽燧) 남쪽으로 소동산(所同山)에 응하고, 북쪽으로 주문산에 응한다.

소동산 봉수(所同山烽燧) 부 동쪽 7리에 있다. 남쪽으로 해령산(海靈山)에 응하고, 북쪽으로 사화산에 응한다.

해령산 봉수(海靈山烽燧) 남쪽으로 오근산(吾斤山)에 응하고, 북쪽으로 소

33 김세렴의 시 : 〈환선정에서 있는 그대로 읊다〔喚仙亭卽事〕〉이다. 《東溟集 卷3》

34 금방(金榜) 걸린 옥루(玉樓) : 환선정을 말한다. 금방은 금방(金牓)으로 편액의 미칭이다.

동산에 응한다.

오근산 봉수(吾斤山烽燧) 부 남쪽 40리에 있다. 남쪽으로 어달산(於達山)에 응하고, 북쪽으로 해령산에 응한다.

어달산 봉수(於達山烽燧) 부 남쪽 90리에 있다. 남쪽으로 삼척부(三陟府)의 광진산(廣津山)에 응하고, 북쪽으로 오근산에 응한다.

우역 郵驛

대창역(大昌驛) 부 동쪽 5리에 있다.

구산역(丘山驛) 부 서쪽 28리에 있다. 대관령 아래에 있는 정자는 서쪽으로 가는 사람을 전송하는 곳이다.

횡계역(橫溪驛) 대관령 위에 있다. 부치(府治)와의 거리는 60리이다. 지대가 매우 높고 서늘하여 매년 겨울이면 눈이 두어 장(丈)이나 쌓였다가 3월에야 비로소 녹고, 8월이면 서리가 내리므로 거주민은 오직 구맥(瞿麥 귀리)만 심는다.

진부역(珍富驛) 영서(嶺西)에 있다. 부치와의 거리는 100리이다.

대화역(大和驛) 영서에 있다. 부치와의 거리는 140리이다. 횡계에서 운교(雲交)에 이르기까지 모두 영서에 있는데, 길이 몹시 험난하다. ○ 김세렴의 시[35]에

영서를 통하는 대화역과 진부역	大和珍富嶺西通
좁은 길 구불구불 여섯 역이 똑같네	峽路羊腸六驛同

35 김세렴의 시 : 〈영동의 역로를 생각하다〔念嶺東驛路〕〉이다. 《東溟集 卷3》

하였다.

방림역(芳林驛) 영서에 있다. 부치와의 거리는 170리이다.

운교역(雲交驛) 영서 횡성현(橫城縣) 경계에 있다. 부치와의 거리는 190리이다.

안인역(安仁驛) 부 남쪽 20리에 있다.

목계역(木界驛) 부 서남쪽 50리에 있다.

고단역(高端驛) 부 서쪽 60리에 있다.

동덕역(冬德驛) 부 북쪽 42리에 있다.

낙풍역(樂豐驛) 우계현(羽溪縣) 동쪽 5리에 있다.

임계역(臨溪驛) 우계현 서쪽 40리에 있다.

홍제원(洪濟院) 부 서쪽 5리에 있다. 사화루(使華樓)가 있다. ○ 본조 김시습(金時習)의 시[36]에,

꾀꼬리 울고 꽃 핀 십 리 길 지나 옛 역원 깊숙한데	十里鶯花古院深
누에 기대 종일토록 맑게 읊조리며 보내네	倚樓終日費淸吟
안개 이는 먼 포구에 고기잡이배 돌아오고	煙生遠浦回漁艇
바람 잔 맑은 물결에 물새들 물장구치네	風定晴波浴水禽
푸릇푸릇한 풀빛이 골목길까지 들어오고	草色蒙茸侵巷陌
하늘하늘한 버들가지 뜰을 덮어 그늘지우네	柳條腰裊壓庭陰
몇몇 초가집 옹기종기 그림 같으니	幾家茅舍渾如畫
모두 푸른 안개 낀 대숲 속에 있네	都在靑煙翠竹林

36 김시습(金時習)의 시 : 〈홍제원루에 올라 바라보다(弘濟院樓登眺)〉이다.《梅月堂集 梅月堂詩集 卷10》

하였다.

제민원(濟民院) 부 서쪽 28리에 있다.

대령원(大嶺院) 대관령 위에 있다.

독산원(禿山院) 부 서쪽 90리에 있다.

인락원(人樂院) 부 서쪽 120리에 있다.

인부원(人富院) 부 서쪽 139리에 있다.

자인원(慈仁院) 부 서쪽 185리에 있다.

장연원(長淵院) 부 서쪽 140리에 있다.

무응구리원(無應仇里院) 부 남쪽 75리에 있다.

장수원(長壽院) 우계현 서쪽 28리에 있다.

대제원(大濟院) 우계현 서쪽 43리에 있다.

송현원(松峴院) 우계현 서쪽 70리에 있다.

관량 關梁

대관(大關) 대관령 위에 있다. 예전에 관(關)을 두고 책(柵)을 설치하였으니 지금 유지(遺址)가 있다. 강릉 여러 고을을 관동(關東)이라고 칭하는 것이 이 때문이다. 길은 고개 아래에서 산허리를 타고 무릇 50여 굽이를 올라 관에 도달한다. ○ 고려 강회백(姜淮伯)의 시에,

구산역 가는 길은	道路丘山驛
꼬불꼬불하여 말이 나아가지 못하네	羊腸馬不前
앞선 말은 나무 끝에 모습 보이고	先驅行木末
높은 잔도가 구름가에 걸려 있네	飛棧掛雲邊

북쪽을 보니 산들이 창과 같고	北望山如戟
동쪽에 서니 바다가 하늘에 닿았네	東臨海接天
부여잡고 다 올라간 곳은	攀緣行盡處
온 세상 다시 아득하더라	宇宙更茫然

하였다.

누교(樓橋) 부 남쪽 10리에 있다.

강문교(江門橋) 부 북쪽 12리, 경포 어귀에 있다.

사묘 祠廟

사직단(社稷壇) 부 서쪽에 있다.

문묘(文廟) 향교에 있다.

성황사(城隍祠) 부 서쪽 100보에 있다.

여단(厲壇) 부 북쪽에 있다.

김유신(金庾信) **사당** 예전에 화부산(花浮山)에 있었는데, 지금은 성황사에 합해졌다.

대관령사(大關嶺祠)[37] 부 서쪽 40리에 있다.

37 대관령사(大關嶺祠) : 《신증동국여지승람》 권44 〈강원도 강릉대도호부〉 사묘(祠廟)에는 '嶺'이 '山神'으로 되어 있다.

능묘 陵墓

최치운(崔致雲) 묘, 최응현(崔應賢) 묘 모두 부 -원문 3, 4자 결락-[38] 조산(助山)에 있다.

사찰 寺刹

상원사(上院寺) 오대산에 있다. 절에 청풍루(淸風樓)가 있다. 세조가 원찰(願刹)로 삼고 석종(石鍾)을 만들어 세웠다. ○ 이이의 시[39]에,

깊은 산골에 날씨 활짝 개이니	洞壑媚新晴
바위에 흐르는 물소리 맑아라	巖流淸有聲
오대산에 이끌린 흥취 깊어져	五臺引興深
이끼 낀 길에 발걸음도 가볍다	苔逕芒鞋輕
덩굴 부여잡고 절정에 오르니	攀蘿凌絶頂
흰 구름이 푸른 절벽에 피어나네	白雲生翠屛
굽어보니 뭇 산이 작아 보이고	俯覽衆山小
하 넓은 안개 낀 숲은 평평하네	浩浩煙樹平
바위 틈새 나온 차디찬 샘물을	冷冷石竇泉
한 번 마시니 세상만사 잊을 만하고	一歠遺世情
선방에서 부들자리에 앉으니	禪房坐蒲團

38 원문……결락 : 《경재선생유고(敬齋先生遺稿)》 보유(補遺)1 〈최치운묘지명(崔致雲墓誌銘)〉 병서에는 '于仇里'로 되어 있다.

39 이이의 시 : 〈남대, 서대, 중대를 유람하고 상원에서 묵다(遊南臺西臺中臺宿于上院)〉이다. 《栗谷全書 卷1》

상쾌한 정신에 꿈마저 맑아라	灑落魂夢淸
새벽 경쇠 소리에 깊은 성찰 발하니	晨磬發深省
담담하여라 내 무엇을 도모하리오	澹澹吾何營

하였다.

사자암(獅子菴) 오대산에 있다. 우리 태조가 중건하여 원찰로 삼아 친히 가서 살펴보고 권근(權近)에게 기문을 짓도록 하였다.

관음암(觀音菴) 오대산에 있다. 동쪽과 남쪽에 2개의 관음(觀音)이 있다.

문수사(文殊寺) 부 동쪽 해안에 있다. 고려 이곡(李穀)의 〈동유기(東遊記)〉에 이르기를 "절 동쪽에 사선비(四仙碑)가 있었는데, 호종조(胡宗朝)[40]가 물에 빠뜨려 오직 귀부(龜趺)만 남아 있다고 한다." 하였다.

염양사(艶陽寺) 화부산에 있다. 이곡의 〈중수기(重修記)〉가 있다.

금옹사(金甕寺) 오대산에 있다. 이첨(李詹)의 〈중수기〉가 있다.

흥원사(興原寺) 담정산에 있다.

월정사(月精寺) 오대산에 있다. 바로 산속의 거찰(巨刹)로서 능인전(能仁殿), 원통전(圓通殿), 산영루(山暎樓)가 있다. ○ 김시습의 시[41]에,

옛 전각에 향 사를 제 봄날은 길고	古殿香銷春晝長
겹겹의 꽃 그림자 동쪽 행랑에 드리웠네	重重花影在東廊
상방 앞엔 솔 누웠고 중은 절로 들어오고	上方松偃僧來寺
선실에 객은 드물고 구름은 담장을 넘네	禪室客稀雲度墻

40 호종조(胡宗朝) : 《동문선(東文選)》 및 《가정집(稼亭集)》 〈동유기(東遊記)〉에는 '朝'가 '旦'으로 되어 있다. 조선 태조(太祖)의 휘(諱)인 '단(旦)'을 피휘(避諱)한 것이다.

41 김시습의 시 : 〈월정사(月精寺)〉이다. 《梅月堂集 梅月堂詩集 卷10》

주망[42]은 영롱해라 보수[43]를 장식하고 珠網玲瓏裝寶樹

천화[44]는 아스라이 부처자리에 떨어지네 天花縹緲落猊床

신선산은 저 멀리 인간 세상과 떨어졌으니 仙山迥與人寰隔

바라노라 청낭[45]의 옥 먹는 법 배우기를 願學青囊飡玉方

하였다.

수정암(水精菴) 오대산에 있다. 권근의 기문[46]에 "우통수의 근원 되는 곳에 암자가 있는데, 수정(水精)이라고 한다. 예전에 신라의 두 왕자가 일찍이 이곳에 은둔하여 선(禪)을 닦아 도를 깨쳤는데, 지금도 중으로서 수도(修道)하여 증과(證果)[47]를 얻고자 하는 사람들이 모두 여기에 거처하기를 즐겁게 여긴다." 하였다.

등명사(燈明寺) 부 동쪽 30리에 있다. 이곡의 〈동유기〉에 "등명사에 이르러 일출을 보았다." 하였다.

42 주망(珠網) : 제석천(帝釋天)의 궁전 위에 치는 보주(寶珠)로 만든 그물을 가리키는데, 이 보주들은 그 숫자가 무량(無量)하고 또 빛이 매우 영롱하여 이중 삼중으로 서로서로 비추어 막힘이 없이 광명을 나타낸다고 한다.

43 보수(寶樹) : 불교에서 극동 세계(極東世界)에 있다는 칠보(七寶)로 합성된 나무를 가리킨 것으로, 전하여 극락세계를 의미한다. 여기서는 절 내의 나무를 미칭한 것이다.

44 천화(天花) : 천상(天上)의 묘화(妙花)라는 뜻으로 절에서 법회(法會) 때에 종이로 만든 연화(蓮花)를 불전(佛前)에 흩는데 이를 말한다. 부처가 설법할 때 하늘에서 연꽃 모양의 각종 만다라화(曼陀羅花)가 비처럼 쏟아졌다고 하여 보통 고승의 설법을 비유하는 말로도 쓰인다.

45 청낭(青囊) : 푸른 빛깔의 포대(布袋)나 푸른 주머니를 가리키는데, 옛날에 의가(醫家)에서는 의서(醫書)를 담은 포대를 이렇게 일컬었고, 도가에서는 도가의 전적(典籍)을 담은 포대를 이렇게 일컬었다. 여기서는 도가의 술법을 뜻한다.

46 권근의 기문 : 〈오대산 서대 수정암 중창 기(五臺山西臺水精菴重創記)〉이다. 《陽村集 卷14》

47 증과(證果) : 깊은 수행(修行)의 결과로 얻어지는 과보(果報)를 뜻한다. 즉 수행하여 온갖 번뇌를 끊고 불생 불멸(不生不滅)의 진리를 깨치는 것을 말한다. 최종의 증과는 바로 성불(成佛)의 경지이다.

지장사(地藏寺) 보현산에 있다.

영감사(靈鑑寺) 오대산에 있다. 장사각(藏史閣)이 있다.

중대암(中臺菴), 서대암(西臺菴), 북대암(北臺菴) 모두 오대산에 있다.

○ 또 금강암(金剛菴), 지장암(地藏菴), 보현암(普賢菴), 상두암(象頭菴)도 모두 오대산에 있다.

고적 古蹟

예국고성(濊國古城) 읍성(邑城) 동쪽에 있다. 흙으로 쌓았다. 둘레가 3484자이다. 오래되어 무너지고 터만 겨우 남아 있다.

연곡폐현(連谷廢縣) 부 북쪽 30리에 있다. 본래 고구려 지산현(支山縣)으로, 일명 양곡(陽谷)이라고 한다. 신라 경덕왕 때에 명주 영현(領縣)으로 삼았고, 고려 때 연곡으로 고치고 그대로 편입시켰다. 본조에서 그대로 따랐다.

우계폐현(羽溪廢縣) 부 남쪽 60리에 있다. 본래 고구려 우곡현(羽谷縣)으로, 일명 옥당(玉堂)이라고 한다. 신라 경덕왕 때에 우계로 고치고 삼척군 영현으로 삼았다. 고려 현종(顯宗) 때에 옮겨 편입시켰다. 본조에서 그대로 따랐다. 현 북쪽 산 위에 흙으로 쌓은 옛 성이 있는데, 둘레가 3450자이다. 지금은 모두 무너졌다.

보현산성(普賢山城) 돌로 쌓았다. 둘레가 1700자이다. 지금은 헐고 무너졌다.

안인폐진(安仁廢鎭) 안인포에 있다. 예전에는 수군 만호(水軍萬戶)가 있어서 해구(海寇)를 방어하였는데, 성종 때에 혁파하였다. 또 부 동쪽 10리에 영평수(寧平戍)와 해령수(海令戍)가 있고, 북쪽 20리에 화성수(化城戍)와 사화수(沙火戍)가 있는데, 모두 예전에 군사가 수자리 살던 곳이다.

허리대(許李臺) 부 남쪽 25리에 있다. 바닷가에 바위가 있는데, 평평하고 넓어서 100명이 앉을 만하다. 본조 허종(許琮)과 이륙(李陸)이 모두 왕명을 받들고 나와 이곳에서 노닐었으므로 그렇게 이름하였다.

명환 名宦

신라

이사부(異斯夫) 지증왕(智證王) 때 이찬(伊飡)으로서 하슬라(何瑟羅) 군주(軍主)가 되었다. 우산국(于山國)이 지형의 험함을 믿고 복종하지 않자, 이사부는 "그 나라 사람들이 어리석고 사나워서 위세로 항복받기는 어렵고 계략으로 항복받아야 한다."라고 여기고, 나무로 사자(獅子)를 많이 만들어서 전선(戰船)에 나누어 싣고 그 나라 해안에 이르러 거짓으로 말하기를 "너희들이 만약 항복하지 않으면 이 짐승을 풀어 밟아 죽이겠다." 하니, 그 나라 사람들이 두려워하여 바로 항복하였다.

진주(眞珠) 선덕왕(善德王) 8년(639)에 사찬(沙飡)인 진주에게 하서(河西)를 진수(鎭守)하게 하였다.

고려

임민비(林民庇) 외직으로 나가 명주(溟州)의 수령이 되자 도랑을 파서 전답에 물을 대었으며, 청렴하고 성실하다는 칭송을 받았다. 조정에 들어가 태상부 녹사(太常府錄事)가 되었다.

안축(安軸) 충혜왕(忠惠王) 때에 강릉도 존무사(江陵道存撫使)가 되었다. 공명정대하며 청렴하고 근면하여 백성들이 그 덕을 사모하였다. 빼어난 풍경을 만날 때마다 시문을 지은 것이 많았으니 그 글을 모아 《관동와주(關東瓦注)》라고 이름하였다.

안종원(安宗源) 공민왕조(恭愍王朝)에 신돈(辛旽)에게 미움을 받아서 전법총랑(典法摠郞)을 거쳐 외직으로 나가 강릉 부사가 되었다. 은혜로운 정사를 폈는데 오래지 않아 체직되었으므로 백성들이 그리워하였다.

박원계(朴元桂) 존무사가 되었다가 장차 체직되어 돌아가려는데, 재상이 "강릉 사람은 박원계가 존무사로 있는 것을 편히 여긴다." 하여 마침내 그대로 재임하였다. 백성들이 오랜 세월이 지나도록 사모하여 마지않았다.

본조

조운흘(趙云仡) 국초에 강릉 부사가 되었다. 빈객 접대하기를 즐겨하지 않고 백성을 번거롭게 하지 않으며, 청렴결백하기가 비할 데가 없어서 고을 백성들이 추모하여 마지않았다.

신유정(辛有定) 태종조(太宗朝)에 왜구가 강원도에 침입하자 신유정을 보내 금군(禁軍)을 거느리고 가서 치게 하고, 그대로 강릉 부사로 삼았다. 청렴하고 대범하며 어질고 관대하여 민폐를 없애고 이익을 일으키니, 백성들이 그 은혜를 사모하였다.

유량(柳亮) 공정왕조(恭靖王朝 정종)에 강릉 부사가 되었다.[48] 백성들이 덕

48 공정왕조(恭靖王朝)에……되었다 : 《태종실록(太宗實錄)》 16년 4월 2일 기사에는 "무인년(1398, 태조7)에 기용하여 강릉 대도호부사(江陵大都護府使)로 삼았다." 하였다.

정(德政)에 감복하여 조운흘, 안종원, 신유정과 함께 모두 생사당(生祠堂)을 세워 향사하였다.

금유(琴柔) 세종조(世宗朝)에 강릉 부사가 되었다. 순리(循吏)로 칭송되었으며 백성들이 모두 경외하고 사모하였다.

이신효(李愼孝) 성종조(成宗朝)에 강릉 부사가 되었다. 정사를 행하는 데 청렴하고 대범함을 숭상하였으며, 없어지거나 퇴락한 것을 보수하고 일으켜 세웠다.

정구(鄭逑) 선조(宣祖) 때 강릉 부사가 되었다. 선정(善政)을 행한 것이 매우 많았고, 뒤에 또 강원도 관찰사가 되었다.

정경세(鄭經世) 광해군(光海君) 때에 직언(直言)하고 아부하지 않았으므로 폄척되어 강릉 부사가 되었다. 정사를 행하는 데 대범하고 조용하였으며 예로써 선비들을 가르쳤다.

이명준(李命俊) 인조(仁祖) 때 강릉 부사가 되어 청렴하고 강직하게 다스렸다. 부에 부호가 많았는데, 가난한 백성들에게 임시로 빌려주고 제때에 갚지 못하면 그 전답과 종을 몰수하였으므로 하층의 민호가 이 때문에 파산하는 일이 많았다. 이명준이 토호를 불러 그 의롭지 않음을 나무라고 법을 마련하여 공평하게 처리하니, 폐습이 점차 개혁되었다.

유우 流寓

김주원(金周元) 신라 무열왕(武烈王)의 후손이다. 선덕왕(宣德王)이 후사 없이 서거하자 뭇 신하들이 정의태후(貞懿太后)의 명을 받들어 김주원을 왕으로 세우고자 하였는데, 족자(族子)인 상대등(上大等) 김경신(金敬信)

이 먼저 궁에 들어와 칭제(稱制)하였으니, 이가 원성왕(元聖王)이다. 김주원은 화를 입을까 두려워하여 물러나 명주에 거주하고 끝내 조회하러 가지 않았다. 그 뒤 원성왕 2년(786)에 김주원을 봉하여 명주군왕(溟州郡王)으로 삼고 명주 속현인 삼척(三陟), 근을어(斤乙於), 울진(蔚珍) 등 고을을 분할하여 식읍(食邑)으로 삼게 하였다. 자손이 그대로 부(府)를 관향(貫鄉)으로 삼았다.

이이(李珥) 본조 한양(漢陽) 사람이다. 아버지 이원수(李元秀)가 본부 사람 신씨(申氏)에게 장가들었는데, 어머니 신씨가 흑룡(黑龍)이 동해(東海)에서 날아올라 침소에 들어오는 꿈을 꾸고 이이를 낳았고, 이이가 6세 때 처음 서울로 왔다. 이이는 명유(名儒)로서 명종(明宗)과 선조를 섬겼다. 그 외조모 이씨(李氏)는 늙고 아들이 없었는데, 이이가 이미 현달한 뒤에 휴가를 내어 문안드리러 왔으니, 〈청학산을 유람하면서 지은 기문〔遊青鶴山記〕〉 등에 기록이 있다. 관직은 우찬성까지 지냈으며, 시호는 문성(文成)이다.

인물 人物

신라

김종기(金宗基) 김주원의 아들이다. 습봉(襲封)하여 명주군왕이 되었다.

김정여(金貞茹) 김종기의 아들이다. 처음 조정에 벼슬하여 관직이 상대등에 이르렀고 명원공(溟源公)에 봉해졌다.

김양(金陽) 김정여의 아들이다. 김명(金明)의 반란[49] 때에 신무왕(神武王)을 도와서 사직을 안정시켰다. 관직이 시중 겸 병부령(侍中兼兵部令)에 이르렀고 추봉(追封)하여 명원군왕(溟源郡王)이 되었다. 경주(慶州)에 자세히 보인다.

고려

왕순식(王順式) 본주의 장군으로 있었는데, 오래도록 복종하지 않으므로 태조가 그 아버지를 보내 타이르게 하니, 왕순식이 아들 왕수원(王守元)을 보내 귀부하였다. 뒤에 또 자제를 거느리고 조회하러 가니, 왕씨(王氏) 성을 하사하고 태광(太匡)에 제수하였다. 태조가 신검(神劍)을 토벌할 때 왕순식은 명주에서 그 고을 군사를 거느리고 나가 함께 싸워서 격파시켰다.

김상기(金上琦) 김주원의 후손이다. 과거에 급제하고 관직이 시랑평장사(侍郎平章事)에 이르렀고 선종(宣宗)의 묘정(廟庭)에 배향되었다.

김인존(金仁存) 김상기의 아들이고, 초명은 연(緣)이다. 성품이 명민하고 연소한 나이에 과거에 급제하여 직한림원(直翰林院)이 되고, 여러 관직을 역임하여 기거사인 지제고 병부원외랑(起居舍人知制誥兵部員外郎)이 되었다. 요(遼)나라 사신 맹초(孟初)가 왔을 때에 김인존이 접반사(接伴使)가 되었다. 하루는 말을 나란히 몰고 교외에 나가게 되었는데 눈이 비로소 개었고 말발굽이 땅에 부딪치며 소리를 내었다. 맹초가 창(唱)하기를 "말발굽이 눈을 밟으니 마른 우레가 동한다.〔馬蹄踏雪乾雷動〕" 하자, 김인존

49 김명(金明)의 반란 : 김명은 민애왕(閔哀王)으로 원성왕(元聖王)의 증손이다. 김명이 희강왕(僖康王)을 시해하고 왕위에 오른 일을 말한다.

이 즉시 응하여 창하기를 "깃발이 바람에 나부끼니 매운 불길이 타오르는구나.〔旗尾飜風烈火飛〕" 하니, 맹초가 깜짝 놀라면서 말하기를 "참으로 천재로다." 하였다. 선종, 헌종(獻宗), 숙종(肅宗) 세 왕조를 두루 섬겼다. 일찍이 요나라와 송(宋)나라에 사신으로 갔는데 모두 사명을 잘 완수하였다. 학문을 좋아하여 늙어서도 책을 놓지 않았으며, 관직은 수 태부 문하시중(守太傅門下侍中)에 이르렀다. 시호는 문성(文成)이고 예종(睿宗)의 묘정에 배향되었다.

김고(金沽) 김인존의 아우이다. 풍채가 깨끗하고 고우며, 문학으로 세상에 이름을 날렸다. 관직이 시랑평장사에 이르렀다.

최수황(崔守璜) 과거에 급제하고, 충렬왕 때에 관직이 첨의찬성사(僉議贊成事)에 이르렀다. 성품이 강직하고 근검하였으며, 집이 가난하여 의식이 모자랐는데도 개의하지 않았다. 아들 최사립(崔斯立)은 시에 능하고 글을 잘 썼으며, 관직은 선부 전서(選部典書)에 이르렀다.

김진(金縝) 학문에 힘써 과거에 급제하였다. 지영광군사(知靈光郡事), 청주부사(淸州副使)를 역임하였는데 모두 선정(善政)이 있었다. 인종조(仁宗朝)에 여러 차례 승진하여 동지추밀원사(同知樞密院事)가 되었다. 이자겸(李資謙)의 난 때에 궁궐이 연달아 불타는 것을 보며 탄식하기를 "적의 손에 죽는 것은 자진하는 것만 못하다." 하고, 문을 닫고 불 속에 몸을 던져 죽었다. 난이 평정되자 그 절의(節義)를 가상히 여기고 열직(烈直)이라는 시호를 내렸다.

최유(崔濡) 처음에는 본부의 아전이었는데, 사람됨이 장대하고 강건하여 위풍이 있었다. 19세에 과거에 급제하고 교서 교감(校書校勘)에 보임되었다. 인종조에 한림학사(翰林學士)를 역임하고 관직이 문하시랑(門下侍郎)

에 이르렀다.

김천(金遷) 본부 아전이다. 고종(高宗) 말기에 몽고 군사가 내침하여 어머니와 아우 김덕린(金德麟)이 포로로 잡혔는데, 당시 김천의 나이가 15세였다. 밤낮으로 울부짖다가 포로로 잡힌 이들이 대부분 길에서 죽었다는 말을 듣고는 최복(衰服)을 입고 상제(喪制)를 마쳤다. 그 후 14년 만에 백호(百戶)인 습성(習成)이 원(元)나라에서 와서 김천에게 어머니의 편지를 전해 주었는데, 김천은 어머니가 북주(北州) 천로채(天老寨)에 있다는 것을 알았다. 김천은 매양 밥 먹을 때마다 눈물을 흘리다가 남에게 백금(白金)을 빌려서 구하러 가게 해 달라고 조정에 청하였으나 허락받지 못하였다. 마침내 천호(千戶) 효지(孝至)를 따라 동경(東京 요양(遼陽))에 가서 전전하다가 천로채로 가서 어머니를 찾아낸 다음 속(贖)을 바치고 돌아왔다. 그 후 6년 뒤에 김덕린도 돌아와 형제가 종신토록 효도를 다하였다. 마을 사람들이 비석을 세우고 효자리(孝子里)라고 새겨서 정표(旌表)하였다.

김광을(金光乙) 김주원의 후손이다. 공민왕조에 찬화 공신(贊化功臣)의 호를 받았고 명원부원군(溟源府院君)에 봉해졌다. 관직은 문하시중(門下侍中)에 이르렀다.

최안소(崔安沼) 공민왕조에 순성 보리 공신(純誠輔理功臣) 강릉군(江陵君)에 봉해졌다.

본조

김추(金錘) 김광을의 아들이다. 관직은 공조 판서에 이르렀다.

함부림(咸傅霖) 문과에 급제하고, 태조조(太祖朝)에 개국 공신(開國功臣)으로서 동원군(東原君)에 봉해졌다. 국조(國朝)에 팔도 감사를 역임한 사람은 함부림뿐인데, 부임한 곳마다 모두 치적이 있었다. 시호는 정평(定平)이다.

유창(劉敞) 태조조에 개국 공신으로서 옥천부원군(玉川府院君)이 되었다.

최이(崔迤) 관직이 의정부 찬성사에 이르렀으며, 시호는 희경(僖景)이다.

최치운(崔致雲) 세종조에 문과에 급제하고 관직은 이조 참판에 이르렀다. 모두 다섯 번 중국의 서울에 다녀왔고, 51세에 졸하였다. 세종이 그 사람됨을 중히 여겨 때때로 소대(召對)하고 의심 가는 옥사 때는 반드시 불러 의논하였는데, 공평하고 마땅함이 많았다. 성품이 청렴하고 대범하였으며, 상으로 물건을 내려 주면 모두 반드시 굳게 사양하고 받지 않았다. 일찍이 왕명을 받아 《무원록(無冤錄)》에 주(註)를 내었고, 또 《대명률(大明律)》을 언해하였다.

함우치(咸禹治) 함부림의 아들이다. 누차 여러 도의 관찰사를 역임하였고 아버지의 풍도가 있었다. 관직은 의정부 참찬에 이르렀다. 동원군(東原君)에 습봉(襲封)되었다.

이성무(李成茂) 부모 섬김에 효성을 지극히 하였다. 어머니가 병이 들어 한 겨울에 생선을 드시고 싶어 하자 이성무는 그 아우 이춘무(李春茂), 이선무(李善茂), 이양무(李良茂)와 함께 천택(川澤)을 따라가며 찾았는데, 얼음이 갑자기 녹으면서 물고기 한 마리가 뛰어나왔다. 잡아서 어머니에게 드리니 병이 나았다. 일이 알려지자 그 자손을 복호(復戶)하였다. 이양무의 아들 이중원(李仲元)은 과거에 급제하였다.

최응현(崔應賢) 최치운의 아들이다. 성품이 지극히 효성스러웠다. 과거에 급제하여 승문원에 들어갔는데, 어머니가 시골에 계시다는 이유로 경직(京職)에 나아가지 않았다. 연이어 강릉의 훈도와 교수에 보임되어 군읍에서 20여 년을 한가로이 보냈다. 성종조에 대신이 그 어짊으로 천거하여 집의로 초배(超拜)하였다. 여러 관직을 역임하여 충청도 관찰사, 대사헌, 형조 참판을 지냈는데, 모두 치적이 있었다. 성종이 일찍이 말하기를 "충신은 반드시 효자 기문에서 구하여야 한다. 경은 이미 효를 다하였으니 충을 다하지 못하겠는가. 이에 내가 경을 아끼는 것이다." 하였다. 아들 최세절(崔世節)은 관직이 호조 참판에 이르렀다.

박수량(朴遂良) 효행이 매우 돈독하였다. 연산군조(燕山君朝)에 상기(喪期)를 짧게 하는 제도의 시행이 지극히 엄하였는데, 박수량은 모친상을 당하였을 때 오히려 최복을 입고 3년간 여묘하였다. 이 일로 공희왕(恭僖王 중종(中宗))이 정려(旌閭)하도록 명하였다. 유일(遺逸)로 천거되어 용궁 현감(龍宮縣監)에 제수되었는데, 판결을 물 흐르듯이 순리대로 처리하여 관아에 적체된 송사가 없었다. 기묘사화(己卯士禍)에 연좌되어 파직당하고 향리에 돌아와 한가롭게 노년을 보냈는데, 그 정자에 스스로 편액하기를 삼가(三可)라고 하였다.

박달(朴達) 공희왕조에 현량과(賢良科)에 오르고 승진하여 좌랑이 되었다. 기묘사화에 연좌되어 파직당하고 향리에 돌아가 박수량과 더불어 항상 서로 모여 서사(書史)로 즐거움을 삼았다. 상진(尙震)이 관동(關東)에 안찰사로 왔을 때 한번 찾아가 만나 보았는데, 돌아와 어떤 사람에게 말하기를 "이 사람은 옥 항아리에 담긴 가을 물과 같다." 하였다.

최수성(崔壽峸) 최응현의 손자이다. 시에 능하고 서화를 잘하여 사람들이 기재(奇才)라고 일컬었다. 세속을 떠나 멀리 노니려는 뜻이 있어 이름 있는 산수를 두루 관람하면서 매양 소나무를 갈라 거문고를 만들어 곡을 타고 나면 버리고 갔다. 김정(金淨), 김식(金湜)과 더불어 친하게 지냈으며,

성품이 맑고 선하여 악을 미워하기를 원수같이 하였다. 공희왕 때에 시사(時事)를 보면서 걱정이 많아 일찍이 그 숙부 최세절(崔世節)에게 말하기를 "억지로 벼슬한들 무엇을 얻겠습니까. 호산(湖山)에 편히 누워 여생을 보존하느니만 못합니다." 하였는데, 남곤(南袞)이 듣고 죄를 얽어 죽였다.

열녀 列女

이씨(李氏) 진사 신명화(申命和)의 처이다. 시서(詩書)에 통달하였으며, 어머니를 섬기는 데 지극히 효성스러웠다. 지아비가 일찍이 병이 심해지자 이씨는 밤낮으로 잠도 자지 않고, 목욕하고서 몰래 조부(祖父)[50]의 묘소에 가서 향을 피우고 하늘에 기도하기를 "착한 이에게 복을 주고 탐욕스런 이에게 재앙을 내리는 것은 하늘의 이치이며, 선을 쌓고 악을 거듭하는 것은 사람의 일입니다. 우리 남편은 지조(志操)에 삿됨이 없고, 행업(行業)에 악함이 없으니, 하늘이시여 하늘이시여, 이러한 아랫사람의 마음을 살펴 주소서." 하고 마침내 차고 있는 칼을 뽑아 손가락을 자르고는 자신의 몸으로 대신하기를 청원하였다. 또 선조(先祖)[51]에게도 기원하였다. 이씨에게 어린 딸이 있었는데, 그날 밤 하늘에서 크기가 대추만 한 약이 내려오는 꿈을 꾸었고, 지아비의 병이 과연 나았다. 사람들이 모두 놀라 경탄하며 하늘을 감동시켰다고 여겼다. 본조 중종이 그 일을 듣고 정려하도록 명하였

50 조부(祖父) : 《율곡전서(栗谷全書)》 권14 〈이씨감천기(李氏感天記)〉에는 '外曾祖父'로 되어 있다.

51 선조(先祖) : 《율곡전서》 권14 〈이씨감천기〉에는 '外祖父'로 되어 있다.

다. 이씨에게 아들이 없었으나, 외손인 이이(李珥)가 이씨에게서 길러져 일세의 명유(名儒)가 되었다.

삼척도호부三陟都護府

동쪽으로 해안까지 9리이다. 남쪽으로 울진현(蔚珍縣) 경계까지 109리이다. 서쪽으로 경상도 봉화현(奉化縣) 경계까지 150리, 같은 도 안동부(安東府) 소천현(少川縣) 경계까지 137리, 정선군(旌善郡) 경계까지 95리이다. 북쪽으로 강릉부(江陵府) 경계까지 37리이다. 서울과의 거리는 632리이다.

한전 旱田

수전 水田

건치연혁 建置沿革

옛 실직국(悉直國)이다. 신라 파사왕(婆娑王) 때에 와서 항복하였고, 지증왕(智證王) 6년(505)에 실직주(悉直州)를 설치하였으며, 경덕왕(景德王) 때에 고쳐 삼척군(三陟郡)으로 삼았다. 고려 성종(成宗) 때에 척주(陟州)로 고쳤고, 현종(顯宗) 때에 강등시켜 삼척현(三陟縣)으로 삼았다. 신우(辛禑) 때에 승격시켜 군으로 삼았다. 본조 태조(太祖) 2년(1393)에 목조(穆祖)의 외향(外鄕)이라는 이유로 승격시켜 부(府)로 삼았고, 태종(太宗) 13년(1413)에 규례대로 도호부로 삼았다. 관장하는 면은 9개이다.

관원

부사(府使), 교수(敎授) 각 1인이다.

군명 郡名

실직(悉直), 척주(陟州) 별호는 진주(眞珠)이다.

형승 形勝

서쪽으로 큰 산에 막혀 있고, 동쪽으로 큰 바다에 닿아 있다. 《척주지(陟州志)》[52]에 실린 부사 조즙(趙濈)의 상소에서 말하였다.

고을이 궁벽한 바닷가에 있다. 본조 허목(許穆)이 말하기를 "고을이 궁벽한 바닷가에 있으며, 험준한 산골짜기에 자리 잡고 있다."라고 하였다.

풍속 風俗

사람들의 성품이 우직하고 성실하며, 즐기고 욕심내는 것이 적다. 영동

52 척주지(陟州志) : 허목(許穆)이 삼척 부사(三陟府使)로 재임할 때인 1662년(현종3)에 지은 부지(府志)이다.

(嶺東)의 여러 고을이 대개 이와 동일하다.

습속이 명주(溟州)**와 같다.** 지지(地志)

귀신을 믿는다. 본조 이산해(李山海)가 이르기를 "영동의 풍속은 귀신을 믿는데, 이르는 곳마다 모두 그러하다."라고 하였다.

백성들이 검소하고 인색하며 대부분 질박하다. 《척주지》

산천 山川

갈야산(葛夜山) 부 북쪽 2리에 있다. 진산(鎭山)이다. 위에 옛 성이 있고, 성 안에 오래된 우물이 있으니 그 우물을 어정(御井)이라고 하는데, 서로 전하기를 실직국 때의 우물이라고 한다.

태백산(太白山) 부 서쪽 120리에 있다. 강릉의 대관령(大關嶺)이 연이어 뻗쳐서 이 산이 되어 웅장하게 수백 리 자리 잡고 있으며 그 높이는 비할 것이 없다. 여기서 남쪽으로 뻗어 나가 소백산(小白山)이 되고 조령(鳥嶺)이 된다. 신라 때에 이 산을 북악(北嶽)으로 삼고 중사(中祀)에 실었다. 또 경상도 안동부 및 봉화현에도 보인다. 고려 최선(崔詵)의 기문(記文)에 "천하의 명산은 삼한(三韓)에 많고 삼한의 승경은 동남쪽이 제일이고, 동남쪽의 큰 산으로 태백산이 으뜸이 된다고 일컫는다." 하였다. ○ 고려 안축(安軸)의 시[53]에,

> 곧장 긴 하늘 지나 자색 안개 속에 들어가니　直過長空入紫煙
> 비로소 높은 꼭대기에 오른 줄 알았노라　始知登了在高巓

53 안축(安軸)의 시 : 〈태백산에 오르다〔登太白山〕〉이다. 《謹齋集 卷1》

둥근 해는 머리 위에 나직하고 一丸白日低頭上
사방 여러 산은 눈 아래 펼쳐 있네 四面群山落眼前
몸이 나는 구름을 따르니 학을 타는 듯하고 身逐飛雲疑駕鶴
길은 높은 비탈에 달려 하늘에 사다리 놓은 듯하네 路懸危磴似梯天
비 온 뒤 온 골짝에 세찬 물결 넘치니 雨餘萬壑奔流漲
굽이도는 오십천 건널 일이 근심되네 愁度縈回五十川

하였다.

두타산(頭陀山) 부 서쪽 45리에 있다. 산허리에 석정(石井)이 50개가 있으니 그대로 이름을 오십정(五十井)이라고 하는데, 가물면 이곳에서 비를 빈다. 본조 허목(許穆)의 〈유산기(遊山記)〉[54]에 "산중에 들어가니, 내〔川〕 위로는 온통 무성한 소나무와 큰 바위이다. 바위가 긴 여울을 굽어보며 서로 마주하여 층대(層臺)를 이루고 있으니, 범바위〔虎巖〕라고 한다. 대 위를 따라 서쪽으로 가서 바위 벼랑을 오르는데 그 바위는 사자목〔獅子項〕이라고 한다. 벼랑 아래는 물이 맑고 바위가 흰데 그 반석(盤石)을 마당바위〔石場〕라고 한다. 냇물의 북쪽 언덕에 있는 석대(石臺)를 반학대(伴鶴臺)라고 하는데, 이곳을 지나면 산이 온통 바위이고, 높은 바위가 깎아 놓은 듯하다. 마당바위 서북쪽 위는 중대사(中臺寺)인데, 절은 산중의 내와 바위가 교차하는 지점에 있어서 가장 아름다운 곳이다. 중대사 뒤의 폭포를 북폭(北瀑)이라고 하는데 푸른 절벽과 가파른 바위로 되어 있고, 그 아래는 점차 평평해지고 위험한 바윗돌이 없어서 사람들이 올라가 노닐 만하니, 계곡물이 쏟아져 흐르고 바위 위는 100보가 넘었다. 중대사를 지나서는 암벽

54 허목(許穆)의 유산기(遊山記) : 《기언(記言)》 〈두타산기(頭陀山記)〉를 가리킨다.

을 더위잡고 기어올랐는데, 두 발을 함께 디디고 갈 수 없을 정도이다. 학소대(鶴巢臺)에서 쉬었다. 이곳에 이르자 산기(山氣)가 더욱 성하여 해가 높이 떴는데도 아침노을이 걷히지 않았다. 이끼 낀 바위에 앉아 폭포를 구경하였는데, 이 바위를 천주암(濺珠巖)이라고 한다. 구름사다리를 몇 층 올라 지조암(指爪巖)을 유람하였다. 이곳은 산의 바위가 다한 곳으로 옆에 석굴이 있고, 석굴 안에는 마의 노인(麻衣老人)이 쓰던 토상(土床)이 있다. 남쪽으로 옛 성이 바라다보인다. 그 북쪽의 산봉우리가 가장 높은데 길이 끊겨 올라갈 수가 없다. 그 동북쪽에 다음 봉우리가 있고 또 그 서쪽에 세 개의 석봉(石峯)이 나란히 솟아 있는데, 그중 가장 서쪽에 있는 것이 가장 높다. 위에 움푹 파인 돌에는 이끼가 고색창연하고 물이 맑다. 모두 조심조심 올라갔는데 아슬아슬하여 굽어볼 수가 없었다. 그 가운데 봉우리는 큰 바위 세 개가 겹쳐진 것으로 발로 흔들어도 움직였다. 그래서 이름을 흔들바위〔動石〕라고 하는데, 그 밑에는 냇물이 모여 있다. 넘어진 항아리처럼 생긴 바위가 넓게 골짜기를 메우고 있고, 물은 깊고 검어서 깊이를 헤아릴 수가 없었다. 가뭄이 들면 이곳에서 비를 빈다. 수원(水源)까지 이르면 옛 상원사(上院寺)의 폐허가 있는데, 혹자는 이곳이 고려의 이승휴(李承休)가 산에서 우거하던 곳이라고 한다." 하였다.

양야산(陽野山) 부 남쪽 20리에 있다. 동쪽으로 바다에 닿아 있으며 바닷가는 모두 돌 언덕이다.

광진산(廣津山) 부 동쪽 6리에 있다.

우보산(虞甫山) 부 서쪽 105리에 있다. 유령(楡嶺)이라고도 칭한다.

근산(近山) 부 남쪽 15리에 있다. 매우 신묘하고 가파르게 솟아 있고 위에 신사(神祠)가 있어 고을 사람들이 모두 존숭하고 받드니, 그 사당을 일컬어 근산사(近山祠)라고 한다.

삼태산(三台山) 부 -원문 2, 3자 결락-리에 있다. 우보산과 마주 보고 있는데, 제일 높고 거대하다.

백복령(白福嶺) 일명 희복령(希福嶺)이라고 한다. 부 서북쪽 60리에 있다. 정선(旌善)으로 가는 길이고, 매우 높고 험하다.

와현(瓦峴) 부 남쪽 85리에 있다.

가을현(加乙峴) 부 남쪽 117리에 있다.

바다〔海〕 부 동쪽 9리에 있다.

오십천(五十川) 원류는 우보산에서 나와 동쪽으로 흐르다가 부성(府城) 서쪽의 석벽 아래에 이르러 꺾어져 남쪽으로 흐르다가 모여 기다란 못이 된다. 또 동쪽으로 흘러 삼척포(三陟浦)가 되고 바다에 들어간다. 부에서 그 원류에 이르기까지 모두 47개의 나루가 있으므로 대략 성수(成數)로 잡아 오십천이라고 칭한다.

장오리포(藏吾里浦) 부 남쪽 62리에 있다. 내장오리(內藏吾里), 외장오리(外藏吾里)가 있으며 모두 동해의 배 대는 곳이다. 척후(斥候)가 있다.

황지(黃池) 부 서쪽 110리에 있다. 태백산 가운데 샘이 솟아 나와 큰 못이 만들어졌는데, 그 물이 남쪽으로 흘러 30여 리 가서 작은 산을 뚫고 남쪽으로 나온다. 이를 일러 천천(穿川)이라고 하니, 바로 경상도 낙동강(洛東江)의 원류이다. 관아에서 제전(祭田)을 두고, 가뭄이 들 때 비를 빈다.

용장지(龍場池) 부 -원문 2, 3자 결락-에 있다. 둑 길이는 □□보이다. 또 부전(釜前), 지상(池上) 등의 둑이 있으니 모두 북평(北坪)에 있고 관개하는 지역이 자못 넓다.

덕산도(德山島) 부 남쪽 23리, 교가역(交柯驛) 동쪽 바다에 있다.

토산 土産

모시〔苧〕, 삼〔麻〕, 철(鐵), 부 서쪽 직재(稷岾)에서 난다. 마노(瑪瑙), 부 서쪽 견두리(堅頭里)에서 난다. 궁간상(弓幹桑), 부 남쪽 노곡산(蘆谷山)에서 난다. 죽전(竹箭), 부 남쪽 덕산도에서 난다. 옻〔漆〕, 자단향(紫檀香), 안식향(安息香), 오미자(五味子), 인삼(人蔘), 송이버섯〔松蕈〕, 복령(茯苓), 지황(地黃), 당귀(當歸), 황양(黃楊), 속새〔木賊〕, 산개(山芥), 매〔鷹〕, 꿀〔蜂蜜〕, 황랍(黃蠟), 산무애뱀〔白花蛇〕, 소금〔鹽〕, 김〔海衣〕, 미역〔藿〕, 전복〔鰒〕, 홍합(紅蛤), 문어(文魚), 방어(魴魚), 연어(鰱魚), 송어(松魚), 대구어(大口魚 대구), 숭어〔秀魚〕, 황어(黃魚), 고등어〔古刀魚〕, 비목어(比目魚), 은구어(銀口魚 은어), 광어(廣魚), 해삼(海蔘), 적어(赤魚)

성곽 城郭

부성(府城) 삼면을 돌로 쌓았다. 둘레가 2054자이다. 서쪽은 절벽이고, 둘레가 431자이다. -원문 2, 3자 결락- 문이 있다.

공서 公署

삼척포 첨절제사진(三陟浦僉節制使鎭) 부 동쪽 8리에 있다. 중종(中宗) 때 석성(石城)을 쌓았는데, 둘레가 900자이다. ○ 수군첨절제사 1인이 있다.

평릉도 찰방사(平陵道察訪司) 부 북쪽 40리에 있다. 평릉(平陵), 동덕(冬德), 대창(大昌), 구산(丘山), 목계(木界), 안인(安仁), 낙풍(樂豐), 신흥(新興), 사직(史直), 교가(交柯), 용화(龍化), 옥원(沃原), 흥부(興富), 수산(守

山), 덕신(德神), 달효(達孝) 등 16개 역(驛)을 관할한다. ○ 찰방 1인이 있다. 예전에는 승(丞)이라 하였는데, 지금은 참하 찰방(參下察訪)을 둔다.

학교 學校

향교(鄕校) 부 동쪽 3리에 있다.

궁실 宮室

진주관(眞珠館) 바로 객관(客館)이다. 그 서헌(西軒)을 응벽헌(凝碧軒)이라고 한다.

향사당(鄕射堂) -원문 5, 6자 결락-

죽서루(竹西樓) 객관 서쪽에 있다. 절벽은 1000자이고 누각이 그 위에 올라앉아 오십천을 굽어보는데, 긴 못의 물은 맑고 투명하며 물가는 모두 흰 자갈과 푸른 소나무이다. 서쪽으로 두타산을 마주 보는데, 멀리까지 가파르고 높은 산들이 내달리고 있으니, 바로 관동 팔경(關東八景) 중 하나이다. ○ 고려 김극기(金克己)의 시에,

물과 구름 속에 한 고을이 잠겨 있어	水雲藏一郡
속세의 수레 메고 드나드는 이 적다네	塵鞅往來稀
객관은 붉은 골짝에 임하였고	客館臨丹壑
인가는 푸른 산 중턱에 있네	人家住翠微
마름 풀에 산들산들 바람 불고	蘋風吹淅淅
대나무에 부슬부슬 이슬 내리는데	竹露灑霏霏

한가로움 중의 한 가지 한이라면 一片閑中恨
지는 해 매어 놓을 끈이 없는 것이라네 無繩繫落暉

하였다. ○ 본조 차운로(車雲輅)의 시에,

두타산 구름과 나무 푸르게 서로 연이었고 頭陀雲樹碧相連
굽이굽이 서쪽에서 오십천이 내려오네 屈曲西來五十川
철벽은 창공 밖의 새를 굽어보고 鐵壁俯臨空外鳥
옥루는 호수 속 하늘에 나는 듯하네 瓊樓飛出鏡中天
강산이 유독 고을 지경을 차지하여 江山獨領官居畔
풍월이 책상 앞에 늘상 머물러 있네 風月長留几案前
비로소 알겠다 진주의 어진 학사 始覺眞珠賢學士
삼분은 자사이고 칠분은 신선임을 三分刺史七分仙

하였다. ○ 본조 오숙(吳䎘)의 시[55]에,

세간에 이 누각이 있다는 말만 듣고 塵世徒聞有此樓
꿈속에서 왕래하길 몇 년이던가 夢魂來往幾春秋
동쪽으로 약수 삼천리에 임하였고 東臨弱水三千里
서쪽으로 긴 내 오십천을 둘렀어라 西帶長川五十流
대 그림자 울창하여 시원한 기운 머물고 竹影蕭森留爽氣
솔 소리 우렁차서 한가로운 시름 씻네 松聲淅瀝洗閑愁
나로 하여금 곧바로 의관 벗어던지고 令人便欲投軒冕
달빛에 피리 불며 도롱이 쓰고 갈매기와 놀고 싶게 하네 月笛煙蓑伴海鷗

하였다.

55 오숙(吳䎘)의 시 : 〈죽서루(竹西樓)〉이다. 《天坡集 卷2》

연근당(燕謹堂) 죽서루 옆에 있다. 김수온(金守溫)의 〈중수기(重修記)〉가 있다.

진동루(鎭東樓) 부성 동쪽 문루(門樓)이다.

능파대(凌波臺) 부 북쪽 15리에 있다. 흰 바위가 우뚝 솟아 푸른 바다에 닿아 있는데, 높이가 수백 자이고 그 위는 평평하여 수십 사람이 앉을 만하다. 또 돌 10여 개가 둘러서 있는데, 그 위에서 바라보면 마치 백옥경(白玉京)의 신선 무리인 듯하니, 참으로 절경이다. 예전에는 추암(秋巖)이라고 칭하였는데, 천순(天順) 연간에 체찰사(體察使) 한명회(韓明澮)가 동계(東界)를 순찰하다가[56] 올라 관람하고 그 위에 벽돌을 쌓은 다음 이름을 능파대로 고쳤다. ○ 고려 강회백(姜淮伯)의 시에,

올라 보니 완연히 짙은 쪽빛 하늘에 있는 듯	登臨宛在蔚藍天
굽어보니 인간 세상은 저쯤에 있다	俯瞰人寰若箇邊
청도[57]를 바로 지척에 임했는가 싶으니	直恐淸都臨咫尺
단약 굽는 아궁이 없이도 신선 찾으리	不憑丹竈覓神仙
금빛 반짝이는 바다 기운이 세 섬[58]과 연이었고	金浮沆瀣連三島
햇살이 비친 맑은 수면은 온 시내 모아들였네	日射玻瓈綰百川
오래 앉았노라니 정신이 너무도 청정한데	坐久精神苦淸澁
바람이 학의 등에 불어와 더욱 시원하여라	風吹鶴背更冷然

56 천순(天順)……순찰하다가 : 천순 5년인 세조 7년(1461)에 한명회가 강원도함길도 도체찰사(江原道咸吉道都體察使)에 제수되었다. 《世祖實錄 7年 6月 3日》

57 청도(淸都) : 천제(天帝)가 거처한다는 천상의 궁전 혹은 선계(仙界)를 가리킨다.

58 세 섬 : 신선이 살고 있다는 바닷속의 삼신산(三神山)인 봉래(蓬萊), 방장(方丈), 영주(瀛洲)를 말한다.

하였다. ○ 본조 허적(許樀)의 시[59]에,

바람 세차게 불고 구름 드리운 곳에	天風澀澀雲裔裔
까마득히 높은 누대 홀로 서 있네	獨立縹緲之高臺
머리 위로 가파르게 성곽 둘러 있고	頭上崢嶸玉宇廓
눈앞에 넓디넓은 푸른 바다 펼쳐 있네	眼前浩渺滄溟開
봉래산, 방장산 이곳에 서로 닿아 있으니	蓬萊方丈此相接
한 무제, 진 황제도 한번 다시 웃을 만하이	漢武秦皇還可咍
오랜 세월 순식간이고 천하도 작으니	萬古須臾九土小
소요하며 흥 즐김을 어이 망설이리오	逍遙逸興何悠哉

하였다.

봉수 烽燧

가곡산 봉수(可谷山烽燧) 부 남쪽 106리에 있다. 남쪽으로 울진(蔚珍)의 항출도산(恒出道山)에 응하고, 북쪽으로 임원산(臨院山)에 응한다.

임원산 봉수(臨院山烽燧) 부 남쪽 80리에 있다. 북쪽으로 초곡산(草谷山)에 응하고, 남쪽으로 가곡산에 응한다.

초곡산 봉수(草谷山烽燧) 부 남쪽 54리에 있다. 북쪽으로 양야산(陽野山)에 응하고, 남쪽으로 임원산에 응한다.

양야산 봉수(陽野山烽燧) 북쪽으로 광진산(廣津山)에 응하고, 남쪽으로 초곡산에 응한다.

59 허적(許樀)의 시 : 〈능파대(凌波臺)〉이다. 《水色集 卷5》

광진산 봉수(廣津山烽燧) 북쪽으로 강릉의 어달산(於達山)에 응하고, 남쪽으로 양야산에 응한다.

우역 郵驛

평릉역(平陵驛) 부 북쪽 40리에 있다. 찰방사(察訪司) 본역(本驛)이다.

사직역(史直驛) 부 남쪽 3리에 있다. ○ 지금 살펴보건대 부는 옛 실직국(悉直國)이니, '사직'은 바로 방언으로서 '실직'이 변한 것이다.

교가역(交柯驛) 부 남쪽 25리에 있다.

용화역(龍化驛) 부 남쪽 60리에 있다.

옥원역(沃原驛) 부 남쪽 100리에 있다.

신흥역(新興驛) 부 서북쪽 40리에 있다.

만년원(萬年院) 부 남쪽 70리에 있다.

제궁원(濟窮院) 부 남쪽 50리에 있다.

죽현원(竹峴院) 부 서쪽 80리에 있다.

관량 關梁

남교(南橋) 부 남쪽 1리에 있다. 나무로 다리를 만들었고, 오십천에 놓여 있다.

사묘 祠廟

사직단(社稷壇) 부 서쪽에 있다.

문묘(文廟) 향교에 있다.

성황사(城隍祠) 부 동쪽 1리에 있다.

독신사(纛神祠) 부성 안에 있다. 선조(宣祖) 23년 경인년(1590)에 영을 내려 도호부 이상의 관아에서 사당을 세우도록 하고 경칩(驚蟄)과 상강(霜降)에 제사 지내되 중사(中祀)의 예를 쓰도록 하였다.《척주지》

여단(厲壇) 부 북쪽에 있다.

김효원(金孝元) 사당 부 동쪽 2리에 있다. 고을 사람들이, 김효원이 부사가 되어 은혜로운 정사를 폈다고 하여 사당을 세우고 제사 지낸다.

태백산사(太白山祠) 산꼭대기에 있다. 세속에서 천왕당(天王堂)이라고 칭한다. 본도 및 인근 경상도 고을 사람들이 봄가을로 다투어 제사 지냈는데, 사당 앞에 소를 매어 두고는 즉시 뒤도 돌아보지 않고 달아나면서 말하기를 "돌아보면 신령이 불공하다고 여겨 죄를 준다." 하였다. 그후 3일이 지나 부에서 그 소를 거두어 썼는데, 이름을 퇴우(退牛)라고 하였다. 효종(孝宗) 때 산승(山僧)이 그 사당을 불태워 버려서 요사(妖祠)가 마침내 없어졌고, 따라서 소를 거두는 일도 없어졌다.

능묘 陵墓

목조황고(穆祖皇考) 묘 황고는 휘가 양무(陽武)이고 고려 장군이다. 묘는 부 서쪽 40리, 노동(蘆洞)에 있다.

황비(皇妣) 묘 황비는 이씨(李氏)이고, 상장군 이강제(李康濟)의 딸이다. 묘는 부 서쪽 35리, 동산(東山)에 있다. 지지(地志)에 말하기를 "황고의 묘는 노동에 있고, 황비의 묘는 동산에 있다." 하였다. 세종(世宗) 29년(1447)에 감사 이심(李審)과 삼척 부사 이윤손(李允孫)이 교명을 받들어 분묘(墳墓)의 소재를 세밀히 탐문하였는데, 고로(古老) 고봉생(高鳳生), 조흥보(曺興保), 최산봉(崔山鳳) 등이 진술한 내용에 모두 "목조황고의 묘는 노동에 있고, 황비의 묘는 동산 사동(寺洞)에 있다." 하였다. 성종(成宗) 19년(1488)에 또 본도에 명하여 두 묘를 봉심하고 봉역(封域)을 수축하게 하고, 강릉 부사 황윤형(黃允亨)과 삼척 부사 조달생(趙達生)이 그 일을 관장하게 하였는데, 얼마 있지 않아 역사를 정지하도록 명하고 수호만 하게 하였다. 명종(明宗) 10년[60](1555)에 감사 윤인서(尹仁恕)가 도적(圖籍)을 상고하여 계문하자 매년 봉심하고 두 묘에 각각 2인씩 수호군을 정하였다. 선조 13년(1580)에 감사 정철(鄭澈)이 도적 상의 두 묘를 수축하기를 청하자 삼공(三公)인 박순(朴淳), 노수신(盧守愼), 강사상(姜士尙)이 논의하여 성종조 고사에 따라 수호만 하기를 거듭 천명하니, 이에 명하여 개축은 그만두고 수호만 하도록 신칙하였다. 당시 정병(正兵) 임호(林蒙)와 역리(驛吏) 김계수(金戒守) 등이 은택을 받을 요량으로 말을 지어내기를 "두 묘는 모두 황지(黃池)에 있고, 석물(石物)도 모두 있습니다." 하였는데, 부사 황정식(黃廷式)이 그 말을 전하니 사대부들도 그 말을 많이 믿었다. 다음 해 경연관 이발(李潑)과 김륵(金玏) 등이 임금에게 아뢰자 안동과 삼척에 명하여 산속을 수색하게 하였는데, 일이 모두 허위여서 끝내 실상을 얻지 못하였다. 선조 22년(1589)에 강릉의 강사룡(姜士龍)이라는 자가 또 상소하여 말하기를 "황지 연화봉(蓮花峯) 서쪽 산기슭에 두 묘가 있습니다." 하니, 감사

60 10년 : 대본에는 '十三'으로 되어 있는데, 《명종실록(明宗實錄)》 10년 9월 16일 기사 및 《척주지(陟州誌)》 〈미로리(眉老里)〉에 근거하여 고쳐 번역하였다.

구사맹(具思孟)과 부사 최희(崔禧)에게 명하여 그가 지적한 곳을 따라 무덤가를 깊이 파도록 하였으나 증험할 것이 없었다. 강사룡이 또 상소하여 말하기를 "황지 서쪽에 진짜 묘가 있습니다." 하므로, 예조 좌랑 남근(南瑾)을 보내 상지관(相地官)을 데리고 가서 부사 정유청(鄭惟淸)과 함께 자세히 조사하도록 하였으나 찾지 못하였다. 뒤에 또 풍기(豐基) 교생(校生) 권균(權均)이 본도에 정고(呈告)하여 공문을 받고 태백산에 들어갔는데, 가리키는 곳마다 마을 사람의 옛 무덤이거나 철야(鐵冶 대장간) 옛터여서 사람들이 모두 실소하였다. 인조(仁祖) 때 또 영남의 요인(妖人)이 글을 올려 말하기를 "두 묘가 지금 황지에 있습니다." 하였는데, 그 말이 모두 강사룡의 말을 답습한 데다 괴상하고 허무맹랑한 말과 화복에 관한 말을 섞은 것이었다. 이에 예조 참판 허계(許啓)를 보내 지관(地官)을 데리고 가서 끝까지 찾아보게 하였으나 결국 사실이 아니었으니, 식자들이 탄식하였다. 그렇게 임호, 강사룡 등이 두 묘의 소재를 미혹시킨 이후로 봉심의 예가 그로 인해 폐지된 지가 지금 80여 년이 지났다. 허목이 지은 〈이묘실기(二墓實記)〉[61]가 있다.

사찰 寺刹

중대사(中臺寺) 두타산에 있다. 허목의 기문[62]에 "중대(中臺)가 산중에 있는

61 이묘실기(二墓實記) : 〈노동과 동산의 두 묘에 대한 기문(蘆洞東山二墓記)〉이다. 《記言 卷37》

62 허목의 기문 : 〈두타산기(頭陀山記)〉이다. 《記言 卷37》

데, 천석(川石)이 가장 아름다운 곳이다." 하였으니, 바로 이 절이다.

삼화사(三和寺) 두타산에 있다.

간장사(看藏寺) 두타산에 있다. 고려 이승휴(李承休)가 두타산 아래에 집을 짓고 살았는데, 불가를 좋아하여 따로 용안당(容安堂)을 짓고 삼화사 승려에게 불경(佛經)을 빌려다가 날마다 그 안에서 열람하여 10년 만에 마쳤다. 뒤에 당을 승려에게 시주하고 호칭을 바꾸어 간장(看藏)이라 하였다. 지금은 이악사(里嶽寺)라고 칭한다.

궁방사(窮方寺) 태백산에 있다.

고적 古蹟

고죽령현(古竹嶺縣) 부 남쪽 109리에 있다. 본래 고구려 죽현현(竹峴縣)인데, 신라 경덕왕 때에 죽령(竹嶺)으로 고치고 삼척군의 영현(領縣)으로 삼았다. 세상에서 전하기를 옥원역(沃原驛)이 현의 옛터라고 한다.

만경현(滿卿縣) '경(卿)'은 '향(鄕)'이라고도 쓴다. 김부식(金富軾)이 말하기를 "본래 고구려 만약현(滿若縣)인데, 경덕왕 때에 이름을 고치고 삼척군의 영현으로 삼았다. 지금 어디인지 미상이다." 하였다.

해리현(海利縣) 김부식이 말하기를 "본래 고구려 파리현(波利縣)인데, 경덕왕 때에 이름을 고치고 삼척군의 영현으로 삼았다. 지금 어디인지 미상이다." 하였다.

옛 읍성〔古邑城〕 부 -원문 2, 3자 결락-리에 있다. 삼면을 흙으로 쌓았다. 둘레가 1440자이다. 서쪽은 절벽에 임하였고, 둘레가 408자이다.

옥원고성(沃原古城) 옥원역 옆에 있다. 흙으로 쌓았다. 둘레가 507자이다.

두타산성(頭陀山城) 돌로 쌓았다. 둘레가 8607자이다. 우리 태종 때에 험지를 따라 성을 쌓았는데, 뒤에 폐하였다.

오화리산성(吾火里山城) 부 남쪽 9리에 있다. 흙으로 쌓았다. 둘레가 1870자이며, 안에 샘이 하나 있다.

목조(穆祖) **옛집** 처음에 목조가 전주(全州)에 살았는데, 관기(官妓)를 좋아하여 지주사와 틈이 생기자 외가가 있는 삼척으로 거처를 옮겼다. 이때 그를 따라 온 자가 170여 집이었다. 뒤에 새로 부임하는 안렴사가 목조와 묵은 혐의가 있었으므로 그가 온다는 소식을 듣고 가족을 데리고 바닷길로 덕원(德源)에 가서 거주하였다. 서로 전하기를 "목조의 옛집은 부 서쪽 37리의 활로동(活老洞)에 있었다."라고 하는데, 노동과 동산이 모두 5리 거리에 있고, 마을 안이 널찍하고 탁 트였으며 양전(良田)이 있다. 마을 사람들이 집터라고 말한 곳은 주춧돌이 아직 남아 있고, 또 작은 우물도 있다.

소공대(召公臺) 와현 위에 있다. 본조 태종 때에 관동에 기근이 들자 관찰사 황희(黃喜)가 관창의 곡식을 나누어 주고 미납한 조세(租稅)를 경감해 주는 등 진심을 다해 구휼하였으므로 백성들이 온전히 살 수 있었다. 일찍이 고개 위의 바위에서 쉰 적이 있고, 조정으로 돌아가게 되자 백성들이 그를 그리워하여 돌을 모아 대를 만들고 이름을 소공대라고 하였다. 뒤에 황희의 현손인 황맹헌(黃孟獻)이 관찰사가 되어 이곳에 와서 다시 그 무너진 곳을 보수하고 대 위에 비를 세웠다.[63]

63 황희(黃喜)가……세웠다 : 황희는 1423년(세종5)에 강원도 관찰사로 부임하였고, 황희의 4대손인 관찰사 황맹헌이 1516년(중종11)에 이곳에 비를 세우고, 남곤(南袞)이 명(銘)을 지었다.《국역 연려실기술 제3권 세종조고사본말 세종조의 상신》

동해비(東海碑) 부 동쪽 10리, 바닷가에 있다. 본조 허목이 삼척 부사가 되었을 때 부가 천하 동쪽 끝 땅이라 하여 이곳에 비를 세우고 〈동해명(東海銘)〉[64]을 지어 고전(古篆)으로 써서 새겨 놓았다. 그 사(辭)에,

동해 바다 넓고 넓어	瀛海漭瀁
온갖 시내 모여드니	百川朝宗
끝이 없이 광대하네	其大無窮
동북쪽은 모래 바다	東北沙海
밀물 썰물 없는지라	無潮無汐
대택이라 부른다네	號爲大澤
하늘 닿은 바닷물이	積水稽天
광활하게 출렁대니	浡潏汪濊
바다가 동하여 물안개 이네	海動有曀
밝디 밝은 양곡은	明明暘谷
태양이 솟는 문이라	太陽之門
희백이 공손히 맞이하네[65]	羲伯司賓
석목의 자리이고	析木之次
빈우의 집이니[66]	牝牛之宮

64 동해명(東海銘) : 〈동해송(東海頌)〉이다. 《記言 卷28》

65 희백(羲伯)이 공손히 맞이하네 : 희백은 희중(羲仲)을 말한 듯하다. 《서경》 〈요전(堯典)〉에 "희중에게 명하여 우이(嵎夷)에 머물게 하여 그곳을 양곡이라 하고, 솟는 태양을 공경히 맞이하게 하였다." 하였다.

66 석목(析木)의……집이니 : 석목은 하늘을 12구역으로 나눈 십이차(十二次) 가운데 하나로 미수(尾宿)와 기수(箕宿)가 이에 해당하며 미수와 기수 두 별자리를 빈우궁(牝牛宮)이라 하니 모두 동해의 위치를 가리킨 것이다.

해가 나오는 동쪽 끝이라네	日本無東
교인의 보배[67]와	蛟人之珍
바다에서 나는 것들	涵海百産
한없이 많고 많네	汗汗漫漫
기이한 물건들 변화가 무쌍하니	奇物譎詭
서리서리 상서로움	宛宛之祥
덕을 펴서 드러내네	興德而章
조개는 진주 품어	蚌之胎珠
달과 함께 자라나니	與月盛衰
세찬 기운 뿜어낸다	旁氣昇霏
머리 아홉인 천오[68]와	天吳九首
외다리의 기[69]는	怪夔一股
광풍 일으키고 비를 뿌린다	飆回且雨
아침에 뜨는 해가	出日朝暾
이글이글 빛나면	轇軋炫煌
붉은 빛이 번져 가고	紫赤滄滄
십오야 보름달이	三五月盈

67 교인(蛟人)의 보배 : 진주(珍珠)를 말한다. 교인은 상반신은 인체(人體)이고 하반신은 어체(魚體)라는 상상의 동물이다. 눈물을 흘리면 모두 진주가 된다고 한다.

68 천오(天吳) : 해가 솟는 조양(朝陽)의 골짜기에 산다고 하는 수신(水神)의 이름이다. 물을 다스리는 수백(水伯)이다.

69 외다리의 기(夔) : 동해 먼 바다에 유파산(流波山)이라는 산이 있고 그곳에 기라는 짐승이 사는데 형체는 소와 같고 뿔이 없으며 다리가 하나라고 한다. 기가 물속을 드나들 때에는 풍우(風雨)가 일어난다고 한다.

거울처럼 둥실 뜨면	水鏡圓靈
뭇 별빛을 잃는다네	列宿韜光
부상 사화	扶桑沙華
흑치 마라[70]	黑齒麻羅
상투 튼 보가	撮髻莆家
굴 조개 잡는 연만	蜒蠻之蠔
원숭이 많은 조와	爪蛙之猴
소 피 먹는 불제	佛齊之牛
바다 밖 여러 종족이	海外雜種
풍속도 전혀 다른 무리인데	絶儻殊俗
동해에서 함께 살아가네	同囿咸育
옛 성왕 덕화 멀리 퍼지니	古聖遠德
이중 삼중 통역 거쳐	百蠻重譯
모든 오랑캐 복종했네	無遠不服
거룩하고 찬란하도다	皇哉熙哉
위대한 다스림 넓고 넓어	大治廣博
유풍이 유구하리	遺風邈哉

하였다. 그 자획이 바로 상(商), 주(周)의 고문(古文)이지 한(漢), 진(晉) 이후에 쓰인 것이 아니라 한다.

70 부상(扶桑)……마라(麻羅) : 부상과 사화는 동쪽 혹은 동남쪽 바다 멀리 있는 나라 이름이고, 흑치와 마라 역시 동쪽 혹은 동남쪽 바다 멀리 있는 종족 이름이다. 이하 보가(莆家), 연만(蜒蠻), 조와(爪蛙), 불제(佛齊) 등도 동남쪽 혹은 남쪽 오랑캐 종족 이름이다.

오금잠(烏金簪) 부에 오금잠이 있는데, 고을 사람이 작은 함에 담아서 치소(治所) 동쪽 구석에 보관해 두었다. 민간에 전해지기를 실직국의 물건이라고 하고, 혹은 고려 태조 때 물건이라고도 한다. 매 단오일마다 이민(吏民)이 꺼내 와서 제사 지내고 다음 날 다시 보관해 두는 것이 고사로 전해졌는데, 본조 효종 때에 부사 정언황(丁彦璜)이 그 제사를 금하고 잠을 석실에 숨겨 두었다. 그런데 그 잠은 임진왜란 때 분실되었고, 지금 잠은 바로 후세 사람들이 만든 것이라고 한다.

명환 名宦

신라

이사부(異斯夫) 지증왕(智證王) 6년(505)에 실직주(悉直州) 군주(軍主)가 되었다.

고려

남은(南誾) 신우(辛禑) 때에 왜구가 크게 치성하여 삼척군 군성(郡城)이 위태로워지자 나라에서는 지키기 어렵다고 여겼다. 이에 남은이 자천(自薦)하여 지삼척군사(知三陟郡事)가 되었는데, 군에 당도하자 왜적이 갑자기 이르렀다. 남은이 10여 기병을 거느리고 성문을 열고 돌격하니, 왜적이 달아났다. 소명을 받고 사복시 정에 제수되었다.

본조

신광한(申光漢) 중종조에 승지로서 기묘사화(己卯士禍)에 연좌되어 외직으로 나가 삼척 부사가 되었다. 가난하고 의지할 데 없는 자들을 진휼하였으며, 전임 관리가 거둔 어염(魚鹽)의 이익을 신광한이 모두 백성들에게 돌려주니 부내가 청정해졌다. 서로 소송이 붙은 형제가 있었는데, 의리로 효유하니 그 사람들이 감동하고 깨달아 소송을 파기하였다. 이에 경내에서 더는 친척 간에 소송 거는 자들이 없었다.

김효원(金孝元) 선조조에 삼척 부사가 되었다. 청렴하고 현명하며 백성을 사랑하였고, 학교를 일으키고 풍속을 순후하게 하는 것을 급선무로 삼았다. 이에 고을 사람들이 추모하여 사당을 세워 제사 지냈으니, 그 사당 이름을 경행당(景行堂)이라고 하였다.

이준(李埈) 인조조에 삼척 부사가 되었다. 유애비(遺愛碑)가 있다.

허목(許穆) 금상(今上) 초에 대관(臺官)이 되었는데,[71] 시의(時議)에 부합하지 못해서 외직으로 나가 삼척 부사가 되었다. 맑고 조용하게 다스려 백성들을 혼란시키지 않았고, 절약과 효도를 권장하며 향약(鄕約)을 흥기시켰다.

유우 流寓

이승휴(李承休) 성주(星州) 가리현(加利縣) 사람이다. 고려 고종(高宗) 때에 감찰대부(監察大夫)가 되었는데, 관직을 사양하고 부의 두타산 구동(龜

71 금상(今上)……되었는데 : 허목은 1660년(현종1) 2월에 사헌부 장령에 제수되었다. 《顯宗實錄 1年 2月 24日》

洞)에 들어가 몸소 농사지으며 어머니를 봉양하고, 자호를 동안거사(動安居士)라 하였다. 한참 뒤에 징소(徵召)하여 전중시사(殿中侍史)에 제수하였는데, 글을 올려 정사에 대해 끝까지 다 말하고 다시 구동으로 돌아갔다. 뒤에 충선왕(忠宣王)이 간대부(諫大夫)로 징소하였으나, 노쇠함을 이유로 사양하였다. 왕이 다시 겸사(謙辭)로서 간곡히 불렀으므로 이승휴가 마침내 서울에 당도하여 이내 시정(時政)의 득실을 진술한 다음 다시 물러가기를 청하여 사림학사(詞林學士)로 치사(致仕)하였다. 이승휴는 성품이 강직하고 세상에서 구하는 것이 없었는데, 만년에 불법(佛法)을 좋아하여 저술한《제왕운기(帝王韻記)》에는 불설(佛說)에 대한 글이 많다고 한다.

인물 人物

고려

심동로(沈東老) 과거에 급제하고, 시문으로 이름이 났다. 관직은 내서사인 지제교(內書舍人知製敎)에 이르렀다.

본조

김겸(金謙) 관직에 나아가 교수가 되었다. 성품이 지극히 효성스러웠고, 집이 가난하여 쌀을 지고 와서 부모를 봉양하였다.[72] 아버지 상을 당해 여묘

72 집이……봉양하였다 : 공자(孔子)의 제자 자로(子路)가 옛날에 어버이를 모시고 있을 적에 집이 가난했기 때문에 자기는 되는대로 거친 음식을 먹으면서도 어버이를 위해서는 백 리

하는데 매양 곡을 하니 호랑이가 슬프게 울며 떠나지 않았다. 사람들이 모두 말하기를 "지극한 효성의 감응이다." 하였다. 같은 부에 또 봉사(奉事) 홍양해(洪洋海)와 교생(校生) 최진후(崔鎭厚)가 있었는데, 모두 돈독한 효성으로 소문이 났다.

열녀 列女

최씨(崔氏) 딸 본조 사람으로, 송라리(松蘿里)에 살았다. 열다섯도 안 된 나이에 임진왜란을 당하여 산골짜기에 숨었는데, 왜적이 찾아내어 더럽히려고 하자 죽을힘을 다해 몸을 지키다 적에게 살해당했다. 송라리 길가에 정문(旌門)이 있다. 뒤에 부사 허목이 글을 지어 제사 지내며 말하기를,

그 옛날 오랑캐가 창궐하여	伊昔蠻夷猖獗
우리 강토 뒤흔들고	蕩擾我疆理
우리 사녀 겁략하였지	驅掠我士女
대부에겐 수치로되	爲大夫之恥
여자의 행실 빛났도다	而女子之皎皎
자기 몸을 희생하여 욕되지 않고	殺身不辱
열녀의 행실을 이루었으니	成烈女行
아, 백대의 본보기로다	嗚呼百代之表

바깥에서 쌀을 등에 지고 와서 봉양하였다는 고사에서 나온 말로, 봉양을 극진히 하였다는 뜻이다.《孔子家語 致思》

하였다.[73] 또 습독(習讀) 김한경(金漢卿)의 처 정씨(鄭氏), 교생 최송수(崔松壽)의 처 고씨(高氏), 남응문(南應文)의 처 민씨(閔氏)도 모두 절개를 지킨 행실로 알려졌다.

73 허목이……하였다 : 〈송라의 열녀에 대한 제문(祭松蘿烈女文)〉이다. 《記言 卷37》

양양도호부 襄陽都護府

동쪽으로 해안까지 12리이다. 남쪽으로 강릉부(江陵府) 경계까지 65리이다. 서쪽으로 인제현(麟蹄縣) 경계까지 55리이다. 북쪽으로 간성군(杆城郡) 경계까지 45리이다. 서울과의 거리는 511리이다.

한전 旱田

수전 水田

건치연혁 建置沿革

본래 고구려 익현현(翼峴縣)이다. 일명 이문현(伊文縣)이다. 신라 경덕왕(景德王) 때에 익령(翼嶺)으로 고치고 수성군(守城郡)의 영현(領縣)으로 삼았다. 고려 현종(顯宗) 때에 다시 떼어 내 익령현(翼嶺縣)을 설치하였다. 고종(高宗) 8년(1221)에 승격시켜 양주(襄州)로 삼았다. 거란 군사를 막아 낸 공으로 승격시킨 것이다. 뒤에 강등시켜 덕녕현(德寧縣)으로 삼았다. 고종 44년(1257)에 적에게 항복했다는 이유로 강등시킨 것이다. 원종(元宗) 초에 다시 양주로 삼았다. 본조 태조(太祖) 6년(1397)에 승격시켜 부로 삼았다. 임금의 외가가 있는 곳이므로 승격시킨 것이다. 태종(太宗) 13년(1413)에 고쳐 양양도호부로 삼았다. 관장하는 면은 □개이다.

관원

부사(府使), 교수(敎授) 각 1인이다.

군명 郡名

익현(翼峴), 익령(翼嶺), 양주(襄州), 덕녕(德寧)

형승 形勝

풍속 風俗

습속이 명주(溟州)와 같다. 지지(地志)

산천 山川

설악산(雪嶽山) 부 서북쪽 50리에 있다. 진산(鎭山)이다. 매우 높고 험준하며 중추(仲秋)에도 눈이 내려 여름에 이르러서야 녹으므로 이렇게 이름하였다. 우뚝 솟은 산봉우리들이 줄지어 있고 바위의 색이 모두 희니 세속에서는 소금강(小金剛)이라고 부른다. ○ 남효온(南孝溫)의 〈유산록(遊山錄)〉에 "금강산(金剛山) 한 줄기가 남쪽으로 200여 리 뻗어 나가는데, 산 형상이 뾰족하고 가팔라서 대략 금강산 본산과 같으니 이를 설악산이라고 한다." 하였다. 본조 김시습(金時習)이 이 산에서 많이 살았다. ○ 본조 허목(許穆)의 시[74]에,

설악산은 높이가 만 장이나 되니	雪嶽之山高萬丈
하늘에 닿은 푸른 산들이 봉래와 영주에 이어졌네	懸空積翠連蓬瀛
천 봉우리에 눈 빛나고 바다의 해는 청명하니	千峯映雪海日晴
아스라한 옥경에 신선들 모였구나	縹緲群帝集玉京

하였다.

소동라령(所冬羅嶺) 부 서쪽 60리에 있다. 높고 가파른 산봉우리가 첩첩하여 지세가 험준하다. 예전에는 서울로 통하는 길이 있었는데, 지금은 없어졌다.

성황산(城隍山) 부 북쪽 25리에 있다.

오봉산(五峯山) 부 동북쪽 15리에 있다. 작은 산이 홀로 우뚝 바닷가에 솟아 있다. 낙산(洛山)이라고도 한다.

수산(水山) 부 동쪽 10리에 있다.

덕산(德山) 부 북쪽 36리에 있다.

초진산(草津山) 부 남쪽 29리에 있다.

이산(籬山) 부 북쪽 63리, 쌍성호(雙成湖) 서쪽에 있다. 바로 대령(大嶺 대관

74 허목(許穆)의 시 : 〈강릉에 가는 도중에 설악산을 바라보고 감회가 일어 짓다[江陵途中望雪嶽感懷作]〉이다. 《記言 卷63》

령) 동쪽 줄기이다. 기이한 봉우리가 가로세로 뻗어 마치 울타리를 친 것 같으므로 이렇게 이름하였다. 세속에서는 울산(蔚山)이라고 한다.

양야산(陽野山) 동산현(洞山縣) 남쪽 10리에 있다.

정족산(鼎足山) 부 서남쪽 40리에 있다. 세 봉우리가 높게 솟아 있어서 형상이 솥발 같으므로 이렇게 이름하였다.

바다〔海〕 부 동쪽 13리에 있다. 사전(祀典)에 이곳에서 동해의 신에게 제사 지낸다고 하고, 중사(中祀)에 실었다.

쌍성호(雙成湖) 부 북쪽 40리, 간성군(杆城郡) 경계에 있다. 둘레가 수십 리이며, 호수의 형승이 영랑호(永郎湖)보다도 좋다. 예전에 만호영(萬戶營)을 설치하고 병선(兵船)을 정박시켰는데, 지금은 없어졌다.

남대천(南大川) 부 남쪽 20리에 있다. 강릉부 오대산(五臺山)에서 나와 소동라수(所冬羅水)와 합류하여 부 남쪽을 지나 바다에 들어간다.

죽도(竹島) 부 남쪽 45리, 관란정(觀瀾亭) 앞에 있다. 섬에 가득한 것이 모두 푸른 대나무이다. 섬 아래 바닷가에는 구유 모양의 오목한 돌이 있는데, 닳고 갈려서 교묘하게 깎였고, 오목한 곳 속에 조그맣고 둥근 돌이 있다.

냉천(冷泉) 오봉산 아래에 있다.

토산 土産

모시〔苧〕, 철(鐵), 서선사(西禪寺) 동쪽 봉우리 아래에서 난다. 죽전(竹箭), 죽도에서 난다. 매〔鷹〕, 잣〔海松子〕, 송이버섯〔松蕈〕, 오미자(五味子), 지치〔紫草〕, 인삼(人蔘), 복령(茯苓), 산개(山芥), 꿀〔蜂蜜〕, 황랍(黃蠟), 산무애뱀〔白花蛇〕, 소금〔鹽〕, 김〔海衣〕, 미역〔藿〕, 전복〔鰒〕, 홍합(紅

蛤), **문어**(文魚), **대구어**(大口魚 대구), **송어**(松魚), **연어**(鰱魚), **은구어**(銀口魚 은어), **황어**(黃魚), **방어**(魴魚), **고등어**〔古刀魚〕, **광어**(廣魚), **농어**〔鱸魚〕, **숭어**〔秀魚〕, **쌍족어**(雙足魚), **해삼**(海蔘)

성곽 城郭

부성(府城) 돌로 쌓은 것은 둘레가 403자이며, 흙으로 쌓은 것은 둘레가 2825자이다. 안에 우물이 2개 있다. 지금은 절반이 무너지고 떨어져 나갔다.

공서 公署

상운도 찰방사(祥雲道察訪司) 부 남쪽 25리에 있다. 상운(祥雲), 연창(連倉), 강선(降仙), 인구(麟丘), 죽포(竹苞), 원암(元巖), 청간(淸澗), 운근(雲根), 명파(明波), 대강(大康), 고잠(高岑), 양진(養珍), 조진(朝珍), 등로(登路), 거풍(巨豐), 정덕(貞德) 등 16개 역을 관할한다. ○ 찰방 1인이 있다. 예전에 승(丞)이라 하였는데, 지금은 참하 찰방(參下察訪)을 둔다.

학교 學校

향교(鄕校) 부 동쪽 2리에 있다.

궁실 宮室

객관(客館)

태평루(太平樓) 객관 남쪽에 있다.

관란정(觀瀾亭) 부 남쪽 43리, 동산폐현(洞山廢縣) 동쪽에 있다.

비선대(秘仙臺) 부 북쪽 50리, 쌍성호 동쪽에 있다. 석봉(石峯)이 가파르게 솟아 있고 위에 규송(虯松) 몇 그루가 있어서 바라보면 그림 같다. 그 위에는 앉을 만하며, 실처럼 가는 길이 나 있어 육지와 통하는데, 파도가 거세게 일면 건널 수 없다.

강선정(降仙亭) 부 북쪽 29리에 있다.

상운정(祥雲亭) 부 남쪽 25리에 있다. 바다 곁에는 장송(長松)이 10리를 이어 짙푸르게 그늘을 드리우고 있어서 올려다보아도 해가 보이지 않는다. 소나무 사이에는 잡풀이 없고 오직 산철쭉뿐인데, 봄에 꽃이 피면 붉은 비단 같이 화려하다.

봉수 烽燧

수산 봉수(水山烽燧) 북쪽으로 덕산에 응하고, 남쪽으로 초진산에 응한다.

덕산 봉수(德山烽燧) 북쪽으로 간성(杆城)의 죽도에 응하고, 남쪽으로 수산에 응한다.

초진산 봉수(草津山烽燧) 남쪽으로 양야산에 응하고, 북쪽으로 수산에 응한다.

양야산 봉수(陽野山烽燧) 남쪽으로 강릉의 주문산(注文山)에 응하고, 북쪽으로 초진산에 응한다.

우역 郵驛

상운역(祥雲驛) 부 남쪽 25리에 있다. 찰방사 본역(本驛)이다.

인구역(麟丘驛) 부 남쪽 47리에 있다.

연창역(連倉驛) 부 안 5리에 있다.

강선역(降仙驛) 부 북쪽 30리에 있다.

사묘 祠廟

사직단(社稷壇) 부 서쪽에 있다.

문묘(文廟) 향교에 있다.

성황사(城隍祠) 성안에 있다.

동해신사(東海神祠) 부 동쪽에 있다. 봄가을에 향축(香祝)을 내려 제사 지낸다.

여단(厲壇) 부 북쪽에 있다.

사찰 寺刹

낙산사(洛山寺) 오봉산에 있다. 신라 승려 의상(義相)이 세웠다. 전상(殿上)에 전단 관음상(栴檀觀音像) 하나를 봉안하였다. 본조 혜장왕(惠莊王 세조)이 이 절에 행차하였을 때 재건하도록 명하여 매우 웅장해졌다. 동해 바다를 굽어보고 있어 일출과 월출을 여기에서 보면 가장 절경이라 일컬으니, 바로 관동 팔경(關東八景) 중의 하나이다. ○ 본조 정사룡(鄭士龍)의

시[75]에,

사찰이 바다에 바짝 닿은 절벽 위에 자리하니　寺界窮波地接虛
상방의 전각은 귀허[76]를 굽어보고 있네　上方臺殿壓歸墟
파도 어지러이 부서지니 풍이[77]의 굴이요　銀山亂碎馮夷窟
용궁이 가운데 잠겼으니 해약[78]의 집이라　貝闕中涵海若廬
신령한 감응으로 인과 닦아 청정 지역을 열고　靈感修因開淨域
중생은 신이한 기운 모아 절을 보호하는도다　人天鍾異護僧居
헌창에서 한번 보니 양곡에 통하여라　軒窓一覽通暘谷
자색 기운 자욱함 속에 아침 해 갓 돋는구나　紫氣輪囷浴日初

하였다. ○ 본조 임억령(林億齡)이 일출과 월출을 보며 지은 시[79]에,

저물녘에 낙산사 누각에 드니　暮投洛寺樓
저 멀리 금산과 마주 대하네　迥與金山敵
큰 바다가 그 아래에 부딪치니　大洋衝其下
문득 천지가 좁다는 걸 알겠네　頓覺天地窄
긴 바람이 동남쪽을 쓸고 가니　長風掃東南

75 정사룡(鄭士龍)의 시 : 〈관동일록(關東日錄)〉 중 〈낙산사(洛山寺)〉이다. 《湖陰雜稿 卷3》
76 귀허(歸墟) : 동해 바다 속에 있다고 하는 깊이를 알 수 없는 큰 골짜기 이름이다. 《열자(列子)》 〈탕문(湯問)〉 제5에 "발해의 동쪽 몇 십만 리나 되는지 알 수 없는 곳에 큰 골짜기가 있는데, 실로 밑이 없는 골짜기이다. 그 아래는 밑이 없고, 이름을 귀허라고 한다." 하였다.
77 풍이(馮夷) : 전설 속에 나오는 황하(黃河)의 신인 하백(河伯)으로, 수신(水神)을 가리킨다. 《莊子 大宗師 成玄英疏》
78 해약(海若) : 본래 북해(北海) 신의 이름인데, 널리 해신(海神)을 지칭하는 말로도 쓰인다. 《楚辭 遠遊 王逸注》
79 임억령(林億齡)이……시 : 〈청허자와 함께 바다의 기이함을 구경하며 지은 26운[同淸虛子觀海記異古體二十六韻]〉이다. 《石川詩集 卷1》

맑디 맑은 물 푸르게 출렁이네	澄澄上下碧
높이 누워 밤 지새 새벽이 되니	高枕夜向晨
천계[80]가 양 날개 퍼덕이네	天鷄鼓兩翮
화산이 큰 바다를 가로지르니	火山橫大壑
기운이 퍼져 하늘 반이 붉어졌네	氣射半天赤
양곡에서 가마에 불을 지펴	暘谷烘爲窯
마치 국이 솥에서 끓는 것같네	如羹沸釜鬲
펄펄 끓어 황도[81]에 올라와서	騰湧上黃道
환히 비추어 대지를 빛내네	照灼臨下赫
쓸쓸히 마른 오동에 기대니	寥寥據枯梧
푸르스름하게 해는 저무네	蒼蒼日之夕
희디 흰 백련화[82]가	皎皎白蓮花
용왕 궁에서 떠올라	浮出龍王宅
예맥 땅이었던 이곳을	坐令濊貊墟
수정 지역으로 변화시켰네	化爲水晶域
항아는 부르니 응하려는 듯하고	姮娥喚欲膺
계화는 직접 꺾을 만하네[83]	桂花手堪摘

80 천계(天鷄) : 중국 동남쪽에 하늘 높이 치솟은 도도(桃都)라는 이름의 거목이 있고, 그 위에 천계라는 닭이 서식하는데, 해가 떠오르면서 이 나무를 비치면 천계가 바로 울고, 그러면 천하의 닭들이 모두 뒤따라 울기 시작한다고 한다는 고사가 있다.《述異記 卷下》

81 황도(黃道) : 태양이 지구를 중심으로 회전한다고 생각했던 둥근 궤도로, 여기서는 하늘을 가리킨다.

82 백련화(白蓮花) : 여기서는 달을 일컬은 것이다.

83 항아(姮娥)는……만하네 : 항아는 달 속에 산다는 선녀 이름이고, 계화(桂花)는 계수나

취하여 이정에 누워 있자니　　醉來臥梨亭
지는 꽃잎 내 두건을 채우네　　落花盈我幘

하였다.

관음굴(觀音窟) 오봉산에 있다. 우리 익조(翼祖)와 정숙왕후(貞淑王后)가 이곳에 와서 후사를 얻기를 빌었는데, 밤에 꿈에 가사(袈裟)를 걸친 한 승려가 와서 고하기를 "반드시 귀한 아들을 얻을 것이니, 그 이름은 선래(善來)입니다." 하였다. 얼마 안 되어 도조(度祖)가 태어나서 드디어 선래라고 이름 지었다.

영혈사(靈穴寺), **사옹사**(四擁寺) 모두 설악산에 있다.

도적사(道寂寺) 정족산에 있다.

신흥사(新興寺) 설악산에 있다.

고적 古蹟

동산폐현(洞山廢縣) 부 남쪽 45리에 있다. 본래 고구려 혈산현(穴山縣)이다. 신라에서 동산으로 고치고 명주(溟州)의 영현으로 삼았다. 고려 현종 때 편입시켰다. 본조에서 그대로 따랐다.

대포폐진(大浦廢鎭) 부 동쪽 12리에 있다. 본조 성종(成宗) 때 강릉 안인포(安仁浦)에서 이곳으로 옮겨 설치하고 수군 만호(水軍萬戶)를 두었다. □□ 때에 혁파하였다. 지금 있는 석성(石城)은 둘레가 1460자이고 바로 중종(中宗) 15년(1520)에 쌓은 것이다.

무 꽃으로 달 속에 계수나무가 있다는 전설에서 온 말이다.

권금성(權金城) 설악산 정상에 있다. 돌로 쌓았다. 둘레가 1112자이다. 지금은 절반이 무너지고 떨어져 나갔다. 세속에서 전하기를 "예전에 권씨(權氏), 김씨(金氏) 두 집안이 있었는데, 이곳에서 난을 피하였으므로 이렇게 이름하였다." 한다.

오색역(五色驛) 부 서쪽 45리에 있다. 본조 성종 때 소동라령 길을 폐쇄하면서 아울러 이 역도 폐하고, 간성의 원암역(元巖驛)에 옮겨서 겸무하게 하였다.

명환 名宦

고려

최재(崔宰) 충정왕(忠定王) 때에 지양주사(知襄州事)가 되었는데, 강정(剛正)하고 스스로 지조를 지켰다. 당시에 강향사(降香使)가 존무사(存撫使)를 능욕한 일이 있었는데, 최재가 말하기를 "장차 내게 화가 미치겠다." 하고 마침내 관직을 버리고 돌아갔다.

김훤(金晅) 노경륜(盧景綸)을 거슬러서 폄척되어 양주 부사(襄州副使)가 되었다.[84]

84 노경륜(盧景綸)을……되었다 : 총랑(摠郞) 김훤(金晅)이 전라도 청호역(菁好驛)에 갔을 때, 전라도 안찰사 노경륜이 역에서 서울로 보내는 어선(御膳) 가운데 절반이 사선(私膳)인 것을 알고, 김훤이 그 사선을 빼앗아 국고로 수송하였다. 이 일로 모함을 받아 면직되고 양주 부사(襄州副使)로 좌천되었다.《국역 고려사절요 권19 충렬왕 원년(1275) 11월》

본조

배삼익(裵三益) 소경왕조(昭敬王朝 선조)에 양양 부사가 되었는데, 정사를 행하는 데 청렴과 강직함을 숭상하였다. 부 풍속에 음사(淫祀)가 많았는데, 배삼익이 모두 없애고 불태웠다. 사전에 실린 제사는 반드시 정성껏 몸소 거행하여 비록 비바람이 불어도 폐하지 않았으며, 홍수와 가뭄, 재난과 전염병이 있을 때 기도하면 반드시 효험이 있었으므로 백성들이 그 은혜를 입었다.

정엽(鄭曄) 광해군(光海君) 때에 참판으로서 조정의 의론이 분란함을 보고 외직으로 나가기를 구하여 양양 부사가 되었는데,[85] 정성껏 위무하여 경내 백성들이 은혜를 입었다.

인물 人物

본조

이홍인(李弘仁) 효행이 매우 지극하여 어머니가 병이 들자 변을 맛보고 손가락을 베기도 하였다. 어머니가 겨울철에 생선회를 드시고 싶어 하니, 나는 새가 산 황어(黃魚)를 물고 와서 떨어뜨렸으므로 회를 떠서 잡숫게 하였다. 광해군 때 정려하였다.

85 양양 부사가 되었는데 : 정엽은 1617년(광해군9) 10월 9일에 양양 부사에 제수되었다. 《光海君日記 9年 10月 9日》

평해군平海郡

동쪽으로 해안까지 7리이다. 남쪽으로 경상도 영해부(寧海府) 경계까지 24리이다. 서쪽으로 같은 부 수비부곡(首比部曲) 경계까지 51리이다. 북쪽으로 울진현(蔚珍縣) 경계까지 28리이다. 서울과의 거리는 971리이다.

한전 旱田

수전 水田

건치연혁 建置沿革

본래 고구려 근을어(斤乙於)인데, 고려 초에 고쳐서 평해군으로 삼고, 현종(顯宗) 때 예주(禮州)에 편입시켰다. 명종(明宗) 초에 다시 평해현(平海縣)을 설치하였고, 충렬왕(忠烈王) 때에 승격시켜 군으로 삼았다. 현 사람 황서(黃瑞)가 왕을 따라 원(元)나라에 들어가서 익대(翼戴)한 공이 있으므로 승격시켰다. 본조에서 그대로 따랐다. 관장하는 면은 □개이다.

관원

군수(郡守), 훈도(訓導) 각 1인이다.

군명 郡名

근을어(斤乙於) 별호는 기성(箕城)이다.

형승 形勝

동남쪽으로 바다를 의거하고, 서북쪽으로 산을 지고 있다. 본조 유의손(柳義孫)의 〈풍월루기(風月樓記)〉

동쪽은 바다를 접하고, 서쪽과 남쪽, 북쪽은 험준한 고개가 많으므로 툭 트인 평원이나 광야가 없다. 본조 이산해(李山海)의 〈풍토기(風土記)〉[86]에 "바다를 따라 모래와 돌이 많고 툭 트인 평원이나 광야가 없다. 논과 밭이 구릉과 산등성이 사이에 섞여 있어서 토질이 척박하여 곡식 농사에 적합하지 않으니, 분뇨를 거름으로 주지 않으면 먹고살기 힘들다."라고 하였다.

풍속 風俗

양잠(養蠶)을 좋아하지 않고 삼〔麻〕을 자아서 옷을 만든다. 이산해의 〈풍

86 이산해(李山海)의 풍토기(風土記) : 〈기성풍토기(箕城風土記)〉이다. 《鵝溪遺稿 卷3》

토기〉

풍속이 귀신을 숭배한다. 이산해의 〈풍토기〉에 "풍속이 귀신을 숭배하여 집에 작은 사당을 지어 지전(紙錢)과 마포(麻布)를 걸어 놓고는 드나들 때마다 반드시 기도한다. 여인으로서 조금 풍족한 자는 모두 무당이다."라고 하였다.

산천 山川

부곡산(釜谷山) 군 서쪽 1리에 있다. 진산(鎭山)이다.

금장산(金莊山) 군 서쪽 32리에 있다.

백암산(白巖山) 군 서쪽 29리에 있다.

후리산(厚里山) 군 남쪽 11리에 있다.

표산(表山) 군 북쪽 18리에 있다.

사동산(沙銅山) 군 북쪽 39리에 있다.

신래봉(辛來峯) 군 서쪽 6리에 있다.

구질리현(仇叱里峴) 군 서쪽 41리에 있다.

대현(大峴) 군 서쪽 18리에 있다.

삼성산(三聖山) 군 -원문 3, 4자 결락-에 있다. 본조 이산해의 기문(記文)[87]에 "산 중에 영동(嶺東)을 경계 짓고 있는 것으로는 서남쪽의 산이 가장 높은데, 기성(箕城)에 있는 것이 주령(珠嶺)이고, 주령의 한 줄기가 동쪽으로 30여 리 뻗어 나가 삼성산이 된다. 산이 또 동쪽으로 달려 완만히 뻗어 나

87 이산해의 기문(記文) : 〈달촌기(達村記)〉이다. 《鵝溪遺稿 卷3》

가다가 빙 둘러 싼 것이 군이 된다." 하였다.

응암(鷹巖) 군 -원문 3, 4자 결락-에 있다. 이산해의 기문[88]에 "군의 남산(南山) 밖에 깎아지른 산봉우리가 불쑥 솟아 바닷가에 자리 잡고 있는데, 그 형상이 마치 나는 새가 머리를 치켜들고 날개를 접은 채 서 있는 것 같으니, 이것을 응암이라고 한다. 바위의 높이는 몇 천 길이 되는지 모르는데, 바위 위는 지세(地勢)가 평탄하고 잔디가 자리처럼 깔려 있어 수백 명도 앉을 만하다. 내가 일찍이 이 바위에 올라 조망하였더니, 푸른 물결이 저 멀리 아스라이 펼쳐져서 하늘과 하나가 되어 물가도 나루도 없고 단지 일월성신(日月星辰)이 푸른 망망대해 속에 출몰하고 있는 것만이 보이니, 참으로 장관이었다." 하였다.

바다〔海〕 군 동쪽 7리에 있다.

남대천(南大川) 군 남쪽 2리에 있다. 원류는 백암산 남쪽 산기슭에서 나와 군 동남쪽을 지나 바다에 들어간다.

선연(仙淵) 군 서쪽 35리에 있다. 가뭄이 들면 비를 빈다.

구미포(仇彌浦) 군 북쪽 13리에 있다.

정명포(正明浦) 군 북쪽 24리에 있다.

후리포(厚里浦) 군 남쪽 15리에 있다.

○ 이상의 세 포(浦)에는 척후(斥候)가 있다.

온천(溫川) 군 서쪽 26리, 백암산 아래의 소태곡(所台谷)에 있다.

석문(石門) 군 북쪽 28리, 울진현 경계에 있다.

88 이산해의 기문 : 〈응암기(鷹巖記)〉이다. 《鵝溪遺稿 卷3》

토산 土産

죽전(竹箭), 군 동남쪽 산에서 난다. 인삼(人蔘), 복령(茯苓), 지치〔紫草〕, 송이버섯〔松蕈〕, 석이버섯〔石蕈〕, 꿀〔蜂蜜〕, 황랍(黃蠟), 올눌제(膃肭臍), 미역〔藿〕, 방어(魴魚), 광어(廣魚), 문어(文魚), 대구어(大口魚 대구), 김〔海衣〕, 송어(松魚), 적어(赤魚), 고등어〔古刀魚〕, 연어(鰱魚), 황어(黃魚), 은구어(銀口魚 은어), 삼치〔麻魚〕, 전복〔鰒〕, 홍합(紅蛤), 자해(紫蟹), 해삼(海蔘), 해달(海獺)

성곽 城郭

군성(郡城) 돌로 쌓았다. 둘레가 2325자이다. 문이 있으며, 성안에 우물이 6개 있다.

공서 公署

월송포 만호진(越松浦萬戶鎭) 군 동쪽 7리에 있다. ○ 수군 만호(水軍萬戶) 1인이 있다.

학교 學校

향교(鄕校) 군 남쪽 2리에 있다.

궁실 宮室

객관(客館)

풍월루(風月樓) 객관 북쪽에 있다. 유의손(柳義孫)의 기문이 있다.

봉서루(鳳棲樓) 객관 동쪽에 있다.

월송정(越松亭) 군 동쪽 7리에 있다. 푸른 소나무가 만 그루이고, 백사장이 눈과 같다. 소나무 사이엔 개미도 지나지 않고 새들도 서식하지 않는다. 민간에 전해지기를 신라의 선인(仙人) 술랑(述郎) 등이 이곳에서 노닐며 쉬었다 한다. 예전에는 정자가 없었는데 홍치(弘治) 연간에 관찰사 박원종(朴元宗)이 처음 세웠다.[89] ○ 본조 서거정(徐居正)의 시[90]에,

편평한 백사장 십 리는 흰 융단 깔아 놓은 듯	平沙十里布白罽
하늘에 닿은 장송은 옥 창 끝처럼 가느다랗네	長松攙天玉槊細
쳐다보니 밝은 달은 황금 떡 같고	仰看明月黃金餠
물 같은 푸른 하늘은 가없이 넓구나	碧空如水浩無際
손이 와서 통소를 한번 쥐고 불어 대니	客來一捻吹洞簫
그 풍류가 모두 신선의 무리로다	風流盡是神仙曹
나도 그들을 따라 요지의 잔치[91]에 가려는데	我欲從之宴瑤池

89 홍치(弘治)……세웠다 : 박원종이 강원도 관찰사에 재임한 기간은 연산군 8년(1502)부터 그다음 해까지이다. 이때 세운 것으로 보인다.《燕山君日記 8年 6月 16日, 9年 6月 21日》

90 서거정(徐居正)의 시 : 〈평해팔영(平海八詠)〉 중 〈월송정(越松亭)〉이다.《四佳集 四佳詩集補遺 卷3》

91 요지(瑤池)의 잔치 : 요지는 곤륜산(崑崙山) 꼭대기에 있다는 신화 속의 못 이름인데, 선녀인 서왕모(西王母)가 주 목왕(周穆王)을 영접하여 이곳에서 연회를 베풀었다는 전설이 전해 온다.《穆天子傳 卷3 古文》

마침 파랑새가 벽도를 물고 날아오누나[92] 飛來靑鳥含碧桃

하였다. ○ 본조 이산해의 시[93]에,

들쭉날쭉 솔 비늘 붉고 푸르게 쌓여 있고 鱗甲參差紫翠堆
큰 바람 천둥소리에 만 그루 솔 일제히 춤추네 萬龍齊舞殷風雷
진세의 속된 무리 자취 남기지 못하게 하라 莫敎俗子留塵躅
응당 신선 있어 학을 타고 찾아오리니 應有仙人跨鶴來

하였다.

망사정(望槎亭) 군 남쪽에 있다. ○ 고려 안축(安軸)의 시[94]에,

누렇고 푸른 누각 공중에 떠서 물속에 비치는데 金碧浮空映水陰
올라와 한번 조망하니 세속의 정 씻어지네 登臨一望灑塵襟
비 개인 초록 나무엔 꾀꼬리 소리 나고 雨晴綠樹黃鸝語
바람 잔 푸른 물결엔 갈매기들 한가하네 風軟滄波白鳥心
팔월이면 신선 탄 배는 은하수로 가고[95] 八月仙槎通上漢
백년 된 생선가게는 앞 숲 너머에 있네 百年魚店隔前林

92 파랑새가……날아오누나 : 파랑새는 곧 서왕모의 사자(使者)를 말하고, 벽도(碧桃)는 선경에 있는 큰 복숭아로, 3천 년 만에 한 번씩 꽃이 피고 열매를 맺는다는 반도(蟠桃)를 가리킨다. 《한무고사(漢武故事)》에 의하면, 7월 7일에 갑자기 파랑새가 서방(西方)에서 날아와 승화전(承華殿) 앞에 내려앉으므로 무제(武帝)가 그 연유를 동방삭(東方朔)에게 묻자, 동방삭이 말하기를 "서왕모가 오려는 것입니다." 하였는데, 한참 뒤에 과연 서왕모가 오자 파랑새 두 마리가 서왕모의 양쪽에서 시립(侍立)했다고 한다.

93 이산해의 시 : 〈기성에는 옛날 팔경이 있었는데〔箕城舊有八景〕〉이다. 《鵝溪遺稿 卷1》

94 안축(安軸)의 시 : 〈평해 망사정에 제하다〔題平海望槎亭〕〉이다. 《謹齋集 卷1》

95 팔월이면……가고 : 《박물지(博物志)》에 근세에 해변에 사는 사람이 해마다 8월이 되면 어김없이 떼배를 타고 어디론가 갔다가 돌아왔는데, 알고 보니 은하수에 다녀온 것이었다는 고사가 있다.

높고 넓은 이곳을 만고토록 아는 이 없더니 峨洋萬古人無眼
하늘이 깊이 감추어 두고 오늘을 기다린 것이네 秘畜天慳直待今

하였다.

망양정(望洋亭) 군 북쪽 40리에 있다. 동쪽으로 큰 바다에 닿아 있다. ○ 본조 채수(蔡壽)의 기문[96]에 "정자의 조금 북쪽에 빙 둘러 8칸을 지으니 이름을 영휘원(迎暉院)이라고 한다. 벼랑을 따라 내려가면 또 돌 하나가 뾰족하게[97] 솟아 있고 그 위에는 7, 8명이 앉을 만한데 아래로 땅이 보이지 않으니 이름을 임의대(臨漪臺)라고 한다. 북쪽을 바라보면 100보쯤 밖에 위험한 잔도가 구름을 의지하고 있어서 사람이 가는 것이 허공중에 있는 것 같으니 이름을 조도잔(鳥道棧)이라 하는데, 모든 여행객들의 관광하는 즐거움이 극에 달한다. 바닷바람이 자고 파도가 잠잠하며 구름 걷히고 비 갤 때에 눈을 들어 한번 바라보면 그 동쪽이 동쪽인 줄 모르겠고 그 남쪽이 남쪽인 줄 모르겠는데, 신기루는 보이다 말다 하고 섬들은 나왔다 들어갔다 한다. 혹 큰 물결이 거세게 부딪치고 고래가 물을 내뿜듯 파도가 일면 성대하고도 시끄러운 소리가 마치 하늘이 무너지고 땅이 터지는 것 같으며, 흰 수레가 바람 속을 달리고 은산(銀山)이 언덕에 부서지는 것 같다. 가까이서 보면 고운 모래가 희게 펼쳐지고 해당화는 붉게 나부끼는데, 뭇 물고기들은 떼 지어 물결 속에서 희롱하고, 향백(香栢)은 덩굴을 뻗어 돌 틈에서 자란다. 옷깃을 헤치고 한번 오르면 유유히 드넓은 기운과 짝하여 놀

96 채수(蔡壽)의 기문 : 〈망양정기(望洋亭記)〉이다. 《懶齋集 卷1》

97 뾰족하게 : 대본은 '天'이다. 《신증동국여지승람》 권45 〈강원도 평해군〉 누정(樓亭) 및 《나재집》 권1 〈망양정기(望洋亭記)〉에는 '突'로 되어 있다.

아도 그 끝을 얻지 못하고, 양양히 조물주와 함께하여도 그 끝 간 데를 알지 못하는 것 같다. 여기서 비로소 이 정자가 기이하고, 하늘과 땅이 크고 또 넓은 줄을 알게 된다. 아, 우리나라는 봉래(蓬萊)와 영주(瀛州) 같은 선계(仙界)의 산수가 모인 곳이라 불리는데, 그중에도 관동 지방이 제일이고, 관동 지방의 누대가 수없이 많지만 이 정자가 으뜸이다." 하였다. ○ 본조 정철(鄭澈)의 시[98]에,

놀란 파도 돌 부딪쳐 우렛소리 드날리니	驚濤擊石怒雷騰
남은 포말 낯에 불어 뼈끝이 떨리누나	餘沫吹人骨戰兢
옥산을 깎아 내려 조각조각 날아가고	剗却玉山飛片片
은 기둥 분질러서 층층이 떨어지네	折來銀柱落層層
비린내가 바닷비에 풍기니 어룡이 다투고	腥傳海雨魚龍鬪
빛이 부상을 쏘자 해와 달이 올라오네	光射扶桑日月升
관동이라 일천 리를 다 다니고	行盡關東一千里
홀로 와서 망양정에 올랐도다	望洋亭上獨來登

하였다.

우역 郵驛

달효역(達孝驛) 군 동쪽 5리에 있다.

평등원(平等院) 군 남쪽 13리에 있다.

다시원(多施院) 군 서쪽 45리에 있다.

98 정철(鄭澈)의 시 : 〈망양정(望洋亭)〉이다. 《松江集 卷1》

망양원(望洋院) 군 북쪽 42리에 있다.

사찰 寺刹

백암사(白巖寺) 백암산에 있다. 이산해의 기문[99]에 "절은 산기슭에 자리하고 있는데 언제 창건되었는지는 알 수 없다. 불전(佛殿) 뒤에는 또 불당(佛堂)이 있고 좌우로 요사채가 있다. 앞에는 누각이 있는데 높고 널찍하여 앉아서 바다를 조망할 만하였다." 하였다.

선암사(禪菴寺) 백암산에 있다.

수진사(修眞寺) 동팔리산(動八里山)에 있다.

심수사(深水寺) 다호천산(多乎川山)에 있다.

사묘 祠廟

사직단(社稷壇) 군 서쪽에 있다.

문묘(文廟) 향교에 있다.

성황사(城隍祠) 성안 동쪽에 있다.

여단(厲壇) 군 북쪽에 있다.

99 이산해의 기문 : 〈백암사 유람기(遊白巖寺記)〉이다. 《鵝溪遺稿 卷3》

고적 古蹟

백암산 고성(白巖山古城) 돌로 쌓았다. 둘레가 2560자이며, 높이가 3자이다. 안에 우물이 3개 있다.

명환 名宦

고려

김을권(金乙權) 평해 군수가 되었다. 군이 왜구로 인하여 사람과 물산이 흩어지고 없어졌는데, 김을권이 남은 백성을 안집하고 토성(土城)을 쌓아 왜구를 방비하였다. 이에 고을 사람들이 의지하여 생업을 되찾았으니, 지금까지도 어질다고 칭송한다.

인물 人物

고려

황서(黃瑞) 충렬왕 때에 왕을 따라 원나라에 들어가 익대(翼戴)하고 돌아와 그 공으로 여러 관직을 거쳐 첨의평리(僉議評理)에 이르렀다.

본조

황현(黃鉉) 경서에 밝고 행실에 법도가 있어 일세의 사유(師儒)가 되었다. 관직은 성균관 대사성 등을 역임하였다.

손순효(孫舜孝) 어려서부터 효성이 지극하였다. 어린아이일 때 어머니가 병들어 누워 있으면서 살구를 드시고 싶어 하였다. 이에 살구나무 아래로 달려가 하늘을 향해 절을 하였는데, 살구가 바람 없이도 저절로 떨어졌다. 조부가 보고는 이름을 순효라고 지었다. 문과에 급제하여 성종(成宗)의 총애를 받아 대각의 직임을 역임하였고, 양도(兩道)의 관찰사가 되어서는 모두 위풍과 절의가 드러났으며, 관직이 의정부 우찬성에 이르렀다. 사람됨이 정직하고 꾸밈이 없었으며, 자호를 칠휴거사(七休居士)라 하였다. 연산군(燕山君)이 임금의 자리를 감당하지 못할 것을 알고, 하루는 성종을 모시고 있을 때 어탑을 어루만지며 은밀히 상에게 아뢰기를 "이 자리가 아깝습니다." 하였는데, 대간이 그가 은밀히 말한 것으로 죄주기를 청하고 또 그가 아뢴 말이 무슨 일인지 듣고자 하였다. 이에 상이 이르기를 "내게 호색(好色)을 경계한 것뿐이다." 하고 끝까지 말하지 않았다. 성종이 훙서하자 손순효는 아버지를 잃은 듯이 곡읍하였다. 일찍이 자제들에게 말하기를 "우리 집안이 초야에서 일어나 전해 내려온 전답이나 물산이 없으니, 오직 청렴과 결백을 전해 주면 충분하다." 하였다. 시호는 문정(文貞)이다. 또 충주(忠州)에도 보인다.

간성군 杆城郡

동쪽으로 해안까지 7리이다. 남쪽으로 양양부(襄陽府) 경계까지 56리이다. 서쪽으로 인제현(麟蹄縣) 경계까지 80리이다. 북쪽으로 고성군(高城郡) 경계까지 67리이다. 서울과의 거리는 527리이다.

한전 旱田

수전 水田

건치연혁 建置沿革

본래 고구려 수성군(迂城郡)이다. 일명 가라홀(加羅忽)이라고 한다. 신라 경덕왕(景德王) 때에 수성군(守城郡)으로 고쳤다. 고려 때 고쳐 간성현(杆城縣)으로 삼고, 뒤에 승격시켜 군으로 삼고 고성(高城)을 겸임하게 하였다. 공양왕(恭讓王) 초에 도로 갈라서 2개 군으로 삼았다. 본조에서 그대로 따랐다. 관장하는 면은 □개이다.

관원

군수(郡守), 훈도(訓導) 각 1인이다.

군명 郡名

수성(迂城), 수성(守城) 별호는 수성(水城)이다.

형승 形勝

대령(大嶺 대관령(大關嶺))의 동쪽은 경치가 빼어나다. 본조 허목(許穆)의 글에 "대개 대령의 동쪽은 뭇 산봉우리가 나란히 서 있고 일출과 월출이 바라다보인다. 동해는 모두 모래가 깔린 바다이고 바닷가도 모래가 많으며, 이따금 무성한 솔숲이나 큰 못, 기이한 바위가 있다. 경치가 빼어나다고 이름난 지역이고, 공기가 맑고 상쾌하여 그곳 사람들은 무병장수하는 이들이 많다."라고 하였다.[100]

풍속 風俗

그곳 백성들은 질박하고 촌스러우며, 어염(魚鹽)에서 얻은 이익으로 생

100 허목(許穆)의……하였다 : 위 인용문은 2개의 글을 합친 것이다. 앞의 "대개……지역이고"까지는 《기언(記言)》 권21 〈종형에게 답한 편지-또 보내다(答從兄書-又一書)〉에 실려 있고, 뒷부분 "공기가……많다."는 《기언》 별집 권8 〈간성 군수로 부임하는 박덕일을 전송하는 서(送杆城郡守朴德一序)〉에 실려 있다.

활한다. 허목의 서(序)[101]에 "동쪽 지역의 백성들은 질박하고 촌스럽다. 토질은 척박하여 어염에서 얻은 이익으로 생활하며 숭상할 만한 문헌(文獻)은 없다."라고 하였다.

사람들은 무병장수하는 이들이 많다. 출전은 위와 같다.

산천 山川

마기라산(麻耆羅山) 군 서쪽 30리에 있다. 진산(鎭山)이다.

남산(南山) 군 남쪽 5리에 있다.

금강산(金剛山) 군 서쪽 20리에 있다. 회양부(淮陽府)에 자세히 나온다.

천후산(天吼山) 군 남쪽 70리에 있다. 양양부(襄陽府) 설악산(雪嶽山)과 등성이를 함께하고 있다. 하늘에서 눈비가 내리려고 하면 산이 저절로 울리므로 그렇게 이름하였다. 산의 바위가 신묘하고 날카로우며, 아홉 봉우리로 되어 있고 동쪽으로 큰 바다에 닿아 있다. ○ 본조 허적(許樀)의 시[102]에,

깎아지른 산봉우리는 구름 안개 밖이요	削立峯巒雲霧外
감아 도는 계곡물은 돌 바위 속이로다	環流溪澗石巖中
절경 찾고자 해도 다 찾지 못할 줄 아나	欲尋奇絶知難盡
다시 깊숙한 곳 찾노라니 정히 끝없어라	更討幽深定不窮

하였다.

101 허목의 서(序) : 〈간성 군수로 부임하는 박덕일을 전송하는 서〔送杆城郡守朴德一序〕〉이다.《記言 別集 卷8》

102 허적(許樀)의 시 : 〈천후산에 들어가다〔入天吼山〕〉이다.《水色集 卷5》

오음산(五音山) 군 남쪽 15리에 있다. 산 정상에 못이 있는데, 비를 빌면 효험이 있다.

고성산(古城山) 열산폐현(烈山廢縣) 북쪽 1리에 있으니, 바로 현의 진산이다. 군과의 거리는 35리이다.

어구산(於丘山) 열산폐현 서쪽 4리에 있다. 일명 비적지산(鼻的只山)이라고 한다.

소파령(所坡嶺) 군 서쪽 59리에 있다. 일명 석파령(石破嶺)이라고 한다.

○ 고려 김극기(金克己)의 시에,

웅장하고 기이한 모습 조금은 석파령[103]과 닮았고	雄奇少似石破嶺
공중에 솟은 바위가 붉고 푸른 산을 가로질러 있네	空畔巉巖橫紫翠
나그네 길은 굽이굽이 몇 번이나 휘어 도나	彎彎客路幾紆曲
산 한 줄기가 뱀처럼 삼십 리 서려 있네	一帶蛇蟠三十里

한 것이 이곳이다.

미시파령(彌時坡嶺) 군 서남쪽 80리에 있다. 길이 있으나 예전에 폐쇄되어 다니지 못하였는데, 본조 성종(成宗) 때 양양부 소동라령(所冬羅嶺)이 험하고 좁다는 이유로 다시 이 길을 개통하였다. 세속에서 여수파령(麗水波嶺)이라고 칭한다.

바다〔海〕 군 동쪽 7리에 있다.

북천(北川) 군 북쪽 1리에 있다. 원류는 마기라산에서 나와 동쪽으로 흘러

103 석파령(石破嶺) : '석파령(席破嶺)'으로도 표기한다. 강원도 춘천 서쪽의 고개로, 서울과 춘천을 왕래할 때 이 고개를 넘었다고 하며, 험난하기로 유명하다.《萬機要覽 軍政篇4 關防 江原道》《五洲衍文長箋散稿 天地篇 保障諸處辨證說》

바다에 들어간다.

남천(南川) 군 남쪽 5리에 있다.

인각천(仁角川) 군 남쪽 50리에 있다.

거탄천(巨呑川) 군 북쪽 18리에 있다.

명파천(明波川) 군 북쪽 50리에 있다.

선유담(仙遊潭) 군 남쪽 11리쯤에 있다. 산기슭이 둘러 형성된 골짜기가 있고 골짜기 안에 못이 있으니 선유담이라고 한다. 작은 봉우리가 불쑥 솟아 절반이 호수 안에 들어왔는데, 위에 장송(長松) 몇 그루가 있다. 예전에는 정자가 있었는데 지금은 없어졌다. 봄에는 철쭉이 바위 사이에 흐드러지게 피고, 여름에는 순채(蓴菜)가 못에 가득 찬다. ○ 본조 이우(李堣)의 시[104]에,

산이 돌아 절로 골짜기 이루니	山回自成谷
호수 되어 안에 물을 깊이 담아 놓았네	湖水中涵滃
오똑한 봉우리 물결 속에 들어오고	危峯入波心
어지러운 소나무 다 세기 어렵네	亂松難名摠
신선 노닐던 곳 아득하네 어디쯤일까	仙游渺何許
남긴 자취가 바위 구멍에 남아 있네	遺跡印巖孔
사선은 흩어져 구름이 되고	四仙散爲雲
동 연사[105]는 아직 만나지 못하였으니	鍊師未逢董

104 이우(李堣)의 시 : 〈선유담(仙遊潭)〉이다. 《松齋集 卷1》

105 동 연사(董鍊師) : 연사는 일반적으로 도사(道士)의 경칭으로 쓰인다. 두보(杜甫)의 시 〈예전 길을 떠올리며(憶昔行)〉에 "다시 형양의 동연사를 찾으니(更訪衡陽董鍊師)"라는 시구가 나오는데, 그 주(註)에 "연사는 형산(衡山)에 살고 있는 실제 도사가 분명하다." 하였다.

비결을 자세히 풀어서　無人演眞訣
천년의 우리 어리석음 깨뜨려 줄 이 없네　千載破我懵

하였다. ○ 본조 최립(崔岦)의 시[106]에,

언덕 하나 사이에 두고 하나는 바다 하나는 못　海色潭光隔一陂
바람 없어 양쪽 모두 푸른 유리빛 선명하네　無風兩段碧琉璃
어떡하면 신선들이 노닐던 바로 그날처럼　安能直似仙游日
크고 작은 못쯤으로 알고 왕래할 수 있을거나　來往纔同大小池

하였다.

영랑호(永郎湖) 군 서쪽 50리에 있다. 둘레가 30여 리이고 물가가 굽이굽이 돌고 암석이 기괴하다. 호수 동쪽에 작은 봉우리가 절반쯤 호수 가운데로 들어갔고, 옛 정자 터가 있으니 바로 영랑(永郎) 등 선도가 놀며 구경하던 곳이다. ○ 고려 안축(安軸)의 시[107]에,

평평한 호수 거울인 양 맑은데　平湖鏡面澄
푸른 물결 엉기어 흐르지 않네　蒼波凝不流
놀잇배를 가는 대로 놓아두어　蘭舟縱所如
둥둥 떠서 가벼이 나는 갈매기 따라가네　泛泛隨輕鷗
호연하게 맑은 흥 발동하여　浩然發淸興
물결 거슬러 깊고 그윽한 데로 들어가네　溯回入深幽
붉은 벼랑은 푸른 돌을 안았고　丹崖抱蒼石

《能改齋漫錄 卷7》

106 최립(崔岦)의 시 : 〈선유담에서 노닐다〔遊仙遊潭〕〉이다. 《簡易集 卷8》

107 안축(安軸)의 시 : 〈영랑포에서 배를 띄우다〔永郎浦泛舟〕〉이다. 《謹齋集 卷1》

옥동[108]은 아름다운 섬을 감추었네 玉洞藏瓊洲
산을 따라 솔 아래 배를 대니 循山泊松下
푸른 하늘은 서늘하게 가을 기운 도네 空翠涼生秋
연잎은 맑아서 씻은 것 같고 荷葉淨如洗
순채는 미끄럽고도 부드럽네 蓴絲滑且柔
저물녘에 배를 돌리려 하니 向晚欲回棹
풍광이 천고의 근심일세 風煙千古愁
옛 신선 불러올 수 있다면 古仙若可作
여기에서 그를 따라 놀리라 於此從之遊

하였다.

광호(廣湖) 군 남쪽 45리에 있다. 영랑호 북쪽 10리쯤에 큰 호수가 있어 우거진 솔숲 사이에 어른거리는데 광호라고 한다. 세속에서는 여은포(汝隱浦)라고 부른다.

열산호(烈山湖) 열산폐현 동쪽 2리에 있다. 둘레가 수십 리인 큰 호수가 있는데, 언덕과 골짜기를 감싸며 결쳐 있어 여러 호수에 비하여 가장 크다. 서로 전하기를 "옛날에 큰물이 져서 열산(烈山) 골짜기를 덮었으므로 새 고을을 산기슭에 옮겨 설치하였다. 전의 고을은 물속에 잠기었는데, 갠 날 파도가 조용하면 담장과 집을 예전 모습대로 볼 수 있다."라고 한다. ○ 허적의 시[109]에,

108 옥동(玉洞) : 도인이나 은자가 머무는 곳을 뜻하는 말이다. 여기서는 골짜기를 비유한 것이다.

109 허적의 시 : 〈열산호(烈山湖)〉이다. 《水色集 卷5》

솔 그늘 아래 말을 멈추니　　駐馬松陰下
십 리 되는 호수 눈앞에 있네　　平臨十里湖
물결 일어 바닷가에 이어지고　　波瀾連海上
갯물 고요히 산모퉁이 감아 도네　　浦淑繞山隅
맑은 호수에 구름과 해 그림자 담겨 있고　　淸影涵雲日
멀리서 기러기 오리 나는 소리 들리네　　遙聲起雁鳧
다시 전의 언덕과 골짜기 생각나서　　還思陵谷變
우두커니 서서 새삼 길게 한숨짓네　　佇立更長吁

하였다.

황포(黃浦) 군 남쪽 25리에 있다.

죽도(竹島) 군 남쪽 20리에 있다. 둘레가 2리쯤이다. 섬에 군영 막사의 옛터가 남아 있고, 오동(梧桐)과 전죽(箭竹)이 그 위에 가득하다.

초도(草島) 군 북쪽 32리에 있다.

무로도(無路島) 청간역(淸澗驛) 동쪽에 있다.

명사(鳴沙) 군 남쪽 18리에 있다. 모래 색이 눈같이 희고, 사람과 말이 지나갈 때면 밟히는 소리가 나는데 쟁쟁(錚錚)하여 쇳소리 같다. 대개 영동(嶺東) 지방이 모두 그러하지만, 간성과 고성 사이 지역에 가장 많다. ○ 본조 신광한(申廣漢)의 시[110]에,

봉래도는 아득아득 지는 해 시름겹고　　蓬島茫茫落日愁
흰 갈매긴 해당화 핀 물가에 다 날아갔네　　白鷗飛盡海棠洲
오늘에야 비로소 명삿길 밟게 되니　　如今始踏鳴沙路

110 신광한(申光漢)의 시 : 〈동산역 정자에 쓰다(書銅山驛亭)〉이다. 《企齋集 別集 卷2》

이십 년 전 옛 꿈에 놀던 데라오 二十年前舊夢游
하였다.

저도(猪島) 열산현(烈山縣) 북쪽 30리에 있다. 전죽이 있다.

토산 土産

죽전(竹箭), 죽도 및 무로도에서 난다. 옻〔漆〕, 매〔鷹〕, 오미자(五味子), 인삼(人蔘), 하수오(何首烏), 방풍(防風), 지황(地黃), 복령(茯苓), 송이버섯〔松蕈〕, 꿀〔蜂蜜〕, 황랍(黃蠟), 산무애뱀〔白花蛇〕, 김〔海衣〕, 미역〔藿〕, 전복〔鰒〕, 홍합(紅蛤), 문어(文魚), 대구어(大口魚 대구), 연어(鰱魚), 방어(魴魚), 은구어(銀口魚 은어), 송어(松魚), 고등어〔古刀魚〕, 은어(銀魚 도루묵), 황어(黃魚), 광어(廣魚), 뱅어〔白魚〕, 해삼(海蔘)

성곽 城郭

군성(郡城) 돌로 쌓았다. 둘레가 2565자이다. 문이 있으며 성안에 우물이 1개 있다.

학교 學校

향교(鄉校) 군 북쪽 6리에 있다.

궁실 宮室

객관(客館)

영월루(詠月樓) 객관 동쪽에 있다. ○ 이우의 시[111]에,

가파른 산 북쪽에서 오다 끊기고	危巓北來斷
동남쪽으로 바다 포구에 닿았네	東南連海浦
창고와 관아가 산 밑에 줄지어 있고	倉廨列其趾
높은 누각이 산 중턱에 걸쳐 있네	高樓枕其股
뭇 산이 한 상 차린 음식처럼 빼곡히 서서	群山森飣餖
해 뜨는 물가 굽어보고 있네	俯瞰扶桑滸
내가 한번 난간에 기대 보니	我來一憑欄
때는 바로 가을 보름날이네	正値秋三五
대숲의 비가 저녁에 갓 개니	初收竹雨夕
바람과 이슬이 온 세상을 씻네	風露洗天宇
솔숲 그림자 너울거리고	松林影婆娑
맑은 빛이 주렴에 반쯤 들어오네	淸光簾半吐
휘영청 밝아 백 리 길이 대낮이니	晃朗百里晝
선명하여 터럭도 셀 수 있네	纖毫燦可數

하였다. ○ 본조 허봉(許篈)의 시[112]에

우뚝 높은 누각이 군성 모퉁이에 있는데	危樓高架郡城隅

111 이우의 시 : 〈영월루(詠月樓)〉이다. 《松齋集 卷1》

112 허봉(許篈)의 시 : 〈간성 영월루(杆城詠月樓)〉이다. 《荷谷集 詩鈔》

앉아서 염옹의 태극도[113]를 열람하네 坐閱濂翁太極圖
고래는 화주를 끌고 푸른 바다에 잠기고 鯨引火珠沈碧海
학은 은궐[114]을 부지하여 청도[115]에 오르네 鶴扶銀闕上淸都
찬 빛이 일렁이며 밝은 거울을 열어 주니 寒暉蕩漾開明鏡
인간 세상에서 아득히 적소[116]를 바라보겠네 下界微茫瞰積蘇
서글퍼라 진나라 서울은 여기서 천 리나 먼데 惆悵秦京一千里
서늘한 이슬 옷에 가득한 외로운 초나라 신하로다[117] 滿衣涼露楚臣孤

하였다.

만경루(萬景樓) 청간역 동쪽 몇 리에 있다. 일명 청간정(淸澗亭)이라고 한다. 석봉이 우뚝 솟았는데 대처럼 층층이 쌓여 그 높이가 수십 길이 되며, 위에는 규송(虯松) 몇 그루가 있다. 대 동쪽에는 작은 누각을 지었고, 대 아래는 온통 어지러이 널려 있는 돌이 삐죽삐죽 바닷가에 박혀 있다. 물은

113 염옹(濂翁)의 태극도(太極圖) : 염옹은 북송 유학자로 호가 염계(濂溪)인 주돈이(周敦頤)를 말한다. 태극도는 그가 저술한《태극도설(太極圖說)》을 가리키는데, 천지 만물의 근원이 되는 우주의 원리를 역리(易理)에 맞추어 해설한 것이다.

114 은궐(銀闕) : 백옥(白玉)으로 만든 궁궐의 문으로, 신선(神仙)이 살고 있다는 동해의 삼신산(三神山) 중에 하나인 영주(瀛州)에 있다 한다.《梁元帝 楊州梁安寺碑序》

115 청도(淸都) : 하늘 위에 있는 상제(上帝)의 궁궐을 뜻하는 말이다.

116 적소(積蘇) : 쌓아 둔 마른 풀이라는 뜻인데, 높은 데 올라 바라보는 산천을 비유하는 말로 많이 쓰였다.《열자》〈주목왕(周穆王)〉에 "그 궁궐과 정자가 흙더미와 땔감용 풀더미 같았다.〔其宮榭若累塊積蘇焉〕" 하였다.

117 서글퍼라……신하로다 : 초나라 신하는 굴원(屈原)이다. 굴원은 초 회왕(楚懷王) 때 삼려대부(三閭大夫)가 되었으나, 참소와 비방으로 양왕(襄王) 때에 강남(江南)으로 추방되고 이후 강담(江潭)에서 노닐며 택반(澤畔)에서 시를 읊조리며 살았던 인물이다. 허봉도 홍문관 응교를 역임하였다가 어떤 일로 인해 유배된 후 금강산에 들어가 우거하였다.《荷谷集 年譜》 여기서는 화자를 굴원에 비유한 것으로 보인다.

맑아서 아래까지 환히 보이는데, 바람이 불면 놀란 파도가 바윗돌 위로 어지러이 부딪치며 눈처럼 날려 사방으로 흩어지니, 참으로 기이한 광경이다. ○ 고려 정추(鄭樞)의 시[118]에,

일말의 청산이 하늘을 가로질러 검은데	一抹橫天黑
푸른 바다가 눈 아래에 다 들어오네	蒼溟眼底窮
처음엔 산이 안개에 숨었나 의심했는데	始疑山隱霧
점점 알고 보니 물결이 공중에 떠 있네	漸認浪浮空
새는 저 아득한 속으로 사라지고	鳥絶鴻濛內
용은 깊고 넓은 가운데서 읊조리네	龍吟滉瀁中
긴 돛을 누가 빌려주려나	長帆誰見借
만 리 멀리 바람 한번 타 봤으면	萬里願乘風

하였다. ○ 본조 양사언(楊士彦)의 시[119]에,

먼 하늘에서 생학[120]이 옥루에 내려오고	九霄笙鶴下珠樓
만 리 탁 트인 바다가 맑은 기운 거두네	萬里空明灝氣收
푸른 바닷물은 은하수에서 떨어지고	青海水從銀漢落
흰 구름 하늘은 옥산 위에 떠오르네	白雲天入玉山浮

하였다. ○ 허적의 〈청간정에서 월출을 보고(淸澗亭觀月出)〉라는 시[121]에,

바위 아래 외로운 정자는 푸른 바다 동쪽인데	巖下孤亭碧海東

118 정추(鄭樞)의 시 : 〈제만경대(題萬景臺)〉이다. 《圓齋文稿 卷上》

119 양사언(楊士彦)의 시 : 〈청간정(淸磵亭)〉이다. 《蓬萊詩集 卷2》

120 생학(笙鶴) : 신선이 학을 타고 생황을 연주하는 것으로, 일반적으로 선학(仙鶴)을 뜻한다.

121 허적의……시 : 《수색집(水色集)》 권5에 같은 제목으로 실려 있다.

난간 기대 홀로 앉아 생각이 끝이 없네 憑欄獨坐思無窮
바람은 바다에 불어 떠도는 기운 걷어 가고 風吹大壑褰遊氣
달빛은 두꺼운 구름 젖히고 먼 하늘로 올라가네 月破重陰上遠空
은빛 물결 아득히 십주[122] 너머까지 이어지고 銀浪遙連十洲外
서리 빛 두루 구영[123] 가운데 그득 차네 霜輝遍滿九瀛中
어두운 기운이 변하여 광명 세계 되었으니 氛昏變作光明界
삼청궁[124]이나 옥예궁[125]에 있는지 의아하네 疑在三淸玉蘂宮

하였다.

무송대(茂松臺) 군 북쪽 45리, 명파역(明波驛) 남쪽에 있다. 산봉우리가 우뚝하게 바닷가에 서 있고, 옛 이름은 송도(松島)이니 그 위에 소나무가 많다. 모래와 돌이 육지까지 이어져 있는데, 바닷물이 불면 들어갈 수 없으며, 땅에는 온통 명사(鳴沙)로 가득 차 있다. 무송부원군(茂松府院君) 윤자운(尹子雲)이 관동(關東)에 사명을 받들고 나왔다가 이 섬에 오른 적이 있는데, 그로 인해 이름을 바꾸었다.

122 십주(十洲) : 바닷속에 신선이 산다는 열 곳의 명산 승경지로, 선경(仙境)을 이른다. 31쪽 주29 참조.

123 구영(九瀛) : 구주(九州)의 바깥에 있는 바다로, 해외의 각국을 가리킨다. 구주는 대륙 전체를 가리키는 말로 대륙을 둘러싼 바다를 통칭한 말이다.

124 삼청궁(三淸宮) : 도교(道敎)의 삼신(三神)이 사는 옥청궁(玉淸宮), 상청궁(上淸宮), 태청궁(太淸宮)을 말하는데, 선계(仙界)를 지칭하는 말로 쓰인다.

125 옥예궁(玉蘂宮) : 당(唐)나라 현종(玄宗)이 양 귀비(楊貴妃)와 향락을 위해 여산(驪山)에 지은 별궁(別宮)이다.

봉수 烽燧

죽도 봉수(竹島烽燧) 남쪽으로 양양(襄陽)의 덕산(德山)에 응하고, 북쪽으로 정양산(正陽山)에 응한다.

정양산 봉수(正陽山烽燧) 군 북쪽 15리에 있다. 북쪽으로 수산(戍山)에 응하고, 남쪽으로 죽도에 응한다.

수산 봉수(戍山烽燧) 군 북쪽 50리에 있다. 남쪽으로 정양산에 응하고, 북쪽으로 고성(高城)의 구장천(仇莊遷)에 응한다.

우역 郵驛

청간역(淸澗驛) 군 남쪽 44리, 해안에 있다. ○ 고려 김극기(金克己)의 시에,

구름 끝으로 해 떨어져 산봉우리에 걸려 있고	雲端落日欹玉幢
바다에는 놀란 파도가 은색 물결을 뒤집네	海上驚濤倒銀屋
한가로이 센 귀밑털 긁으며 붉은 난간 기대서니	閑搔蓬鬢倚朱欄
흰 물새 날아가는 저 끝이 천 리나 보이네	白鳥去邊千里目

하였다.

운근역(雲根驛) 군 북쪽 37리에 있다.

명파역(明波驛) 군 북쪽 47리에 있다. ○ 정추의 시[126]에,

두 소나무 처마 가에 물이 허공에 잇닿았고	兩松簷畔水連空
봉래도의 구름 안개가 한눈에 들어오네	蓬島雲煙一望中
남북으로 오고 가는 나그네 얼마인고	多小北來南去客

126 정추의 시 : 〈제명파역(題明波驛)〉이다. 《圓齋文稿 卷上》

산꽃이 무수하게 봄바람에 피었네 山花無數笑春風

하였다.

죽포역(竹苞驛) 군 북쪽 10리에 있다.

원암역(元巖驛) 군 서남쪽 63리에 있다. 옛터가 오래도록 폐기되어 있었는데, 본조 성종 때 미시파령 길을 개통하면서 오색역(五色驛)을 철거하고 이곳에 옮겨 설치하였다.

사자원(獅子院) 군 서쪽 40리에 있다.

사묘 祠廟

사직단(社稷壇) 군 서쪽에 있다.

문묘(文廟) 향교에 있다.

성황사(城隍祠) 성안 서쪽에 있다.

여단(厲壇) 군 북쪽에 있다.

사찰 寺刹

건봉사(乾鳳寺) 금강산 남쪽에 있다.

보현사(普賢寺) 천후산에 있다.

선정사(禪定寺) 천후산에 있다. 지금은 없어졌다.

고적 古蹟

열산폐현(烈山癈縣) 군 북쪽 35리에 있다. 본래 고구려 승산현(僧山縣)으로, 일명 소물달(所勿達)이라고 한다. 신라 경덕왕 때에 동산(童山)으로 고치고, 수성군(守城郡)의 영현(領縣)으로 삼았다. 고려에서 열산(烈山)이라 고치고 그대로 병합시켰다. 본조에서 그대로 따랐다.

남산성(南山城) 돌로 쌓았다. 둘레가 1528자이며, 안에 우물이 1개 있다. 지금은 없어졌다.

고성산성(古城山城) 돌로 쌓았다. 둘레가 403자이다. 지금은 없어졌다.

명환 名宦

본조

최립(崔岦) 선조(宣祖) 말에 동지중추부사(同知中樞府事)로서 외직에 나가 간성 군수가 되었다. 세금을 가볍게 부과하고 요역을 균등하게 지정하였으며, 깨끗하고 조용하게 다스리는 데 힘썼으므로 백성들이 추모하였다.

고성군高城郡

동쪽으로 해안까지 8리이다. 서쪽으로 회양부(淮陽府) 경계까지 72리이다. 남쪽으로 간성군(杆城郡) 경계까지 33리이다. 북쪽으로 통천군(通川郡) 경계까지 36리이다. 서울과의 거리는 499리이다.

한전 旱田

수전 水田

건치연혁 建置沿革

본래 고구려 달홀(達忽)이다. 신라 진흥왕(眞興王) 때 달홀주(達忽州)를 설치하였고, 경덕왕(景德王) 때 고쳐 고성군으로 삼았다. 고려에서 강등시켜 현으로 삼았다. 본조 세종(世宗) 때 다시 승격시켜 군으로 삼았다. 관장하는 면은 □개이다.

관원

군수(郡守), 훈도(訓導) 각 1인이다.

군명 郡名

달홀(達忽) 별호는 풍암(豐巖)이다.

풍속 風俗

고기잡이를 생업으로 삼는다. 삼을 심으나 방적(紡績)은 하지 않고, 새끼를 꼬아 그물을 만들어 그것으로 물고기를 잡아서 생업으로 삼는다.

민간 풍속으로 산신에게 제사 지낸다. 본조 남효온(南孝溫)의 〈동유록(東遊錄)〉[127]에 "영동에서는 매년 3~5월 중에 날을 가려 무당을 맞이하여 산해진미의 음식을 극진히 마련하고는 모여서 산신에게 제사 지낸다. 부자는 바리에 실어 오고 가난한 자는 짊어지거나 이고 와서 귀신 자리에다 차려 놓고 생황을 불고 비파를 타면서 즐겁게 사흘 동안 연이어 취하고 배불리 먹는다. 그런 뒤에야 집으로 내려와서 비로소 남들과 물건을 매매하니, 제사 지내지 않으면 한 자의 베도 남에게 주지 않는다."라고 하였다.

산천 山川

금성산(金城山) 군 서쪽 9리에 있다. 진산(鎭山)이다. 위에 옛 성이 있는데 돌로 쌓았고 둘레가 900자이다. 지금은 모두 허물어졌다.

금강산(金剛山) 군 서쪽 58리에 있다. 회양(淮陽)에 자세히 보인다. ○ 이곡

127 남효온(南孝溫)의 동유록(東遊錄) : 〈유금강산기(遊金剛山記)〉이다. 《秋江集 卷5》

(李穀)의 기문(記文)[128]에 "통천에서 고성에 이르는 150리 길은 실로 풍악산(楓嶽山)의 등줄기에 해당되는 곳으로, 그 산이 깎아지른 듯 우뚝 높고 험준하기 그지없다. 사람들이 모두 외산(外山 외금강(外金剛))이라 일컬으니, 이는 내산(內山 내금강(內金剛))과 기괴한 경치를 다투고 있기 때문이다." 하였다.

구령(狗嶺) 군 서쪽 38리에 있다. 바로 금강산의 동쪽 산기슭으로 산세가 극히 험준하다. 우리 세조대왕(世祖大王)이 이 고개를 넘어 유점사(楡岾寺)에 행차하였다.

앵령(櫻嶺) 군 서쪽 77리에 있다.

이령(梨嶺) 군 서쪽 72리에 있다. ○ 본조 성임(成任)의 시에,

이령에서 앵령까지는	梨嶺至櫻嶺
아득히 멀고 험난한 길이네	迢遙路險艱

하였다.

불정암(佛頂巖) 군 서쪽 67리에 있다. 바위 위에 구멍이 있는데, 깊이가 끝이 없다. 그 아래에 또 불정암(佛頂菴)이 있다.

포구산(浦口山) 군 동쪽 9리, 고성포(高城浦)에 있다. 바위가 우뚝 솟아 있는데 층층이 첩첩 쌓인 것이 마치 계단 같으며, 그 위에는 100여 인이 앉을 만하다. 바위 북쪽에는 또 하나의 봉우리가 있는데 모두 돌로 되어 있다. 동쪽으로 바다 가운데를 바라보면 5리쯤에 석봉(石峯)이 있는데 마치 병풍을 늘어세운 것 같고, 봉우리 아래에 돌이 있는데 용이 끌어당기고 범이 움켜잡는 것 같아서 기괴하고 이상하다. 또 돌 2개가 서로 마주 보고 있어

128 이곡(李穀)의 기문(記文) : 〈동유기(東遊記)〉이다. 《稼亭集 卷5》

서 사람이 서로 말하는 것 같다. 돌은 모두 흰색이고, 푸른 바다에 비쳐서 바라보면 그림 같다.

응암(鷹巖) 군 서쪽 23리에 있다. 산세가 대부분 기이하고 험준한데, 바위 하나가 멀리서 보면 범이 앉아 있는 것 같고 가까이서 보면 나는 매와 같으므로 그렇게 이름하였다.

괘종암(掛鍾巖) 군 남쪽 13리에 있다. 천 장(丈) 되는 높은 산봉우리가 동해에 닿아 있는데, 봉우리 끝에 집처럼 생긴 바위가 있다. 바위 안쪽은 움푹움푹 패여 마치 벌레가 과일을 파먹은 것 같고 그 가운데에 수십 명이 앉을 만하다. 바위 북쪽에 또 바위가 있는데 마치 기둥이 반석을 떠받치고 있는 모양이니, 세속에서는 현종암(懸鍾巖)이라고 칭한다.

단혈(丹穴) 군 남쪽 11리에 있다. 세속에서 전하기를 신라의 영랑(永郎), 술랑(述郎), 남랑(南郎), 안상(安祥) 등 선도(仙徒)가 노닐던 곳이라 한다.

○ 고려 이인로(李仁老)의 시에,

자연[129]이 깊고 깊은데 붉은 해가 목욕하니	紫淵深深紅日浴
만 장 되는 광염이 양곡에 떠 있네	萬丈光焰浮暘谷
새벽노을이 돌을 녹일 듯 무지개가 바위를 뚫을 듯	晨霞爍石虹貫巖
쪄서 만든 단사가 몇 말이나 되나	蒸作丹砂知幾斛
곱디고운 가을 물에 부용이 나오고	娟娟秋水出芙蓉
희디흰 옥 평상엔 화살촉 드리웠네	皎皎玉牀垂箭鏃
푸른 물결 다한 곳에 동문이 열리니	碧波窮處洞門開

129 자연(紫淵) : 깊은 못을 말한다. 못이 깊어 물빛이 자색을 띤다고 하여 붙여진 이름이다.

길 하나가 돌고 돌아 삼모[130]를 감싸네	一徑繚繞三茅腹
하늘은 멀고 육지는 끊겨 난새와 학이 요원한데	天遙陸斷鸞鶴遠
유유한 선악은 거문고 소리로 들려오네	悠悠仙樂聞琴筑
그 옛날 유안은 옥골이 하늘에 오르고	憶昔劉安玉骨輕
구름 사이에 닭과 개들이 서로 따랐다네[131]	雲間鷄犬相追逐
신선 자취를 세상 사람들 알까 두려워서	仙蹤却恐世人知
베개 가운데에 보록을 감췄다네[132]	故向枕中藏寶籙
내가 일찍이 자하편[133]을 읽었는데	我生早讀紫霞篇
흰 쟁기 자루 들고 토란이나 캐기 부끄럽네	恥將白柄尋黃獨
화로에서 진작에 약 달이는 불을 시험해서	爐中已試錙銖火
솥 안에 곧장 용호가 숨어들게 하였으니[134]	鼎裏直敎龍虎伏

130 삼모(三茅) : 삼모산(三茅山)을 말한다. 삼모는 도가(道家)에 전하는 전설 중의 세 신선인 모영(茅盈)과 그의 아우 모고(茅固), 모충(茅衷)을 말한다. 한 경제(漢景帝) 때에 구곡산(句曲山)에 들어가서 도를 닦아 신선이 되었다고 하는데, 구곡산이 뒤에 삼모산으로 바뀌어 이들을 삼모군이라고 칭하게 되었다. 삼모산은 모산(茅山)이라고도 한다. 《茅山志》 여기서는 사선(四仙) 등 선도가 노닐던 곳을 비유하였다.

131 그……따랐다네 : 한(漢)나라 회남왕(淮南王) 유안(劉安)이 단약(丹藥)을 제련하여 온 가족을 데리고 백일(白日)에 승천(昇天)할 적에 그 집의 개와 닭이 그릇에 남은 약을 핥아 먹고 뒤따라 하늘로 올라와서 닭은 하늘 위에서 울고 개는 구름 속에서 짖었다는 고사가 있다. 《神仙傳 劉安》

132 신선……감췄다네 : 침중홍보(枕中鴻寶)의 고사에서 나온 말이다. 한나라 선제(宣帝)가 신선 방술의 일을 부흥시켰는데, 회남(淮南)에서 베개 속에 비장(秘藏)하던 도술 서적인 《홍보(鴻寶)》와 《원비서(苑秘書)》가 나왔다 한다. 《漢書 劉向傳》 침중홍보는 후에 도가 서적을 범칭하는 말로 쓰인다.

133 자하편(紫霞篇) : 양생법을 기록한 도가의 서책으로, 《황정내경경(黃庭內景經)》을 일컫는다. 《李太白集 卷17 至陵陽山登天柱石酬韓侍御見招隱黃山 註解》

134 솥……하였으니 : 용호(龍虎)는 도교어로 수화(水火)를 가리킨다. 수화는 곧 정기(精

바삐 서둘러 말을 타고 떠날 것 없네　不用悤悤騎馬去
산중에서 우연히 만나는 이 몇이나 된다고　山中邂逅幾人覿

하였다.

바다〔海〕 군 동쪽 8리에 있다.

삼일포(三日浦) 바로 관동 팔경(關東八景)의 하나이다. ○ 고려 안축(安軸)의 기문[135]에 이르기를 "포는 고성 북쪽 7, 8리에 있다. 밖으로는 중첩한 산봉우리가 둘러쌌으며, 안에는 36개의 산봉우리가 있는데 깊은 계곡이 맑고 그윽하며 소나무와 바위가 기이하고 예스럽다. 물 가운데 작은 섬이 있고 푸른빛이 나는 돌이 울퉁불퉁 깔려 있다. 예전에 사선(四仙)이 이곳에서 노닐며 사흘을 돌아가지 않았다 하여 이러한 이름을 얻었다. 물 남쪽에 또 작은 봉우리가 있고 봉우리 위에 돌 감실〔石龕〕이 있다. 봉우리 북쪽 절벽의 바위면에 붉은 글씨로 6자가 있는데, '영랑도남석행(永郎徒南石行)'이라고 적혀 있다. 작은 섬에는 예전에 정자가 없었는데, 존무사(存撫使) 박숙정(朴淑貞) 공이 그 위에 정자를 지었다." 하였으니, 정자는 바로 사선정(四仙亭)이다. ○ 정추(鄭樞)의 시[136]에,

한 호수의 좋은 경치 하늘이 만든 것　一湖形勝自天成
서른여섯 봉우리 가을 되어 더 맑네　三十六峯秋更淸
중류에서 배 띄워 가지 않으면　不有中流舟蕩槳

氣)로 진세의 온갖 정기가 솥 안에서 숨을 죽인다는 뜻이다.

135 안축(安軸)의 기문 : 《근재집(謹齋集)》 권1 〈삼일포시(三日浦詩)〉 병서(幷序)에 실린 내용이다.

136 정추(鄭樞)의 시 : 〈삼일포 시에 차운하다〔次三日浦韻〕〉이다. 《圓齋文稿 卷上》

남석의 분명한 글자[137] 어찌 보겠는가 那看南石字分明
정자 앞에 비 지나니 모래 소리 메아리치고 亭前雨過鳴沙響
포구에 가을 깊으니 낙엽 소리 들리네 浦口秋深落木聲
안상의 그날 일 자세히 묻자니 細問安祥當日事
신선도 역시 풍류가 많았구려 神仙也是足風情

하였다. ○ 본조 전우치(田禹治)의 시에,

늦가을 맑은 못에 서리 기운 맑은데 秋晩瑤潭霜氣淸
선경 바람이 불어 통소 소리 실어 보내네 仙風吹送紫簫聲
푸른 난새는 오지 않고 바다 하늘 넓으니 靑鸞不至海天闊
서른여섯 봉우리에 가을 달은 밝도다 三十六峯明月明

하였다.

십이폭포(十二瀑布) 군 서쪽 65리에 있다. 불정대(佛頂臺)에 올라 멀리 바라보면 푸른 언덕과 절벽이 병풍처럼 빙 둘러서 있고 그 가운데로 물이 날리며 쏟아져 내려 마치 흰 무지개 같은 형상을 보이는데, 이러한 곳이 모두 열두 곳이므로 그렇게 이름하였다.

남강(南江) 군 남쪽 3리에 있다. 금강산 수재(水岾)에서 나와 동쪽으로 흘러 구룡연(九龍淵)이 되고, 동남쪽으로 흘러 주연(舟淵)이 되고, 또 남쪽으로 흘러 흑연(黑淵)이 되며, 돌아서 북쪽으로 흘러 전탄(箭灘)이 되고, 군성(郡城) 남쪽에 이르러 남강이 된다. 또 동쪽으로 흘러 고성포(高城浦)가 되고 바다에 들어간다.

137 남석의 분명한 글자 : 봉우리 북쪽 절벽의 바위면에 붉은 글씨로 쓰여진 '영랑도남석행(永郞徒南石行)' 6자를 말한다.

영진곶(靈津串) 군 북쪽 22리에 있다. 금강산 동쪽 줄기가 바다에 닿아 있는데 마치 옷깃의 주름이 겹친 모양 같다.

명사(鳴沙) 군 남쪽 24리에 있다. 간성군(杆城郡)에 자세히 보인다.

온천(溫泉) 군 서북쪽 32리에 있다. 여기서 목욕하면 병이 나았다. 세조가 관동 지방을 순행하다가 이곳에 어가를 멈추고 머물렀다.

송도(松島) 고을 남쪽 23리에 있다. 모랫길이 육지에 연결되어 있다. ○ 고려 고종(高宗) 45년(1258)에 동진국(東眞國)이 수군을 거느리고 와서 이 섬을 포위하고, 전함을 불태웠다.

토산 土産

자석(磁石), 금강산 유점(楡岾) 계곡에서 난다. 고석(膏石), 군 서쪽 박장동(朴莊洞)에서 난다. 수정석(水精石), 군 서쪽 온정동(溫井洞)에서 난다. 수란석(水爛石), 군 북쪽 안상구며(安詳仇旀)에서 난다. 백석영(白石英), 군 서쪽 온정동에서 난다. 오미자(五味子), 인삼(人蔘), 지황(地黃), 복령(茯苓), 송이버섯〔松蕈〕, 순채〔蓴〕, 꿀〔蜂蜜〕, 황랍(黃蠟), 산무애뱀〔白花蛇〕, 미역〔藿〕, 우무〔牛毛〕, 참가사리〔細毛〕, 전복〔鰒〕, 해삼(海蔘), 홍합(紅蛤), 문어(文魚), 대구어(大口魚 대구), 연어(鰱魚), 송어(松魚), 방어(魴魚), 은어(銀魚 도루묵), 고등어〔古刀魚〕, 황어(黃魚), 숭어〔秀魚〕, 삼치〔麻魚〕, 광어(廣魚)

성곽 城郭

군성(郡城) 돌로 쌓았다. 둘레가 3126자이다. -원문 1, 2자 결락-에 문이 있고, 성안에 우물이 4개 있다.

학교 學校

향교(鄕校) 군 서쪽 10리에 있다.

궁실 宮室

객관(客館)

사선정(四仙亭) 삼일포에 자세히 보인다. ○ 본조 홍귀달(洪貴達)의 시[138]에,

예전에 삼일포 좋단 말 들었는데	昔聞三日浦
지금 사선정에 올라왔네	今上四仙亭
물은 흰 은소반 모양으로 쳐대고	水拍白銀盤
산은 푸른 옥 병풍인 양 둘러 있네	山圍蒼玉屛
텅 빈 하늘에 채색구름 일어나고	天空彩雲立
오래된 돌에 가을빛이 맑구나	石老秋光淸
신선이 떠난 지 이미 오래되어	仙人去已遠
옛 정자엔 지금 기둥조차 없네	古亭今無楹

138 홍귀달(洪貴達)의 시 : 〈고성 삼일포 시에 차운하다〔次高城三日浦韻〕〉이다. 《虛白亭集 卷1》

그 당시 노닐던 곳	當時游戲處
구름 너머 생황, 퉁소 소리 들리고	雲外笙簫聲
천년 뒤에 다시 우리에게도	千載復吾人
여섯 글자[139]는 여전히 선명하네	六字看猶明
바람은 영랑호에 불고	風高永郎湖
달은 안상정에 떴네	月上安詳汀
외로이 술 항아리 들고 배 댄 곳	孤尊泊舟處
여기가 본래 봉래 영주라 하네	此固云蓬瀛

하였다. ○ 본조 김세렴(金世濂)의 시[140]에,

듣자니 안기생[141] 무리가	聞道安期輩
난새 타고 여기서 놀았다 하네	驂鸞此地游
옥퉁소 소리 지금은 적막하고	玉簫今寂莫
천년토록 물만 부질없이 흐르네	千載水空流
단청 누각은 호산 곁에 말끔하고	畫閣湖山淨
서풍 불어 솔과 계수 가을이로다	西風松桂秋
올라 보니 감흥이 끝도 없어	登臨興不窮
석양에 외로운 배 띄우네	落景泛孤舟

하였다.

망선루(望仙樓) 객관 동쪽에 있다. 군수 김진석(金晉錫)이 세웠다.

139 여섯 글자 : '영랑도남석행(永郎徒南石行)'을 말한다.

140 김세렴(金世濂)의 시 : 〈사선정(四仙亭)〉이다. 《東溟集 卷5》

141 안기생(安期生) : 전국 시대 제(齊)나라 사람으로, 하상장인(河上丈人)에게 황제(黃帝)와 노자(老子)의 설을 배우고 세속을 떠나 동해(東海)의 해변에서 약을 팔며 살았다 한다.

해산정(海山亭) -원문 3, 4자 결락-에 있다. 소경왕(昭敬王 선조) 초에 군수 차식(車軾)이 세우고 해산(海山)이라고 이름하였다. ○ 김세렴의 시[142]에,

절벽 꼭대기의 신선 객관	絶頂仙人館
구름 낀 창에서 십주[143]를 바라보니	雲窓瞰十洲
텅 빈 하늘에 구정봉[144]이 솟아 있고	天空九井出
툭 트인 바다에 칠성석[145]이 떠 있네	海拆七星浮
홀연 옛 문옹의 교화를 얻더니[146]	忽得文翁舊
다시 태사가 노니는 곳 되었네[147]	還成太史游
올라 관람하고도 외려 좁다 하면	猶言登覽狹

142 김세렴의 시 : 〈고성의 해산정. 동양과 택당의 관해시에 차운하다〔高城海山亭 次東陽澤堂觀海韻〕〉이다. 《東溟集 卷5》

143 십주(十洲) : 바닷속에 신선이 산다는 열 곳의 명산 승경지로 선경(仙境)을 이른다. 31쪽 주29 참조.

144 구정봉(九井峯) : 금강산의 한 산봉우리로 비로봉(毗盧峯)의 한 줄기이다. 《樂全堂集 遊金剛內外山諸記》

145 칠성석(七星石) : 지금의 고성군(高城郡) 앞바다에 있는 7개의 석봉(石峯)으로 《포음집(圃陰集)》 권6 〈동유기(東游記)〉에 "해산정(海山亭)은 성의 서문 안 언덕에 남향으로 자리하고 있는데, 사방이 탁 트여서 서쪽으로는 금강산이 바라보이고 동쪽으로는 너른 바다가 보인다. 이 바다 가운데에 7개의 석봉이 있으니, 이름이 칠성석이다." 하였다.

146 홀연……얻더니 : 문옹(文翁)은 한(漢)나라 경제(景帝) 때 촉군 태수(蜀郡太守)로 있으면서 촉 지방이 궁벽하여 오랑캐 풍속이 있는 것을 보자 크게 교화를 펴고 문풍(文風)을 일으켰다. 《漢書 文翁傳》 여기서는 해산정을 지은 고성 군수 차식이 선정을 베푼 것을 비유한 듯하다.

147 다시……되었네 : 태사(太史)는 한(漢)나라 사마천(司馬遷)이다. 사마천은 천성이 유람하기를 좋아하여 일찍이 20세 때부터 남쪽으로 강수(江水), 회수(淮水), 북쪽으는 문수(汶水)와 사수(泗水)를 건너 제(齊), 노(魯)를 거쳐 양(梁), 초(楚) 지역까지 두루 유람하였다. 《史記 太史公自序》 여기서는 이곳을 유람하여 시를 남긴 동양위(東陽尉) 신익성(申翊聖), 택당(澤堂) 이식(李植)을 비유한 듯하다.

따로 푸른 바다에 배 띄워 보련다　　別欲泛滄流

하였다. ○ 본조 오숙(吳䎘)의 시[148]에,

한번 봉래산 들어가니 걸음마다 높아지고　　一入蓬萊步步高
높이 솟은 누정 멀리 오색구름[149] 바라보네　　九霄樓觀五雲遙
금련이 땅에서 솟아나 천기가 다 드러나고[150]　　金蓮拔地機全露
지주[151]가 하늘을 받치니 형세가 제일 강하네　　砥柱撑空勢最豪
자라 등 잠긴 푸른 바다는 섬들을 품고 있고　　鰲背滄溟含島嶼
학 주변 밝은 달 아래선 생황, 퉁소 소리 울리누나　　鶴邊明月動笙簫
예나 지금이나 신선이 되고 싶어　　古今何限求仙子
환단 먹으며 부질없이 수고하는 이들 한정 있으랴　　服食還丹漫自勞

하였다.

봉수 烽燧

포구산 봉수(浦口山烽燧) 남쪽으로 구장천(仇莊遷)에 응하고, 북쪽으로 영진산(靈津山)에 응한다.

148 오숙(吳䎘)의 시 : 〈해산정(海山亭)〉이다. 《天坡集 第2》

149 오색구름 : 상서(祥瑞)를 뜻하는 말로, 보통 황제의 궁성을 비유할 때 쓴다.

150 금련(金蓮)이……드러나고 : 금련은 황금빛 연꽃을 말한다. 석가가 태어날 때 땅에서 금련화가 솟아나 저절로 두 발을 받들었다는 고사에서 유래하여 연꽃 모양의 불좌(佛座) 혹은 화등(花燈)의 뜻으로 쓰이기도 한다. 《內典》 여기서는 해산정 서쪽 금강산 일대의 산봉우리 특히 구정봉을 비유한 것으로 보인다.

151 지주(砥柱) : 중국 황하(黃河)의 거센 물살 가운데 우뚝이 서 있는 바위산 이름이다. 여기서는 해산정 동쪽 앞바다에 있는 칠성석을 비유한 것으로 보인다.

영진산 봉수(靈津山烽燧) 북쪽으로 통천군(通川郡)의 수곶(戍串)에 응하고, 남쪽으로 포구산에 응한다.

구장천 봉수(仇莊遷烽燧) 군 남쪽 28리에 있다. 남쪽으로 간성군의 수산(戍山)에 응하고, 북쪽으로 포구산에 응한다.

우역 郵驛

고잠역(高岑驛) 군 남쪽 2리에 있다.

양진역(養珍驛) 군 북쪽 28리에 있다.

대강역(大康驛) 군 남쪽 19리에 있다.

탄탄원(炭呑院) 군 남쪽 60리에 있다.

이령원(梨嶺院) 군 서쪽 50리에 있다.

사묘 祠廟

사직단(社稷壇) 군 서쪽에 있다.

문묘(文廟) 향교에 있다.

성황사(城隍祠) 군 동쪽 2리에 있다.

여단(厲壇) 군 북쪽에 있다.

사찰 寺刹

유점사(楡岾寺) 금강산 동쪽에 있다. 군과의 거리는 60여 리이다. 서로 전하기를 신라 때 창건하였다고 한다. 성화(成化) 병술년(1466, 세조12)에 혜장왕(惠莊王 세조)이 이곳에 행차하였을 때에 승려 학열(學悅)에게 다시 고쳐 짓도록 하여 마침내 거찰(巨刹)이 되었다. 정당(正堂)을 능인전(能仁殿)이라 하고, 절 앞에 시내를 걸쳐 누각을 세웠으니 산영루(山映樓)라고 한다. ○ 본조 성임(成任)의 시에,

보배로운 땅이 서방 정토와 이웃하여 寶地隣淸淨
이름난 사찰들 그중에도 월등하네 名藍出等夷
가을 서리는 옥 섬돌에 엉겨 있고 秋霜凝玉砌
아침 해가 금빛 차양을 비추고 있네 朝日射金楣

하였다. ○ 김세렴의 시[152]에,

사찰은 서리 맞은 단풍 너머에 金刹霜楓外
향대는 돌길 깊숙이 들어가 있네 香臺石徑幽
홀로 저물녘 천 길 산에 와서 獨來千嶂夕
팔방의 가을 숲에 편히 누웠네 高臥八林秋
푸른 잣나무가 붉은 골짝을 단장하고 翠柏粧丹壑
붉은 누대는 맑은 시내에 비춰 있네 彤樓鏡碧流
비로소 인간 세상과 다름을 알겠거니 始知人世隔
적성[153]에 들어와 노니는 줄 의심하네 疑入赤城游

하였다.

152 김세렴의 시 : 〈유점사에서 묵으며〔宿楡岾〕〉이다. 《東溟集 卷5》

153 적성(赤城) : 도교에서 말하는 적성산동(赤城山洞)으로, 선경(仙境)의 하나이다. 진(晉)나라 손작(孫綽)의 〈천태산부(天台山賦)〉에 "적성에는 노을 일어 표치를 세우고, 폭포는 날아 흘러서 길을 나누었도다.〔赤城霞起而建標, 瀑布飛流以界道.〕" 하였다.

성불암(成佛菴) 금강산에 있다. 동해를 굽어보고 있어 일출을 바라볼 수 있다.

몽천사(夢泉寺) 삼일포 북쪽 언덕에 있다. ○ 고려 강회백(姜淮伯)의 시에,

창해의 서쪽 가 호수 앞이라	滄海西涯湖水前
절 문까지 큰 물결 형세가 서로 이었네	寺門鯨浪勢相連
상방의 종소리, 범패 소리 삼계[154]에 흩어지고	上方鍾梵飄三界
별동의 생황, 퉁소 소리는 하늘에서 내려오누나	別洞笙簫下九天
돌 위의 붉은 글씨는 어제 같은데	石上丹書如昨日
바위 머리의 백족[155] 자취는 오랜 세월 흘렀네	巖頭白足任流年
난간을 의지하여 동쪽에서 떠오르는 달에게 묻노니	靠欄問訊東來月
일찍이 물결 속에 몇 번이나 둥글게 비추어 주었던가	曾照波心幾度圓

하였다.

발연사(鉢淵寺), **백전암**(柏田菴), **보문암**(寶門菴), **도솔암**(兜率菴) 모두 금강산에 있다.

고적 古蹟

안창폐현(安昌癈縣) 군 남쪽 27리에 있다. 본래 막이현(莫伊縣)인데, 고려 현종(顯宗) 때 안창이(安昌伊)로 고쳤다. 본조에서 그대로 따랐다.

154 삼계(三界) : 불가(佛家)의 용어로, 일체 중생이 윤회하는 욕계(欲界), 색계(色界), 무색계(無色界)를 가리킨다. 보통 인간 세상을 범칭하는 말로 쓰인다.

155 백족(白足) : 고승(高僧)을 가리킨다. 후진(後秦) 구마라습(鳩摩羅什)의 제자인 담시(曇始)의 발이 얼굴보다도 희었는데, 진흙탕을 맨발로 걸어다녀도 더러워지지 않았으므로 당시에 백족 화상(白足和尙)이라고 불렀다는 고사에서 유래하였다.《高僧傳 神異下 曇始》

환가폐현(豢猳廢縣) 군 북쪽 27리에 있다. 본래 고구려 저수혈현(猪迲穴縣)으로, 일명 오사압(烏斯押)이라고 한다. 신라에서 환가(豢猳)로 고치고 고성군의 영현(領縣)으로 삼았다. 고려에서 그대로 병합시켰다.

고성포 폐진(高城浦廢鎭) 군 동쪽 7리에 있다. 본조 초에 수군 만호(水軍萬戶)를 두었고, □□ 때에 혁파하였다.

성관장성(聲串長城) 군 북쪽 36리에 있다. 돌로 쌓았다. 길이가 982자이다. 지금은 없어졌다.

성직소성(城直小城) 군 북쪽 36리에 있다. 돌로 쌓았다. 둘레가 1370자이다. 지금은 없어졌다.

매향비(埋香碑) 삼일포 남쪽에 있다. 원(元)나라 지대(至大) 2년 기유(1309, 충선왕1)에 강릉도 존무사(江陵道存撫使) 김천호(金天皓) 등이 산승(山僧) 지여(志如)와 함께 향나무를 해변 각 고을에 묻고서 비석에 그 묻은 곳과 가지 수를 적어 단서(丹書)[156] 곁에 세웠다.

명환 名宦

본조

최응현(崔應賢) 세조 때에 고성 군수가 되었다. 청렴하고 대범하여 백성을

156 단서(丹書) : 신라 시대 사선(四仙)이 사흘 동안 머물며 노닐었다는 곳의 석벽(石壁)에 새겨진 '영랑도남석행(永郞徒南石行)'이라는 붉은색의 여섯 글자를 말한다. 여기서는 단서가 새겨진 석벽을 지칭하였다.

혼란스럽게 하지 않았고, 사송(詞訟)을 단호하게 잘 처리하였으므로 백성들이 그의 정사를 그리워하였다.

유우 流寓

양사언(楊士彦) 본조 포천(抱川) 사람이다. 재주가 빼어나고 신선의 풍모가 있었다. 누차 금강산을 유람하여 자호를 봉래도인(蓬萊道人)이라 하였다. 군의 구봉산(九峯山) 아래 감호(鑑湖) 가에 우거하였는데, 일찍이 말하기를 "호수 속의 부용, 하늘가의 산봉우리가 우리 집의 병풍이다." 하였다. 관직은 강릉과 안변 부사를 역임하였다. 포천현(抱川縣)에 자세히 보인다.

인물 人物

본조

황신지(黃信之) 남포외리(南浦外里)에 살았다. 처음에 별시위 이성순(李誠純)에 예속되었다. 어머니가 79세에 이르러 병이 심해져서 기절하였는데, 황신지가 부둥켜안고 하늘을 부르며 목숨을 애걸하자 사흘만에 소생하였다. 그 뒤 11년이 지나 돌아가시니, 정성을 다해 장례와 제사를 모시고 종신토록 애통해하고 사모하였다. 일이 보고되어 재차 관직을 제수하였으나, 나아가지 않았다.

통천군通川郡

동쪽으로 해안까지 9리이다. 남쪽으로 고성군(高城郡) 경계까지 87리이다. 서쪽으로 회양부(淮陽府) 경계까지 41리이다. 북쪽으로 흡곡현(歙谷縣) 경계까지 14리이다. 서울과의 거리는 344리이다.

한전 旱田

수전 水田

건치연혁 建置沿革

본래 고구려 휴양군(休壤郡)이다. 일명 금뇌(金惱)라고 한다. 신라 경덕왕(景德王) 때 금양군(金壤郡)으로 고쳤다. 고려 초에 강등시켜 현으로 삼았고, 충렬왕(忠烈王) 때 승격시켜 통주(通州)로 삼았다. 본조 공정왕(恭定王 태종) 13년(1413)에 고쳐 통천군으로 삼았다.

관원

군수(郡守), 훈도(訓導) 각 1인이다.

군명 郡名

휴양(休壤), 금양(金壤), 통주(通州)

풍속 風俗

어염(漁鹽)의 이익으로써 무역하여 먹고산다. 이첨(李詹)의 〈상평보기(常平寶記)〉에 "통주는 그 땅이 염분이 많으므로 농사를 지어도 굶주림을 면치 못한다. 때문에 백성들은 오직 어염의 이익으로써 무역하여 먹고산다.……"라고 하였다.

산천 山川

등화산(登禾山) 군 북쪽 1리에 있다. 진산(鎭山)이다.

금란산(金爛山) 군 동쪽 12리에 있다.

벽산(碧山) 군 남쪽 16리에 있다.

추지령(楸池嶺) 군 서쪽 41리에 있고, 회양부 경계이다.

찰파현(察破峴) 군 서쪽 40리에 있다.

바다〔海〕 군 동쪽 9리에 있다. ○ 본조 남효온(南孝溫)의 〈동유록(東遊錄)〉[157]에 "추지령에 이르니 동쪽 하늘빛이 매우 푸르렀다. 옆 사람이 말하기를 '이는 하늘이 아니라 바로 바닷물이오.' 하기에 눈을 크게 뜨고 다시 본 뒤에야 하늘과 바닷물을 구별할 수 있었다. 바닷물이 해안과 멀어질수

157 남효온(南孝溫)의 동유록(東遊錄) : 〈유금강산기(遊金剛山記)〉이다. 《秋江集 卷5》

록 점점 높아져서 멀리 하늘과 서로 맞닿았으니, 평소에 보았던 바다는 모두 아이들 장난이었다. 고개를 내려와 총석(叢石)으로 된 해변에 이르러 돌 위에 앉아서 눈을 들어 멀리 바라보니, 하늘과 땅의 끝이 탁 트이고 끝이 없어 마치 유리(琉璃)와 명경(明鏡)이 서로 비추고, 위언(韋偃)과 곽희(郭熙)[158]가 재주를 바치는 듯하여 황홀히 꿈속인가 의심스럽다가 한참 지나서야 분명해졌다. 내가 아쉬워하며 일어나려 하지 않자 노복이 말하기를 '날이 이미 저물었습니다.' 하여 마침내 일어났다. 해변의 백사장을 따라가니, 모래가 푸석하여 말발굽이 쉽게 빠졌고, 오직 물가의 물결 흔적이 있는 곳만이 단단하여 말발굽이 빠지지 않았다. 종종 사취(沙嘴)[159]가 산을 이루었으니, 풍랑이 일 때 파도에 떠밀려 쌓인 것이다. 또 바닷물이 모래가에 고였다가 바다로 빠져나가지 못한 것이 있고, 고였다가 바다로 들어가는 것이 있었다. 또 흰 바위가 해변에 서 있었는데 송곳같이 뾰족한 것도 있고 평평한 것도 있는데, 대부분 쌓여 있거나 부서져 있었다. 모래와 바위 가에는 붉은색과 흰색의 해당화가 끊임없이 이어져 흐드러지게 피어 있었으며, 간간이 장송(長松)이 있었다. 여기서부터는 동해 바닷가에서 본 것이 대체로 동일하다." 하였다.

총석(叢石) 군 북쪽 19리에 있다. 수십 개의 돌기둥이 바다 안에 모여 서 있으니, 모두 육면(六面)으로 모양은 옥을 깎은 것 같은데, 이러한 것이 무릇 네 곳이다. 민간에 전해지기를 "신라 때의 술랑(述郞), 남랑(南郎), 영랑

158 위언(韋偃)과 곽희(郭熙) : 모두 이름난 산수화가이다. 위언은 당(唐)나라 때 두릉(杜陵) 사람으로 특히 소나무와 돌을 잘 그렸다. 곽희는 송(宋)나라 때 하남(河南) 사람으로 산수화로 당시 제일인자였다.

159 사취(沙嘴) : 해안에서 바다 가운데로 부리처럼 길게 뻗어 나간 모래톱을 말한다.

(永郞), 안상(安祥)이 이곳에서 놀며 구경하였기 때문에 이름을 사선봉(四仙峯)이라고 칭한다." 하였다. ○ 고려 안축(安軸)의 기문(記文)[160]에 "통주 북쪽 20리쯤에 가로지른 봉우리가 삐죽이 바다에 나와 있다. 봉우리의 높은 절벽에 개개의 돌들이 방형의 기둥 모양으로 즐비하게 서 있는데, 돌의 둘레가 사방 각각 1자쯤 되고 높이는 5, 6장이 되며, 네모반듯하고 평정(平正)한 것이 먹줄을 대고 깎아 세운 것 같으며, 대소의 차이가 없었다. 또 언덕에서 10여 자 떨어진 곳에 돌 네 개가 떨어져 물 가운데 서 있는데, 이것을 사선봉이라고 칭한다. 모두 개개의 돌이 한 몸체가 되고 수십 개가 합쳐 한 봉우리를 이루었다. 봉우리 위에는 키 작은 소나무 한 그루가 있는데 뿌리와 가지가 늙고 쭈그러져서 몇 해나 묵었는지 모른다. 사선봉에서부터 조금 북쪽으로 가면 돌의 형상이 또 변하는데, 혹은 길고 혹은 짧으며 혹은 기울고 혹은 가로눕고 혹은 쌓이고 혹은 흩어져 있으니, 실로 모든 것이 기괴하고 이상하다. 이것은 실로 재주 있는 공인(工人)이 정으로 쪼아서 만든 것이 아니라, 대개 천지가 생긴 시초에 원기가 모여 이루어진 것이다. 그 타고난 형상의 공교함이 이렇게도 이상하니, 정말 괴이하도다! 이 때문에 총석이라는 이름을 얻었다. 옛날 신라 시대에 네 신선이 일찍이 이 정자에서 놀았고 그 무리가 비석을 세워 사실을 기록하였는데, 돌은 아직 있지만 글자가 떨어져 나가 식별할 수가 없다. 내가 작은 배를 타고 봉우리를 돌며 두루 구경해 보니, 이 돌의 기괴함은 실로 천하에 없고 여기에만 있는 것이었다. 시를 짓기를,

160 안축(安軸)의 기문(記文) : 《근재집(謹齋集)》 권1 〈총석정의 시에 차운하다[次叢石亭詩韻]〉에 나온다.

천 개의 괴석은 기이한 봉우리를 이루고　千條怪石成奇峯
푸른 벼랑에 이는 안개 수묵화처럼 짙구나　蒼崖煙霏水墨濃
파도는 바다에서 일어나 눈과 서리처럼 휘날리고　鯨濤起海雪霜漲
신기루는 공중에 떠서 누각이 겹겹이네　蜃氣浮空樓閣重
흐릿하게 닳은 글자는 먼 옛날의 비석이요　模糊字沒太古碣
울퉁불퉁 서려 있는 뿌리는 언제 적 솔인가　瘿瘦根蟠何代松
낚시터 낚시꾼은 앉아서 서로 인사하고　磯邊箬笠坐相揖
달 아래 신선은 부르면 만날 듯하네　月下羽衣招可逢
신선 무리 이미 비처럼 흩어진 것 서글프고　悵望仙徒已雨散
세속 무리 구름처럼 몰려다니는 것 보기 싫어라　厭看俗子如雲從
어찌하면 정자 앞의 갈매기 해오라기와 짝하여　若爲亭前伴鷗鷺
인간 세계의 속된 자취를 쓸어버릴 수 있을까나　掃却人間塵土蹤

하였다." 하였다. ○ 고려 김극기(金克己)의 시에,

금란 옛 고을이 바다에 걸쳐 있는데　金蘭古郡枕巨壑
웅장한 구경거리 이 세상 어디 다시 있으리　壯觀世上誰爭雄
정자 앞의 무리 지은 몇 그루 돌은　亭前叢叢幾株石
기이한 형세로 우뚝 서서 하늘을 떠받치네　逸勢突兀撐半空
누가 신령한 뿌리가 깊은 땅을 찢어　誰識靈根裂九地
아래로 일만 길 큰 물결 속에 박힌 줄 알랴　下磻萬仞洪濤中
머리끼리 나란히 서서 자연히 묶여 있고　頭頭騈立自纏束
면면마다 깎아 만들었으니 누가 쪼고 갈았나　面面削成誰琢礱
층층 벼랑을 띠고 우뚝한 모습 자랑하는 듯　控帶層崖誇挺拔
자라가 방장산과 봉래산 머리에 이고 손벽 치는 듯　鼇頭贔屭抃方蓬

놀란 물결 타고 넘어 공중으로 나는 듯　凌臨駭浪擬騰翥
봉황 날개 들쭉날쭉 하늘을 가로지르는 듯　鳳翼參差橫昊穹
혹여 진나라 황제가 바다에 다리 놓아　却恐秦皇欲架海
동쪽에 새벽 해 처음 돋는 것 보러 가고자 했던가　往觀曉日初生東
아니라면 직녀의 베틀 괴던 돌이　不爾天孫機下石
멀리 한나라 사신 따라 성궁에 떨어졌으리[161]　遙隨漢使墜星宮
처음에는 하느님이 주재한 것 없다 여겼는데　始謂天翁本無宰
어쩌면 새기고 그리기를 저리 신묘하게 하였는고　如何刻畫誇神功
일 이루고 깊이 수해[162] 걸음 못 미치는 곳에 감추었으니　功成深藏亥步外
일만 형상의 기이하고 특별함은 다함이 없네　萬狀詭特難終窮
영 땅 사람 도끼 휘두른 것[163]도 재주 아니고　郢人揮斤尚非巧

161 직녀의……떨어졌으리 : 한 무제(漢武帝) 때 장건(張騫)이 일찍이 사명(使命)을 받들고 서역(西域)에 나갔던 길에 뗏목을 타고 황하의 근원을 찾아 한없이 거슬러 올라가다가 한 성시(城市)에 이르렀다. 한 여인은 방 안에서 베를 짜고, 한 남자는 소를 끌고 은하(銀河)의 물을 먹이고 있으므로 그들에게 "여기가 어느 곳인가?" 묻자, 그 여인이 지기석(支機石) 하나를 장건에게 주면서 말하기를 "성도(成都)의 엄군평(嚴君平)에게 가서 물어보라." 하였다. 그가 돌아와서 엄군평을 찾아가 지기석을 보이자, 엄군평이 말하기를 "이것은 직녀(織女)의 베틀을 괴는 돌이다. 아무 연월일(年月日)에 객성(客星)이 견우(牽牛), 직녀를 범했는데, 지금 헤아려 보니 그때가 바로 이 사람이 은하에 당도한 때였도다." 하였다. 《太平御覽 卷51 荊楚歲時記》 성궁(星宮)은 천궁(天宮)의 뜻인데, 높은 누각이나 대를 지칭하는 말로 쓰인다.

162 수해(豎亥) : 우(禹) 임금의 신하로, 걸음을 잘 걸었다는 신화 속의 인물이다. 《회남자(淮南子)》 〈지형훈(地形訓)〉에 "수해에게 북극에서부터 남극까지 걸어가게 하였더니, 모두 2억 3만 3500리(里) 75보(步)였다."라는 말이 나온다.

163 영……것 : 옛날 초(楚)나라 영(郢) 땅 사람이 자기 코끝에다 흰 흙을 마치 파리 날개만큼 얇게 발라 놓고 장석(匠石)을 불러 그 흙을 닦아 내게 했더니, 장석이 바람 소리가 휙휙 나도록 도끼를 휘둘러 그 흙을 완전히 닦아 냈는데 그 사람의 코는 조금도 다치지 않았다는 고사가 있다. 《莊子 徐无鬼》

장자의 붓 솜씨[164]도 용하다 할 것 없으니 張子落筆殊不工
여기서 하늘의 조화가 참으로 절세하여 乃知天奇固絶世
사람 재주로는 형용하지 못할 줄 알겠네 人力未可侔形容
몇 번이나 조정에서 법가를 명하여 幾時官家命法駕
친히 동쪽으로 태산에 올라 봉선하였나 親向岱嶽東登封
금니 옥검으로 공덕을 기념하고 金泥玉檢紀功德
석함을 깎아 만들기 여러 번 거듭하였지[165] 斲作寶礎成再重
가련토다 기이한 재주는 쓰이지 못하고 可憐奇才未見用
부질없이 양후[166]의 소리 지르고 성내며 空被陽侯吼怒
조석으로 와서 공격함만 받게 되누나 日夕來相攻

하였다.

164 장자(張子)의 붓 솜씨 : 장자는 당나라 장욱(張旭)을 말한다. 초서에 능하여 초성(草聖)이라 칭하여졌고, 세상에서 장전(張顚)이라고 불렸다. 당 문종(唐文宗)이 조서(詔書)에서 이백의 가시(歌詩), 배민(裴旻)의 검무(劍舞), 장욱의 초서를 당대 삼절(三絶)이라 하였다. 《新唐書 文藝列傳 李白》

165 몇……거듭하였지 : 한 무제(漢武帝) 때의 고사이다. 《한서(漢書)》 〈무제기(武帝紀)〉의 "태산에 올라 봉 제사를 행하다.〔登封泰山〕"의 주(註)에 "금책(金策) 석함(石函)과 금니(金泥) 옥검(玉檢)을 들고 올라가 봉(封)을 행한다."라고 하였는데, 금니는 황금으로 도색하는 것을 말하고 옥검은 옥으로 만든 서함(書函) 뚜껑이다. 제왕이 뛰어난 공을 이루어 천하가 안정이 되면 하늘에 고하기 위해 직접 태산(泰山)에 올라가 봉선(封禪)을 행하는데, 이때 그 공적을 기록한 책을 상자에 담고 옥검으로 덮은 뒤에 금니로 봉하여 그 행사에 사용한다고 한다.

166 양후(陽侯) : 수신(水神) 또는 풍랑을 뜻하는 말이다. 《회남자(淮南子)》 〈남명훈(覽冥訓)〉에 "무왕(武王)이 주(紂)를 치러 가는 길에 맹진(孟津)을 건너는데 양후의 파도가 흐름을 거스르며 격렬히 일어났다." 하였고, 그 주(註)에 "양후는 능양국(淩陽國)의 제후로서 물에 빠져 죽은 뒤 수신이 되어 큰 물결을 일으킬 수 있다." 하였다.

금란굴(金幱窟) 군 동쪽 12리에 있다. ○ 안축의 서(序)[167]에 "통주(通州) 남쪽 교외에 민둥산이 우뚝 솟아 동쪽으로 큰 바다에 닿아 있다. 산봉우리의 깎아지른 절벽에 굴이 있는데, 너비는 7, 8자이고 깊이는 10여 보 정도로, 올려다보면 두 벽이 나직하게 합쳐 있고, 굽어보면 물이 깊어 헤아릴 수 없다. 굴은 깊고 물기가 배어 있으므로 항상 음침하고 습하며, 바람이 불면 성난 파도가 들이쳐서 이곳에 올 수 없다. 세속에서 전하기를 '이 굴은 관음보살의 진신(眞身)이 항상 머물던 곳으로, 사람이 지성으로 귀의하려는 마음이 있으면 진신이 암석에 나타나고 파랑새가 날아오는데, 이것을 영험으로 삼는다.' 한다. 내가 작은 배를 타고 굴에 도착하니, 이날은 다행히 풍랑이 잠잠하여 굴속으로 깊이 들어가 그 형상을 자세히 관찰하였다. 굴의 깊은 곳에 높이가 3자쯤 되는 석벽이 있고 돌의 무늬는 누렇고 반들거려 마치 승려들의 금란가사(金幱袈裟)와 같은데, 얼굴과 눈, 어깨와 팔뚝이 없는 몸의 모습이었다. 사람들이 이것을 보고 관음보살의 진신이 바위에 나타났다고 여긴다. 아래에는 엷은 청색의 바위 무더기가 있는데, 사람들이 이를 연대(蓮臺)라고 여긴다.[168] 아! 이것이 과연 관음보살의 진신이란 말인가. 내가 굴에 도착한 날에 파랑새가 굴속으로 날아 들어왔는데, 뱃사람이 '이것은 바닷새입니다.' 하였다. 이것이 과연 관음보살의 영험이란 말인가. 내가 이 굴을 보고 이미 이런 마음[169]이 들었다면 어찌 파랑새의 영

167 안축의 서(序) : 〈금란굴시(金幱窟詩)〉 병서(幷序)이다. 《謹齋集 卷1》

168 여긴다 : 《근재집》에는 이 뒤에 "만약 돌의 무늬가 부처의 옷과 같기 때문에 존경한다고 말한다면 괜찮겠지만, 이것을 관음보살의 진신으로 여긴다면 나는 믿지 못하겠다."라는 문장이 있는데, 대본에는 생략되어 있다.

169 이런 마음 : 이 바위의 무늬가 관음보살의 진신임을 믿지 못하는 마음을 말한다.

험이 있겠는가. 만약 이 새가 과연 관음보살의 영험이라면 나의 이 마음은 진실로 관음보살과 부합하는 것이니, 세상 사람들이 바위의 무늬를 관음보살이라고 여기는 것은 미혹된 것이다." 하였다.

난도(卵島) 군 동쪽 바다 안에 있는데, 물길로 50리이다. 사면에 석벽이 뾰족하게 서 있고 오직 서쪽 길 하나가 물가에 통해 있다. 그 물가에는 어선 하나가 겨우 정박할 수 있다. 매년 3, 4월이면 바닷속 어류들이 떼 지어 모여 산란하고 기르므로 이렇게 이름하였다.

저도(猪島) 군 남쪽 바다 안에 있는데, 물길로 5리이다.

사도(沙島) 군 남쪽 바다 안에 있는데, 물길로 3리이다.

송도(松島) 군 남쪽 바다 안에 있는데, 물길로 4리이다.

토산 土産

수침석(水沈石), 인삼(人蔘), 오미자(五味子), 복령(茯苓), 석이버섯〔石蕈〕, 꿀〔蜂蜜〕, 황랍(黃蠟), 미역〔藿〕, 전복〔鰒〕, 홍합(紅蛤), 방어(魴魚), 문어(文魚), 송어(松魚), 광어(廣魚), 황어(黃魚), 연어(鰱魚), 대구어(大口魚 대구), 고등어〔古刀魚〕, 숭어〔秀魚〕, 은구어(銀口魚 은어), 은어(銀魚 도루묵), 해삼(海蔘)

성곽 城郭

군성(郡城) 예전에는 토성(土城)이 있었는데, 중종(中宗) 때 돌로 쌓았다. 둘레가 3940자이다. -원문 2, 3자 결락- 문이 있고, 성안에 우물이 2개 있다.

북산성(北山城) 군 북쪽 2리에 있다. 돌로 쌓았다. 둘레가 549자이며, 안에 우물이 하나 있다. 지금은 절반이 무너지고 떨어져 나갔다.

학교 學校

향교(鄕校) 군 서쪽 1리에 있다.

궁실 宮室

객관(客館)

향사당(鄕射堂)

청허루(淸虛樓) 동헌(東軒) 북쪽에 있다.

총석정(叢石亭) 군 북쪽 18리에 있다. 바닷가에 총석과 마주하여 닿아 있으므로 그렇게 이름하였으니, 바로 관동 팔경(關東八景) 중의 하나이다.

○ 고려 김극기(金克己)의 시에,

동쪽으로 바다에 노닐며 홍몽세계 찾으니 東遊大壑訪鴻濛
삼라만상이 분주하게 한눈에 들어오네 萬象奔走一望中
난새 생황[170] 묶은 듯한 돌무더기 푸른 바다에 닿아 있고 石束鸞笙臨碧海
공작 날개[171] 펼친 듯한 소나무 맑은 하늘을 향해 있네 松飛孔蓋向靑空

170 난새 생황 : 신선이 부는 생황이라는 뜻이다. 전설에 신선이 난새를 타고 생황을 분다고 한다.

171 공작 날개 : 공작 날개와 같은 화려한 일산을 비유한 것이다.

큰 소리가 귀를 울리니 고래 이빨 모양의 거센 물결이요 大聲拂耳鯨牙浪
찬 기운이 살을 에니 학이 날갯짓하여 이는 바람일세 寒氣侵膚鶴羽風
아마 내 전신은 속사가 아니었던 듯 恐我前身非俗士
신선놀음도 사선과 같아라 眞遊亦與四仙同

하였다. ○ 본조 김정(金淨)의 시[172]에,

푸른 바다 모퉁이의 우뚝 높은 붉은 절벽 絶嶠丹崖滄海陬
멀고 아득한 외로운 표지가 바로 봉래산이네 孤標敻邈卽蓬丘
단단한 뿌리는 곧장 깊고 험한 물결에 꽂혀 있고 硬根直揷幽波險
깎은 표면은 솜씨 좋은 도끼로 다듬은 듯하네 削面疑經巧斧修
하늘 높이 솟은 자라 기둥 네 조각이 남았고 鼇柱天高餘四片
옛 현산의 양호비[173]는 아득히 천년 되었네 羊碑峴古杳千秋
학도 날아가고 사람도 떠나가 이미 텅 비었으니 鶴飛人去已寥廓
푸른 구름만 바라보며 부질없이 홀로 시름하노라 目斷碧雲空自愁

하고, 또,

팔월 십오일 총석정 밤에 八月十五叢石夜
푸른 하늘 은하수가 맑고 유유하네 碧空星漢淡悠悠
떠오른 계수나무 그림자는 하늘에 가득하고 飛騰桂影昇天滿
출렁거리는 은빛 광채 바다에 넘쳐흐르네 搖蕩銀光溢海浮

172 김정(金淨)의 시 : 〈총석정에 제하다(題叢石亭)〉이다.《冲庵集 卷3》 원래 6수인데, 기묘사화(己卯士禍) 때 훼손되어 현재 4수만 남아 있다.

173 현산(峴山)의 양호비(羊祜碑) : 진(晉)나라 때 양호가 양양(襄陽)을 다스리면서 항상 인정(仁政)을 베풀었기에 백성들이 사모하는 마음으로 현산에 비석을 세웠는데, 그 비석을 보는 사람들이 모두 눈물을 흘렸다 하여 타루비(墮淚碑)라고 불렀다 한다.《晉書 羊祜列傳》

천지간 외로운 인생은 한 낱알 같은 신세요 六合孤生身一粒
네 신선이 남긴 자취는 천년의 학이로다 四仙遺躅鶴千秋
흰 구름은 저 멀리 일만 산 밖에 있으니 白雲迢遞萬山外
홀로 선 높은 언덕 아득히 시름겨워하네 獨立高丘杳遠愁

하였다.

봉수 烽燧

금란성 봉수(金幱城烽燧) 서쪽으로 회양부의 추지령(楸池嶺)에 응하고, 북쪽으로 흡곡현의 치공산(致空山)에 응하고, 남쪽으로 두백산(荳白山)에 응한다.

두백산 봉수(荳白山烽燧) 군 남쪽 38리에 있다. 남쪽으로 수곶(戍串)에 응하고, 북쪽으로 금란성에 응한다.

수곶 봉수(戍串烽燧) 군 남쪽 53리에 있다. 남쪽으로 고성군의 영진(靈津)에 응하고, 북쪽으로 두백산에 응한다.

우역 郵驛

거풍역(巨豐驛) 군 남쪽 2리에 있다.

조진역(朝珍驛) 군 남쪽 50리에 있다.

등로역(藤路驛) 등로(登路)라고도 쓴다. 군 남쪽 30리에 있다.

중대원(中臺院) 추지령 아래에 있다.

통자원(通慈院) 군 남쪽 25리에 있다.

장정원(長正院) 군 남쪽 89리에 있다.

관량 關梁

옹천애(甕遷隘) 군 남쪽 65리에 있다. 돌산이 바다에 걸쳐 있고, 길이 산 절벽을 둘러 나 있어서 말이 나란히 갈 수 없다. 아래에 바다 물결이 거세게 솟구쳐서 내려다보면 벌벌 떨린다. 세속에서 전하기를 "왜구가 이 길로 가다가 관군이 공격하여 모두 바다에 빠졌으므로 일명 왜륜천(倭淪遷)이라고 한다." 하였다. ○ 고려 안축의 시[174]가 있으니 이르기를,

바다에 임한 험준한 바위는 높은 절벽 이루었고	峻巖臨海作懸崖
하늘에 걸린 잔도는 바라만 봐도 아찔하네	棧道緣空望欲迷
거센 물결 내려다보니 깊이를 알 수 없고	俯瞰狂瀾深莫尺
가파른 돌층계 올라가자니 미끄러워 힘드네	仰攀危磴滑難梯
험하고 높음을 어찌 정형[175]에 비교하랴	險巇豈與井陘比
요충지로는 응당 함곡관[176]과 같으리라	要害應將函谷齊
듣건대 적군이 일찍이 이곳을 지나갔다니	聞道賊軍曾過此
한 덩이 진흙 쓸 장수 없었던 게 괴이하구나[177]	怪無良將一丸泥

174 안축의 시 : 〈옹천로(甕遷路)〉이다.《謹齋集 卷1》

175 정형(井陘) : 하북성(河北省)에 있던 지역으로, 진한(秦漢) 시대의 군사적 요충지였다. 사면은 높고 중앙은 낮아 마치 우물 같기 때문에 붙여진 이름이다.

176 함곡관(函谷關) : 전국(戰國) 시대 진(秦)나라가 설치한 동쪽 관문(關門)으로, 현재의 하남성(河南省) 영보현(靈寶縣) 서남쪽에 있었다. 천연적으로 견고하고 험준하여 함곡관을 닫으면 외적이 침범하지 못한다고 한다.

177 한……괴이하구나 : 한 덩이 진흙은 지세(地勢)가 험준하여 강토를 지킬 만한 난공불락

하였다.

사묘 祠廟

사직단(社稷壇) 군 서쪽에 있다.

문묘(文廟) 향교에 있다.

성황사(城隍祠) 등화산에 있다.

여단(厲壇) 군 북쪽에 있다.

사찰 寺刹

용공사(龍貢寺) 추지령 동쪽 산기슭에 있다.

고적 古蹟

임도폐현(臨道廢縣) 군 남쪽 30리에 있다. 본래 고구려 도림현(道臨縣)으로, 일명 조을포(助乙浦)라고 한다. 신라에서 임도로 고치고, 금양군의 영현(領縣)으로 삼았다. 고려에서 그대로 병합시켰고, 본조에서 그대로 따랐다.

의 요새를 가리킨다. 후한(後漢) 초기 파촉(巴蜀) 지방에 할거(割據)하고 있던 외효(隗囂)가 광무제(光武帝)에게 귀순하려 하자 이를 달가워하지 않던 장군 왕원(王元)이 "신이 한 덩이의 진흙으로 대왕을 위하여 동쪽으로 가서 함곡관을 봉쇄하겠습니다."라고 한 고사에서 나온 말이다. 《後漢書 隗囂列傳》

벽산폐현(碧山廢縣) 군 남쪽 10리에 있다. 본래 고구려 토상현(吐上縣)인데, 신라에서 제상(隄上)으로 고치고 금양군의 영현으로 삼았다. 고려에서 벽산으로 고치고 그대로 병합시켰다.

운암폐현(雲巖廢縣) 군 남쪽 50리에 있다. 본래 고구려 평진현(平珍縣)으로, 일명 천현(遷縣)이라고 한다. 신라에서 편험(偏險)으로 고치고, 고성군의 영현으로 삼았다. 고려에서 운암으로 고치고 그대로 병합시켰다.

벽산성(碧山城) 돌로 쌓았다. 둘레가 2125자이다. 지금은 절반이 무너지고 떨어져 나갔다.

금란산성(金幱山城) 돌로 쌓았다. 둘레가 1372자이다. 지금은 없어졌다.

황현산성(黃峴山城)[178] 군 북쪽 2리에 있다. 돌로 쌓았고 둘레가 175자이다. 지금은 절반이 무너지고 떨어져 나갔다.

명환 名宦

고려

김수자(金守雌) 상주(尙州) 사람이다. 책 상자를 짊어지고 사방을 다니며 학문을 쌓았다. 예종(睿宗) 때 과거에 급제하여 금양 현위(金壤縣尉)에 등용되고, 조정에 들어가 국학 학유(國學學諭)가 되었다.

이첨(李詹) 공민왕(恭愍王) 말에 지통주사(知通州事)가 되었는데, 상평보

178 황현산성(黃峴山城) : 《신증동국여지승람》 권45 〈강원도 통천군〉 고적(古跡)에는 '峴'이 '古介'로 되어 있다.

(常平寶)[179]를 적립하여 흉년에 대비하였다.

본조

이작(李作) 태종(太宗) 8년(1408)에 지통주군사(知通州郡事)가 되었는데, 학교를 증수하고 농사와 누에치기를 권장하였으며, 부역과 세금을 가볍게 하였다.

정구(鄭逑) 소경왕조(昭敬王朝 선조)에 통천 군수가 되었다. 당시 왜구가 서울을 침범하여 임금이 서쪽으로 행차하자 북쪽 백성들이 소란을 일으켰는데, 정구가 열읍에 격문을 보내 군사를 모집하여 적들을 사로잡았다. 2년간 재임한 뒤에 품계가 통정대부(通政大夫)에 오르고 강릉 부사(江陵府使)에 제수되었다.

인물 人物

본조

최운해(崔雲海) 용력(勇力)이 있어 고려 말에 병마사(兵馬使)가 되었고, 누차 왜구를 격퇴시킨 공로가 있어 양광주(楊廣州) 등의 절제사로 나아갔다. 본조에 들어와 서북면 도순문사(西北面都巡問使)를 역임하였고 관직이

179 상평보(常平寶) : 물가를 조절하기 위하여 관(官)에서 확보해 놓는 기금(基金)을 말한다. 풍년에 곡식 가격이 떨어지면 관에서 시가보다 비싸게 미곡(米穀)을 사들여 저축하였다가, 흉년에 곡식 가격이 오르면 시가보다 싸게 방출함으로써 곡식 가격을 조절하여 백성들의 생활을 도왔다.

승추부사(承樞府事)에 이르렀다. 이르는 곳마다 청렴결백하였고 백성을 자식처럼 사랑하였다. 시호는 양장(襄莊)이다.

최윤덕(崔潤德) 최운해의 아들이다. 태어나자마자 어머니가 죽고 최운해는 변방을 진무하는 자리에 오랫동안 있어서 양육할 수 없었으므로 한마을 이웃에 사는 양수척(楊水尺)의 집에 맡겨 키우게 하였다. 조금 자라서는 근력이 출중하여 굳센 활을 당겨서 단단한 물건을 쏘아 맞혔다. 하루는 산중에서 목축을 하는데, 범이 별안간 숲속에서 나와 가축들이 달아나 흩어졌다. 이에 최윤덕이 화살 1발을 쏘아 죽이고 집에 와서 양수척에게 알리기를 "어떤 짐승이 무늬가 얼룩지고 그 크기가 엄청난 것이 있었는데, 내가 이미 쏘아 죽였습니다." 하였다. 양수척이 가 보니, 바로 큰 범이었다. 당시 최운해가 합포(合浦)로 나가 진무하고 있었는데, 양수척이 최윤덕을 데리고 가서 뵈었다. 최운해가 한번 같이 사냥을 나가 봤는데, 최윤덕이 좌우로 달리며 쏘아 맞히지 못하는 것이 없었다. 최운해가 웃으며 말하기를 "아이의 손놀림이 비록 빠르나 아직 무예의 규범을 알지 못하니, 사냥꾼의 기술일 뿐이다." 하고, 곧 활 쏘는 법을 가르쳐서 뒤에 명장이 되었다. 누차 번진(藩鎭)을 맡았는데, 공정, 청렴하고 직무를 부지런히 수행하였다. 장헌왕(莊憲王 세종) 때에 참찬으로서 유정현(柳廷顯)을 수행하여 대마도(對馬島) 정벌을 다녀왔고, 또 도절제사로서 삼군(三軍)을 통솔하여 파저강(婆猪江)의 야인(野人)을 정벌하러 가서 승첩을 거두어 군사를 온전히 하여 돌아와 의정부 우의정에 제수되었다. 나가서는 명장이요 들어와서는 명재상이었으니, 세상 사람들이 맑은 덕을 칭송하였다. 시호는 정렬(貞烈)이고, 세종(世宗)의 묘정에 배향되었다.

울진현蔚珍縣

동쪽으로 해안까지 9리이다. 서쪽으로 경상도 안동부(安東府) 경계까지 81리이다. 남쪽으로 평해군(平海郡) 경계까지 48리이다. 북쪽으로 삼척부(三陟府) 경계까지 44리이다. 서울과의 거리는 885리이다.

한전 旱田

수전 水田

건치연혁 建置沿革

본래 고구려 우진야현(于珍也縣)이다. 일명 고우이군(古于伊郡)이다. 신라 경덕왕(景德王) 때에 고쳐 울진군(蔚珍郡)으로 삼았다. 고려에서 강등시켜 현으로 삼았다. 본조에서 그대로 따랐다. 관장하는 면은 □개이다.

관원

현령(縣令), 훈도(訓導) 각 1인이다.

군명 郡名

우진야(于珍也)

풍속 風俗

농사와 누에치기에 힘쓴다.

산천 山川

안일왕산(安逸王山) 현 서쪽 41리에 있다. 진산(鎭山)이다.

반이산(潘伊山) 현 서쪽 58리에 있다.

잠산(蠶山) 현 남쪽 41리에 있다.

백암산(白巖山) 현 서쪽 46리에 있다.

숙을비산(宿乙庇山) 현 북쪽 40리에 있다.

전반인산(全反仁山) 현 남쪽 22리에 있다.

죽진산(竹津山) 현 동쪽 8리에 있다.

항출도산(恒出道山) 현 북쪽 39리에 있다.

삼방산(三方山) 현 서쪽 40리에 있다. 용담(龍潭)이 있어 비를 빌면 효험이 있다.

가을현(加乙峴) 현 북쪽 44리에 있다.

성류석굴(聖留石窟) 백련산(白蓮山)에 있다. 현 남쪽 17리에 있다. 옛 이름은 탱천굴(撑天窟)이다. ○ 고려 이곡(李穀)의 기문(記文)[180]에 "바위 절

180 이곡(李穀)의 기문(記文) : 〈동유기(東遊記)〉이다.《稼亭集 卷5》

벽이 1000자 높이로 우뚝 서 있고 절벽에 작은 구멍이 있으니 그것을 성류굴(聖留窟)이라고 한다. 굴의 깊이를 헤아릴 수 없고 또 으슥하고 어두워서 촛불 없이는 들어갈 수가 없었다. 그래서 승려에게 횃불을 들고 인도하게 하고 또 드나드는 데 익숙한 사람에게 앞서고 뒤따르게 하였다. 동굴 어귀가 좁아서 무릎으로 기어 4, 5보 들어가야 조금 넓어져서 일어나 다닐 수 있었다. 또 몇 보를 걷자 3장(丈)은 되는 깎아지른 듯한 절벽이 나타나서 사다리를 타고 내려갔더니 점점 평탄해지면서 공간이 높다랗고 널찍해졌다. 여기서 수십 보를 걸어가자 몇 이랑 되는 평지가 나타났는데, 좌우에 있는 돌의 모양이 매우 특이하였다. 다시 10여 보를 걸어가자 구멍이 또 나왔는데 동굴 어귀보다 더 좁았다. 엎드려서 기어 나가는데 그 아래가 진흙탕이었으므로 돗자리를 깔아서 젖는 것을 방지하였다. 7, 8보 나아가자 조금 앞이 트이고 널찍해졌는데 좌우의 돌이 더욱 특이해서 어떤 것은 당번(幢幡) 같고 어떤 것은 부도(浮圖) 같기도 하였다. 또 10여 보를 가니 돌이 더욱 기괴해지고 그 모양이 더 다양해져서 다 기록할 수도 없었으며, 당번이나 부도처럼 생긴 것들도 더욱 길고 넓거나 높고 컸다. 또 4, 5보를 가니 불상과 같은 것도 있고 고승(高僧)과 같은 것도 있었다.

또 못이 있는데 물이 매우 맑고 넓이도 몇 이랑은 되었다. 못 속에 2개의 바위가 있는데, 하나는 수레바퀴와 비슷하고 하나는 정병(淨甁 물병의 일종)과 비슷하였으며, 그 위와 옆에 드리운 깃발이나 일산은 모두 오색찬란하였다. 처음 생각에는 석종유(石鐘乳)가 응결된 것이라서 그다지 딱딱하게 굳지 않았으리라 여기고 지팡이로 두들기니, 소리가 각각 나면서 그 장단(長短)에 따라 청탁(淸濁)의 음향을 발하는 것이 마치 편경(編磬)과도 같았다. 어떤 사람이 말하기를 '이 못을 따라 들어가면 더욱 기괴하다.'

라고 하는데, 나는 여기가 세속 사람이 함부로 구경할 만한 곳이 아니라고 생각하여 서둘러 빠져나왔다. 그 양옆으로 구멍이 많이 뚫려 있었는데, 사람이 잘못 들어가면 나올 수 없다고 한다. 그 사람에게 굴의 깊이가 얼마나 되느냐고 물어보았더니, 대답하기를 '굴이 끝나는 지점까지 다 가 본 사람은 없다. 어떤 이는 평해군의 해변까지 이를 수 있다고 말하기도 하는데, 대개 여기에서 20여 리 거리이다.'라고 하였다. 처음 들어설 때에 굴의 훈김이 배고 더럽혀질까 걱정이 되어 동복(僮僕)의 의건(衣巾)을 빌려 입고 들어갔다가, 굴 밖으로 나와서 의복을 갈아입고 세수하고 양치하고 나니, 마치 꿈에 화서(華胥)[181]에서 노닐다가 퍼뜩 잠에서 깬 것 같았다. 일찍이 조물주의 묘한 솜씨는 대부분 헤아릴 수 없다고 생각하였는데, 내가 국도(國島)와 이 굴을 통해서 더욱 그런 줄을 알았다. 그것이 자연스럽게 이루어진 것인가, 아니면 일부러 그렇게 만든 것인가. 자연스럽게 이루어진 것이라면 그 기변(機變)의 교묘함이 어찌 이렇게까지 지극하며, 일부러 그렇게 만든 것이라면 아무리 귀신이 천년만년토록 공력을 들였다 할지라도 또한 어떻게 이처럼 지극한 경지에 이른단 말인가." 하였다.

바다〔海〕 현 동쪽 8리에 있다.

죽변곶(竹邊串) 현 북쪽 20리에 있다.

약사진(藥師津) 현 동쪽 8리에 있다.

181 화서(華胥) : 황제(黃帝)가 낮잠을 자다가 꿈속에서 보았다는 이상 국가의 이름이다. 황제가 낮잠을 자다가 꿈속에 화서씨(華胥氏)의 나라에 놀러가 안락하고 평화로운 이상경(理想境)을 보았다. 그곳에는 통치자도 신분의 상하도 연장(年長)의 권위도 없고, 백성들은 욕망도 애증도 이해(利害)의 관념도 없을 뿐 아니라 삶과 죽음에도 초연하였다. 꿈에서 깨어난 황제는 문득 깨달은 바 있어 정치를 베푼 결과 천하가 잘 다스려졌다고 한다. 《列子 黃帝》

전천(前川) 현 남쪽 1리에 있다. 원류는 안일왕산에서 나오고, 수산천(守山川)에 합류된다.

수산천(守山川) 현 남쪽 11리에 있다. 일명 울진포(蔚珍浦)라고 한다.

골장진(骨長津) 현 북쪽 11리에 있다.

우산도(于山島)

울릉도(鬱陵島) 일명 무릉(武陵)이라고 하고, 우릉(羽陵)이라고도 한다. 두 섬이 현 정동쪽 바다 안에 있고 세 봉우리가 곧게 솟아 하늘에 닿았는데 남쪽 봉우리가 조금 낮다. 일기가 청명하면 봉우리 위의 수목과 산 밑의 모래톱을 역력히 볼 수 있으며, 바람이 순하면 이틀 만에 갈 수 있다. 일설에는 우산과 울릉이 본래 한 섬으로서 땅이 사방 100리라고 한다.[182] 신라 때에 험함을 믿고 항복하지 않았는데, 지증왕 12년[183](511)에 이사부(異斯夫)가 하슬라주(何瑟羅州) 군주(軍主)가 되어 이르기를 "우산국(于山國) 사람들은 어리석고 사나워서 위엄으로 복종시키기 어렵고 계교로 복종시켜야 한다." 하고, 이에 나무로 사자를 많이 만들어 전함에 나누어 싣고 그 나라에 가서 속여 말하기를 "너희들이 항복하지 않으면 이 맹수들을 즉시 풀어서 밟아 죽이리라." 하니, 나라 사람들이 두려워하여 와서 항복하였다. 고려 태조(太祖) 13년(930)에 그 섬의 사람들이 백길(白吉)과 토두(土豆)를 보내 토산물을 진상하게 하였다.

182 일설에는……한다 : 《삼국사기(三國史記)》 권4 〈신라본기(新羅本紀) 4〉 지증마립간(智證麻立干) 13년 6월 기사에 "우산국(于山國)은 명주(溟州) 정동쪽의 해도에 있어 혹은 울릉도(鬱陵島)라고도 하거니와, 땅이 사방 100리이다."라고 하였다.

183 12년 : 《삼국사기》 권4 〈신라본기 4〉 지증마립간 13년 6월 기사에 근거할 때에 '13년'의 오기로 보이나, 근거가 불충분하여 그대로 번역하였다.

의종(毅宗) 13년(1159)에 왕이 울릉도가 땅이 넓고 토지가 비옥하여 백성이 살 만하다는 말을 듣고 명주도 감창(溟州道監倉) 김유립(金柔立)을 보내 가서 살피게 하였다. 김유립이 돌아와 아뢰기를 "섬 안에 큰 산이 있는데, 산마루에서 동쪽으로 바다까지 가는 길은 1만여 보이고, 서쪽으로 가는 길은 1만 3000여 보이고, 남쪽으로 가는 길은 1만 5000여 보이고, 북쪽으로 가는 길은 8000여 보입니다. 촌락이 있던 터가 일곱 곳으로, 혹 돌부처〔石佛〕, 무쇠종〔鐵鍾〕, 돌탑〔石塔〕이 있으며, 시호(柴胡), 고본(藁本), 석남초(石南草)가 많이 납니다." 하였다. 후에 최충헌(崔忠獻)이 헌의하기를 "무릉도는 토지가 비옥하고, 진기한 나무와 해산물이 많이 납니다."라고 하여 사신을 보내 가서 살피게 하였는데, 집터와 깨진 주춧돌이 완연하였으나 어느 시대에 사람이 살았는지는 알지 못하였다. 이때에 동쪽 고을 백성들을 옮겨 거주하게 하고, 사신이 돌아오면서 진기한 나무와 해산물을 많이 가져와 올렸다. 그 후 자주 풍랑에 쓸려 배가 엎어지고 사람이 많이 죽었으므로 그곳 거주민들을 돌아오게 하였다.

본조 태종(太宗) 때에 유리하는 백성들이 그 섬으로 도망한 자가 매우 많다는 말을 듣고, 다시 명하여 삼척(三陟) 사람 김인우(金麟雨)를 안무사(按撫使)로 삼아 쇄환하게 하고 그 땅을 비워 두었다. 김인우가 아뢰기를 "토지가 비옥하고 대나무의 크기가 다릿목 같으며, 쥐는 크기가 고양이만 하고, 복숭아씨는 크기가 됫박만 한데, 모든 사물이 이러합니다." 하였다. 세종(世宗) 20년(1438)에 울진현 사람인 만호(萬戶) 남호(南顥)를 보내 수백 사람을 이끌고 가서 도망가 있는 백성들을 수색하여 김환(金丸) 등 70여 명을 모조리 붙잡아 데리고 돌아오니, 그곳 땅이 마침내 텅 비게 되었다. 성종(成宗) 2년(1471)에 따로 삼봉도(三峯島)가 있다고 알리는 자가 있어 박종원(朴宗元)을 보내 가서 살피게 하였는데, 풍랑으로 인하여 배를 대지 못하고 돌아왔다. 같이 갔던 배 1척이 울릉도에 정박하였다가 단지 큰 대나무와 큰 복어만 가지고 돌아와서 아뢰기를 "섬 안에 사는 사람이 없습니다." 하였다.

온천(溫泉) 현 북쪽 주인리(周仁里)에 있다. 물이 미지근하다.

토산 土産

궁간상(弓幹桑), 삼척(三陟) 지경에서 난다. 옻〔漆〕, 잣〔海松子〕, 오미자(五味子), 당귀(當歸), 지치〔紫草〕, 꿀〔蜂蜜〕, 황랍(黃蠟), 송이버섯〔松蕈〕, 석이버섯〔石蕈〕, 인삼(人蔘), 복령(茯苓), 산무애뱀〔白花蛇〕, 죽전(竹箭), 죽변곶에서 난다. 황어(黃魚), 문어(文魚), 연어(鰱魚), 대구어(大口魚 대구), 은구어(銀口魚 은어), 방어(魴魚), 광어(廣魚), 고등어〔古刀魚〕, 적어(赤魚), 송어(松魚), 은어(銀魚 도루묵), 전복〔鰒〕, 자해(紫蟹), 홍합(紅蛤), 미역〔藿〕, 김〔海衣〕, 해삼(海蔘)

성곽 城郭

현성(縣城) 돌로 쌓았다. 둘레가 2566자이다. -원문 2, 3자 결락- 문이 있으며, 성안에 우물이 4개 있다.

궁실 宮室

객관(客館)

능허루(凌虛樓) 객관 동쪽에 있다. ○ 본조 성현(成俔)의 시[184]에,

한 조각 외론 성이 바다 구석에 걸쳐 있는데 一片孤城枕海陲
한 구역 경치가 참으로 맑고 기이하구나 區中景物儘清奇
누대 높으니 줄지은 산은 천 겹이나 푸르고 樓高列岫青千疊
구름 걷히니 푸른 하늘은 사방에 드리웠네 雲盡長天碧四垂

하였다.

영희정(迎曦亭) 덕신역(德神驛)에 있다. ○ 고려 이곡(李穀)의 시[185]에,

부상에서 해가 떠서 두 장대쯤 올라왔는데 日上扶桑照兩竿
한쪽 편에는 북두성이 아직도 난간에 있네 一邊星斗尙闌干
바람과 비가 갈고 닦아 터럭 끝까지 깨끗하고 風磨雨洗毫端淨
안개와 구름이 걷히고 흩어져 눈앞이 툭 트였네 霧散雲收眼界寬

하였다.

청심당(淸心堂) 흥부역(興富驛)에 있다.

봉수 烽燧

전반인산 봉수(全反仁山烽燧) 남쪽으로 평해군의 사동산(沙銅山)에 응하

184 성현(成俔)의 시 : 〈울진 능허루의 운에 차하다〔次蔚珍凌虛樓韻〕〉이다. 《虛白堂集 詩集 卷9》

185 이곡(李穀)의 시 : 〈영희정의 시에 차운하다〔次迎曦亭詩韻〕〉이다. 《稼亭集 卷20》

고, 북쪽으로 죽진산(竹津山)에 응한다.

죽진산 봉수(竹津山烽燧) 북쪽으로 죽변곶(竹邊串)에 응하고, 남쪽으로 전반인산에 응한다.

죽변곶 봉수(竹邊串烽燧) 북쪽으로 항출도산(恒出道山)에 응하고, 남쪽으로 죽진산에 응한다.

항출도산 봉수(恒出道山烽燧) 북쪽으로 삼척부의 가곡산(可谷山)에 응하고, 남쪽으로 죽변곶에 응한다.

우역 郵驛

흥부역(興富驛) 현 북쪽 32리에 있다.

덕신역(德神驛) 현 남쪽 45리에 있다.

수산역(守山驛) 현 남쪽 12리에 있다.

가을원(加乙院) 현 북쪽 40리에 있다.

두천원(斗川院) 현 서쪽 25리에 있다.

소조원(召造院) 현 서쪽 65리에 있다.

광비원(廣庇院) 현 서쪽 90리에 있다.

사묘 祠廟

사직단(社稷壇) 현 서쪽에 있다.

문묘(文廟) 향교(鄕校)에 있다.

성황사(城隍祠) 성안 북쪽에 있다.

여단(厲壇) 현 북쪽에 있다.

사찰 寺刹

불귀사(佛歸寺) 백암산에 있다. 신라의 승려 의상(義相)이 창건한 것이다.

천량암(天糧菴) 백련산에 있다. 민간에 전하기를 원효(元曉)가 거주한 곳이라고 한다.

진관사(眞觀寺) 백암산에 있다.

검산사(劍山寺) 백련산에 있다.

정림사(淨林寺) 비봉산(飛鳳山)에 있다.

성류암(聖留菴) 백련산 성류석굴 옆에 있다. 암자는 바위 절벽에 있는데 아래로 긴 내가 흐르고 위로 바위 절벽이 1000자 높이로 우뚝 서 있다. 절벽 사이에 있는 구멍은 성류굴이라고 하는데, 그 깊이는 헤아릴 수 없다.

고적 古蹟

해곡현(海曲縣) 김부식(金富軾)이 말하기를 "본래 고구려 파조현(波朝縣)인데, 신라 경덕왕 때에 이름을 고치고 울진(蔚珍)의 영현(領縣)으로 삼았다. 지금은 미상이다." 하였다.

옛 읍성〔古邑城〕 현 동쪽 5리에 있다. 흙으로 쌓았다. 둘레가 1210자이다. 지금은 없어졌다.

울진포폐현(蔚珍浦廢縣) 현 남쪽 11리에 있다. 본조 초에 수군 만호(水軍萬戶)를 설치하였는데, □□ 때에 혁파하였다. 지금 석성(石城)이 있고, 둘레가 750자이니, 중종(中宗) 7년(1512)에 쌓은 것이다.

안일왕산성(安逸王山城) 돌로 쌓았다. 둘레가 753자이다. 지금은 없어졌다.

명환 名宦

고려

김중권(金仲權) 뒤에 김시정(金施政)으로 개명하였다. 과거에 급제하여 울진 현위(蔚珍縣尉)에 제수되었다.

서침(徐忱) 울진 현령으로 재임 시에 항상 소를 타고 다니며 농사를 권면하였다.

본조

어세린(於世麟) 고려 말에 해마다 왜구가 침입하니 백성들이 뿔뿔이 흩어져서 마을이 폐허가 되었다. 홍무(洪武) 신미년(1391, 공양왕3) 연간에 어세린이 울진 현령이 되어 성보(城堡)를 보수하고 유민(遺民)을 위무하여 안정시키니, 흩어져 떠났던 이들이 사방에서 모여들었다.

인물 人物

고려

장천익(張天益) 관직이 영록대부(榮祿大夫) 밀직학사(密直學士)에 이르렀다.

본조

장순열(張巡烈) 옛 읍성이 평지에 있었는데, 태조(太祖) 초에 왜구에게 분탕질을 당하자 장순열이 창의하여 읍을 산성으로 옮겨 지금까지 읍민이 그곳에서 거주한다. 관직이 가선대부(嘉善大夫) 검교 한성 윤(檢校漢城尹)에 이르렀다.

남사고(南師古) 사람됨이 특출하고 천문에 정통하여 점술과 운기를 잘 보았으니, 무릇 사람의 길흉과 나라의 흥망에 대해 귀신처럼 미리 알지 못하는 것이 없었다. 만력(萬曆) 연간에 매양 맑은 아침이면 동쪽을 보며 말하기를 "살기(殺氣)가 가증할 만큼 매우 성하다." 하고 사람들에게 말하기를 "임진년에 왜구가 반드시 크게 이를 것인데, 나는 미처 보지 못할 것이고 그대들은 조심하라." 하였는데, 남사고가 죽고 나서 그 말이 과연 증험되었다. 자호를 격암(格菴)이라고 하였다.

흡곡현歙谷縣

동쪽으로 해안 절벽까지 3리이다. 남쪽으로 통천군(通川郡) 경계까지 18리이다. 서쪽으로 함경도 안변부(安邊府) 경계까지 30리이다. 북쪽으로 안변부 경계까지 10리이다. 서울과의 거리는 380리이다.

한전 旱田

수전 水田

건치연혁 建置沿革

본래 고구려 습비곡현(習比谷縣)이다. 곡(谷)은 탄(呑)이라고도 쓴다. 신라 경덕왕(景德王) 때에 이름을 습계(習磎)로 고치고, 금양군(金壤郡)의 영현(領縣)으로 삼았다. 고려에서 흡곡(歙谷)으로 고치고 그대로 금양(金壤)에 병합시켰다가 고종(高宗) 때 다시 흡곡현을 설치하였다. 본조에서 그대로 따랐다. 관장하는 면은 □개이다.

관원

현령(縣令), 훈도(訓導) 각 1인이다.

군명 郡名

습계(習磎) 별호는 학림(鶴林)이다.

산천 山川

박산(朴山) 현 북쪽 80보에 있다. 진산(鎭山)이다.

황룡산(黃龍山) 현 서쪽 21리에 있다.

남산(南山) 현 남쪽 14리에 있다.

치공산(致空山) 현 남쪽 13리에 있다.

바다〔海〕 현 동쪽 3리에 있다.

천도(穿島) 현 남쪽 16리에 있다. 둘레가 300여 보이다. ○ 고려 이곡(李穀)의 기문(記文)[186]에 "섬에 남북으로 뚫린 굴이 있어 풍랑이 서로 드나든다. 천도에서 바다를 가로질러 남쪽으로 가면 총석정(叢石亭)에 갈 수 있는데, 그 거리가 8, 9리이다. 또 총석에서 바다를 가로질러 남쪽으로 가면 금란굴(金幱窟)에 갈 수 있는데, 그 거리 또한 10여 리이다." 하였다. ○ 고려 안축(安軸)의 시[187]에,

186 이곡(李穀)의 기문(記文) : 〈동유기(東遊記)〉이다. 《稼亭集 卷5》

187 안축(安軸)의 시 : 〈천도시(穿島詩)〉이다. 《謹齋集 卷1》

큰 물결에 솟아 나온 작은 섬 小島出洪濤
가로질러 뚫려서 굴이 되었네 橫穿作通穴
남북의 물이 서로 이어져 南北水互連
맞부딪져 눈처럼 부시져 날리네 相激碎飛雪
온 섬의 바위 형상 기이하여라 滿島石狀奇
개개마다 교묘히 깎이고 잘렸네 條條巧削截

하였다.

토산 土産

인삼(人蔘), 보골지(補骨脂), 복령(茯苓), 옻〔漆〕, 석이버섯〔石蕈〕, 꿀〔蜂蜜〕, 황랍(黃蠟), 연어(鰱魚), 대구어(大口魚 대구), 문어(文魚), 황어(黃魚), 은어(銀魚 도루묵), 방어(魴魚), 송어(松魚), 고등어〔古刀魚〕, 삼치〔麻魚〕, 광어(廣魚), 은구어(銀口魚 은어), 전복〔鰒〕, 홍합(紅蛤), 해삼(海蔘)

성곽 城郭

현성(縣城) 돌로 쌓았다. 둘레가 293자이며, 기지(基地)가 6531자이다. 성안에 우물이 7개 있고, 또 군창(軍倉)이 있다.

학교 學校

향교(鄕校) 예전에는 현 남쪽에 있었는데, 지금은 옮겨 현 동쪽 1리에 있다.

궁실 宮室

객관(客館)

시중대(侍中臺) 현 북쪽 7리쯤에 있다. 긴 멧부리가 뻗어 나가다가 동쪽으로 서려 있고 삼면이 모두 큰 호수인데, 호수에 물이 가득 차 있고 물가는 돌고 굽으며 밖으로는 큰 바다가 빙 둘러 있다. 바다에는 빽빽하게 늘어선 작은 섬이 7개가 있으니, 천도(穿島), 묘도(卯島), 우도(芋島), 승도(僧島), 석도(石島), 송도(松島), 백도(白島)이다. 호수와 바다 사이에 푸른 소나무들이 길을 끼고 있다. 대(臺)의 옛 이름은 칠보(七寶)인데, 본조 혜장왕(惠莊王 세조) 때에 순찰사 한명회(韓明澮)가 여기에 올라 구경할 적에 마침 우의정에 제수한다는 왕명이 이르렀다.[188] 이 때문에 지금 이름으로 고쳐서 기쁜 뜻을 표시하였다. 경치가 경포대(鏡浦臺)와 서로 우위를 겨룬다.

빈락정(賓樂亭) 객관 북쪽에 있다.

봉수 烽燧

치공산 봉수(致空山烽燧) 남쪽으로 통천군의 금란성(金幱城)에 응한다.

우역 郵驛

정덕역(貞德驛) 현 남쪽 3리에 있다.

188 마침……이르렀다 : 《세조실록》 8년 5월 20일 기사에 한명회를 우의정에 제수하는 내용이 있다.

사묘 祠廟

사직단(社稷壇) 현 서쪽에 있다.

문묘(文廟) 향교에 있다.

성황사(城隍祠) 박산에 있다.

여단(厲壇) 현 북쪽에 있다.

사찰 寺刹

화장사(華藏寺) 황룡산에 있다.

운봉암(雲峯菴) 발산(鉢山)에 있다.

고적 古蹟

산성(山城) 현 서쪽 1리에 있다. 돌로 쌓았다. 둘레가 95자이다.

남산성(南山城) 돌로 쌓았다. 둘레가 1961자이다. 성안에 우물이 1개 있다.

원주목原州牧

동쪽으로 평창군(平昌郡) 경계까지 112리, 충청도 제천현(堤川縣) 경계까지 52리이다. 남쪽으로 같은 도 충주(忠州) 경계까지 43리이다. 서쪽으로 경기 지평현(砥平縣) 경계까지 74리이다. 서남쪽으로 경기 여주(驪州) 경계까지 63리이다. 북쪽으로 횡성현(橫城縣) 경계까지 30리이다. 서울과의 거리는 275리이다.

한전 旱田

수전 水田

건치연혁 建置沿革

본래 고구려 평원군(平原郡)인데, 신라 문무왕(文武王) 때에 북원소경(北原小京)을 설치하였다. 고려 태조(太祖) 23년(940)에 원주(原州)로 고치고, 고종(高宗) 때 강등시켜 일신현(一新縣)으로 삼았다. 고종 46년(1259)에 주 사람이 왕명을 거역했기 때문에 강등시켰다. 원종(元宗) 초에 다시 원주로 삼고 뒤에 승격시켜 정원도호부(靖原都護府)로 삼았다. 임유무(林惟茂)의 외향(外鄕)이므로 승격시켰다. 충렬왕(忠烈王) 때에 익흥도호부(益興都護府)로 고치고 충렬왕 17년(1291)에 거란의 군사를 방어한 공이 있어 승격시켰다. 이윽고 원주목으로 승격시켰다. 충선왕(忠宣王) 초에 강등시켜 성안부(成安府)로 삼았고, 공민왕(恭愍王) 초에 다시 원주목으로 삼았다. 주의 치악산(雉嶽山)에 태(胎)를 안치하였으므로[189] 승격시켰다. 본조에서 그대로 따랐다. 혜장왕(惠莊王 세조) 때에 진(鎭)을 설치하였다. 관장하는 면은 20개이다.

진관

도호부(都護府) 1개 춘천(春川)

군(郡) 3개 정선(旌善), 영월(寧越), 평창(平昌)

현(縣) 3개 인제(麟蹄), 횡성(橫城), 홍천(洪川)

관원

목사(牧使), 판관(判官), 교수(教授) 각 1인이다.

군명 郡名

평원(平原), 북원(北原), 일신(一新), 정원(靖原), 익흥(益興), 성안(成安)

189 주의……안치하였으므로 : 《신증동국여지승람》 권46 〈강원도 원주목〉 건치연혁에 "공민왕 2년(1353)에 왕의 태를 묻었다." 하였다.

형승 形勝

왼쪽으로 치악(雉嶽)이 서려 있고, 오른쪽으로 섬강(蟾江)과 만난다. 지지(地志)

동쪽으로 관령(關嶺)에 이어지고, 서쪽으로 한강(漢江)을 경계로 삼고, 남쪽으로 중원(中原)과 접하고, 북쪽으로 맥(貊) 옛터와 통한다.

대령(大嶺 대관령(大關嶺))의 서쪽에 자리 잡고 있으며, 여러 고을의 으뜸이 된다.[190]

산은 대부분 높고 험준하며, 땅은 평탄한 곳이 적다.

풍속 風俗

축적(蓄積)하는 것을 숭상한다.

근검하고 절약한다. 본조 서거정(徐居正)의 〈객관기(客館記)〉[191]에 "그 풍속이 근검하고 절약하며 재물을 저축하고 물화를 증식하니, 홍수나 가뭄도 재난이 되지 못한다."라고 하였다.

선비들은 문학을 숭상한다.

190 여러……된다 : 원주는 강원도의 계수관(界首官)이다.《太祖實錄 2年 11月 12日》

191 서거정(徐居正)의 객관기(客館記) : 〈원주 객관을 중신한 것에 대한 기문〔原州客館重新記〕〉이다.《四佳集 四佳文集 卷3》

산천 山川

치악산(雉嶽山) 주 동쪽 25리에 있다. 진산(鎭山)이다. 극히 높고 거대한데, 가장 높은 정상은 비로봉(毗盧峯)이라고 한다. 이 산에서 줄기가 남쪽으로 뻗어 백운산(白雲山) 등 여러 산이 된다. ○ 본조 김세렴(金世濂)의 시에,

이 산은 동쪽 지방을 지키느라	玆嶽鎭東服
첩첩 모여 창공까지 치솟았네	合沓摩蒼穹
뭇 고개들 달리는 말과 같아	衆嶺若奔馬
기세가 어찌 그리 웅혼한가	氣勢何渾雄
우뚝 솟은 비로봉은	突兀毗盧峯
여러 산들과 같지 않네	不與群嶽同
구월에도 흰 눈을 띠고 있고	九月帶素雪
구름 기운이 항상 자욱하다네	雲氣常蒙籠

하였다.

백운산(白雲山) 주 남쪽 30리에 있다.

식악산(食嶽山) 주 서쪽 15리에 있다.

서곡산(瑞谷山) 주 남쪽 30리에 있다.

현계산(玄溪山) 주 남쪽 60리에 있다.

명봉산(鳴鳳山) 주 남쪽 30리에 있다.

거슬갑산(琚瑟岬山) 주천폐현(酒泉廢縣) 북쪽 30리에 있다. 주와의 거리는 -원문 5, 6자 결락-이다.

백덕산(白德山) 주 동쪽 130리에 있다.

사자산(獅子山) 주 동쪽 120리에 있다. 백덕산과 서로 이어져 있다.

구릉산(球陵山) 주천폐현(酒泉廢縣) 남쪽 10리에 있다. 주와의 거리는 동쪽

으로 -원문 5, 6자 결락-이다.

건등산(建登山) 주 서쪽 32리에 있다. 일명 영봉산(靈鳳山)이라고 한다.

취병산(翠屛山) 주 서쪽 43리에 있다. 푸른 절벽이 일천 길이고, 아래로 섬수(蟾水)에 닿아 있다.

도야니현(都也尼峴) 주 남쪽 20리에 있다.

유현(杻峴) 주 동쪽 60리에 있다. 몹시 높고 험하다.

□□동(□□洞) -원문 6, 7자 결락-

한강(漢江) 주 서쪽 50리에 있다. 충주(忠州)에서 흘러 들어와 주 서쪽 지경을 지나 섬수와 서로 만난다.

섬수(蟾水) 주 서쪽 29리에 있다. 일명 안창수(安昌水)라고 한다. 원류는 횡성현의 덕고산(德高山)에서 나와 남쪽으로 흘러 안창역(安昌驛) 동쪽을 지나고, 또 남쪽으로 흘러 흥원창(興原倉) 서쪽에 이르러 한강에 들어간다.

사천(沙川) 주 동쪽 112리에 있다. 그 원류는 강릉부(江陵府)의 월정산(月正山) 서쪽에서 나와 주천폐현(酒泉廢縣) 동남쪽을 지나 □쪽으로 흘러 -원문 3, 4자 결락-에 이르러 □□[192]에 들어간다.

봉천(鳳川) 주 동쪽 1리에 있다. 혹 동천(東川)이라고도 칭한다. 원류는 치악산과 백운산에서 나와 북쪽으로 흘러 섬수에 들어간다.

공룡탄(公龍灘) 주천폐현 남쪽 20리에 있다. 바로 사천(沙川) 여울 건널목이다.

월뢰탄(月瀨灘) 주 서쪽 25리에 있다. 바로 섬수의 여울이다.

192 □□ : 《여지도서(輿地圖書)》 〈원주목(原州牧)〉 산천(山川)에는 '忠州金灘'으로 되어 있다.

석제(石堤) 주 동쪽 봉천 가에 있다. 장맛비가 거세게 내릴 적마다 마을까지 해를 입으므로 돌로 둑을 쌓아 내를 막았으니, 둑 길이가 1000보이다. 효종(孝宗) 때 목사 이위국(李衛國)이 중수하였다.

토산 土産

옥석(玉石), 주 서쪽 탑전곡(塔前谷)에서 난다. 영양(羚羊), 잣〔海松子〕, 오미자(五味子), 지치〔紫草〕, 석이버섯〔石蕈〕, 인삼(人蔘), 꿀〔蜂蜜〕, 황랍(黃蠟), 복령(茯苓), 당귀(當歸), 창출(蒼朮), 작약(芍藥), 강활(羌活), 독활(獨活), 누치〔訥魚〕, 쏘가리〔錦鱗魚〕, 여항어(餘項魚)

성곽 城郭

영원산성(鴒原山城)

학교 學校

향교(鄕校) 주 서쪽 3리에 있다. 청풍루(淸風樓)가 있다. 건문(建文) 4년(1402, 태종2)에 목사 신호(申浩)가 세웠고, 유사눌(柳思訥)이 기문(記文)을 지었다.

칠봉서원(七峯書院) 주 북쪽 30리에 있다. 광해군(光海君) 때에 고을 사람이 의논하여 세웠다. 가운데 상현사(尙賢祠)가 있어 원천석(元天錫)을 제사 지냈는데, 뒤에 한백겸(韓百謙)을 배향하였다.

궁실 宮室

객관(客館)

향사당(鄕射堂) 객관 북쪽에 있다.

연무당(鍊武堂) 객관 남쪽에 있다.

봉명루(奉命樓), 빙허루(憑虛樓) 모두 객관 동쪽에 있다. ○ 본조 홍귀달(洪貴達)의 시에,

따뜻하고 경치 고운 국도에 사람들 어지러이 오가고	暄妍官道鬧人行
눈 녹은 마을마다 봄물이 불어났네	雪盡村村春水生
산기운은 찌는 듯한 노을빛으로 그림 병풍 드러내고	山氣蒸霞呈畫障
풍광은 물에 비치어 강가의 성을 옹호하누나	風光着水護江城
가볍고 날씬한 처마의 제비는 때로 말할 줄 알고	輕盈簷燕時能語
아름다운 담 위의 꽃은 이름조차 알지 못하겠네	爛熳墻花不記名
가장 기쁜 일은 농가의 생활이 풍족하여	最愛田家生事足
일리우[193] 속에 때로 다시 밭을 가는 것이네	一犁時復雨中耕

하였다.

청허루(淸虛樓) 주천현(酒泉縣)의 객관 서쪽에 있다. 석벽이 깎아지른 듯 서 있고 아래에 맑은 못이 있다. 판관 조명(趙銘)이 세웠다.

청음정(淸陰亭) 객관 남쪽에 있다.

숭화정(崇化亭) 주 서쪽 2리쯤에 있다. 목사 민정(閔貞)이 세웠다. 이숙함(李淑瑊)의 기문에 "관각의 남쪽 편에 우뚝 솟은 땅이 있으니, 평평하기는 바둑판 같다. 두 면은 산을 등지고 있어 소나무와 전나무가 빽빽하게 우거

193 일리우(一犁雨) : 쟁기질을 하기에 알맞게 내리는 봄비를 말한다.

져 있고, 한 면은 강물에 닿아 들판이 넓고 편편하게 펼쳐져 있다. 고요히 세속과 단절되어 노닐고 휴식하는 곳으로 삼을 만하다. 이에 민군(閔君)이 그 위에 정자를 짓고 매양 관아의 업무가 끝난 뒤에는 지팡이 짚고 가서 정자 위에 올라 단정히 앉아 있곤 하였다. 때로 도포를 입은 무리가 책을 끼고 나아오면 계발하고 분비(憤悱)[194]하되 시서(詩書)와 예악(禮樂)으로써 가르치며, 소장(訴狀)을 제출한 백성으로서 윤리에 어긋난 자가 있으면 곧 사리를 밝혀 타일러 효제(孝悌)나 충신(忠信)으로 이끌었다. 이는 모두 정자가 도와준 덕분이므로 편액을 숭화(崇化)라고 지었다." 하였다.

창고 倉庫

흥원창(興原倉) 고려 때 흥원창(興元倉)이라 칭하였다. 주 남쪽 50리, 한강(漢江) 북쪽 언덕에 있다. 본주 및 평창(平昌), 영월(寧越), 정선(旌善), 횡성(橫城) 등 관아의 전세(田稅)를 여기에 수납하여 서울까지 조운(漕運)한다.

우역 郵驛

단구역(丹丘驛) 주 동쪽 7리에 있다.

194 분비(憤悱) : 배우는 사람의 분발에 따라 가르쳐 준다는 말이다. 《논어》〈술이(述而)〉에 "분발하지 않으면 깨우쳐 주지 않고 뜻을 알지만 말을 하지 않으면 말을 틔워 주지 않는다.〔不憤不啓, 不悱不發.〕"라고 한 공자의 말에서 유래하였다.

신림역(神林驛) 주 동쪽 45리에 있다.

안창역(安昌驛) 주 서쪽 35리에 있다.

유원역(由原驛) 주 북쪽 7리에 있다.

신흥역(神興驛) 주 동쪽 100리에 있다.

아야니원(阿也尼院) 주 서쪽 38리에 있다.

요제원(要濟院) 주 북쪽 80리에 있다.

관량 關梁

□□구(□□口) 안창역 서쪽에 있다. 주와의 거리는 서쪽으로 45리이다. 양편에 산이 문처럼 우뚝 솟아 있고 길이 그 가운데를 지난다.

봉천교(鳳川橋) 주 동쪽에 있다. 판교(板橋)가 봉천(鳳川)에 놓여 있다.

흥원나루〔興原渡〕 흥원(興元)이라고도 쓴다. 주 남쪽 50리에 있다. 바로 한수(漢水) 나루터이다.

사묘 祠廟

사직단(社稷壇) 주 서쪽에 있다.

문묘(文廟) 향교에 있다.

성황사(城隍祠) 주 남쪽 2리에 있다.

치악산사(雉嶽山祠) 산 정상에 있다. 세속에서 보문당(普門堂)이라 칭한다. 봄가을로 향축을 내려 제사 지낸다.

원충갑사(元冲甲祠) 영원산(鴒原山) 성안에 있다. 고려 때 원충갑(元冲甲)

이 적을 격파하여 백성을 편안하게 한 공이 있으므로 후인들이 사당을 세워 제사 지낸다. ○ 고려 설장수(偰長壽)의 시에,

우레 치고 폭풍 몰아치듯[195] 호령이 행해지니	雷厲風飛號令行
고을 백성들 다행히 남은 목숨 보존하였지	州民聊得保餘生
웅대한 위엄이 홀로 천 명 적진 쓸어버렸고	雄威獨掃千人陣
훌륭한 계책이 능히 백 개 성첩 보존하였네	長策能全百雉城
세 장 되는 황색 기로 기묘한 방책 지휘하여	三丈黃旗施妙略
만년 역사에 홀로 꽃다운 그 이름 남겼네	萬年靑史獨芳名
지금까지도 은택이 고을에 남아 있어	至今恩澤遺鄕里
언덕과 한전까지 모조리 개간되었네	丘隴閑田盡墾耕

하였다. ○ 본조 선조 때에 김제갑(金悌甲)도 함께 사당에 향사하였다.

여단(厲壇) 주 북쪽에 있다.

능묘 陵墓

원충갑(元沖甲) 묘 주 서쪽 25리에 있다.

원천석(元天錫) 묘 주 동북쪽 13리, 치악산 북쪽 산기슭에 있다.

정종영(鄭宗榮) 묘 주 북쪽 30리, 고산(高山)에 있다.

한백겸(韓百謙) 묘 주 서쪽 43리, 부도리(釜島里)에 있다.

195 우레…… 몰아치듯 : 한유(韓愈)가 〈조주자사사상표(潮洲刺史謝上表)〉를 지어 당 헌종(唐憲宗)의 무공(武功)을 찬양할 때 "우레 치고 폭풍 몰아치듯하다.〔雷厲風飛〕"라고 한 데서 나온 말이다.

사찰 寺刹

각림사(覺林寺) 치악산 동쪽에 있다. 우리 태종(太宗)이 잠저(潛邸)에 있을 때 여기서 글을 읽었다. 뒤에 횡성에서 강무(講武)할 때, 이 절에 수레를 멈추고 고로(古老)들을 불러 위로하고, 절에 토지와 노비를 하사하였으며, 주관(州官)에게 명하여 부역을 견감해 주고 구휼하게 하였다.

법천사(法泉寺) 명봉산에 있다. 고려 승려 지광(智光)의 탑비(塔碑)가 있다. ○ 태재(泰齋) 유방선(柳方善)이 일찍이 이 절에서 학문을 강의하였는데 수업을 받으려는 이들이 멀리서부터 모여들었으니, 권람(權擥), 한명회(韓明澮), 강효문(康孝文), 서거정(徐居正) 같은 이들은 훗날 모두 명성이 있었다. 탑에 써 놓은 시가 오래되었어도 여전히 남아 있다.

동화암(桐華菴) 도야니현에 있다.

흥법사(興法寺) 건등산에 있다. 절에 승려 충담(忠湛)의 탑비가 있는데, 고려 태조가 친히 그 글을 짓고 최광윤(崔光胤)에게 명하여 당 태종(唐太宗)의 글씨를 집자(集字)하여 모각(模刻)하게 하였다. 이제현(李齊賢)이 일찍이 말하기를 "크고 작은 해서(楷書)와 행서(行書)가 서로 알맞게 배열되어 난새와 봉새가 물 위에 떠서 초연(超然)한 기상을 머금고 있는 듯하니, 참으로 천하의 보물이다." 하였다.[196] 만력(萬曆) 임진년(1592, 선조25)에 이르러 왜구가 그것을 보자 대단한 보물이라는 것을 알고 주둔지로 옮겨 놓았는데, 그 후에 그대로 주내 관관(官館) 안에 두었다. 인조(仁祖) 때에 한 영장(營將)이 철갑(鐵甲)을 만들고자 하였는데, 빗돌이 단단하고 치밀하므로 여기에서 철을 단련하는 바람에 돌이 다 부서졌다. 지금은 단지 깨진

196 이제현(李齊賢)이……하였다 : 《역옹패설(櫟翁稗說)》 후집(後集)에 실려 있다.

돌 몇 조각만 남아 있어서 문장은 이어지지 않는데, 자획은 여전히 기이하니 식자들이 애석해한다.

거둔사(居頓寺) 현계산에 있다. 고려 최충(崔冲)이 지은 승려 승묘(勝妙)의 비(碑)가 있다.

문수사(文殊寺) 치악산 서쪽 골〔洞〕에 있다.

상원사(上元寺) 치악산 상봉(上峯)에 있다. 지세가 가장 높고 상쾌하며, 편평하게 죽령(竹嶺)에 닿아 있다.

영원사(鴒原寺) 영원산성(鴒原山城) 안에 있다.

고적 古蹟

주천폐현(酒泉廢縣) 일명 학성(鶴城)이라고 한다. 주 동쪽 90리에 있다. 본래 고구려 주연현(酒淵縣)인데, 신라에서 주천(酒泉)으로 고치고 내성군(奈城郡)의 영현(領縣)으로 삼았다. 고려 현종(顯宗) 때 편입시켰다. 본조에서 그대로 따랐다.

영원성(鴒原城) 치악산 남쪽 등성이에 있다. 돌로 쌓았다. 둘레가 1031보[197]이다. 안에 우물 1개와 샘 5개가 있다. 신라 신문왕(神文王) 때에 쌓기 시작하였는데, 중도에 폐지되었다. 지금 다시 수축하였다.[198] ○《삼국사(三國史)》에 "궁예(弓裔)가 북원(北原)의 도적 양길(梁吉)에게 의탁하니, 양

197 1031보 : 《신증동국여지승람》 권46 〈강원도 원주목〉에는 '3749자'로 되어 있다.

198 지금 다시 수축하였다 : 1596년(선조29)에 강원도 관찰사 정구(鄭逑)가 왕명을 받아 수축하였다는 기록이 있다. 《記言 寒岡先生文集序》《동국여지지》 권7 〈원주목〉 명환에도 언급되어 있다.

길이 그에게 일을 맡기고 동쪽으로 땅을 침략하게 하였다. 이에 궁예가 나가 치악산의 석남사(石南寺)에 유숙하고, 다니면서 주천(酒泉), 내성(柰城), 울오(鬱烏),[199] 어진(御珍) 등의 현을 습격하여 다 항복시켰다." 하였다. 민간에 전해지기를 이 성은 양길이 점거했던 곳이고 뒤에 원충갑이 이곳을 점거하고 거란의 군사를 격파하였다고 한다.

금대성(金臺城) 주 동쪽 30리, 치악산 중턱에 있다. 돌로 쌓았다. 둘레가 6060자이며, 안에 우물이 3개 있다. 지금은 없어졌다. 주 사람 송필(松弼)이 이 성에 의거하여 반란을 일으켰으므로 주를 강등시켜 일신현(一新縣)으로 삼았다.

태종대(太宗臺) 치악산 동쪽에 있다. 우리 태종 공정왕(恭定王)이 원천석(元天錫)의 초막에 행차하였는데, 원천석이 피하여 만나지 않자 임금이 뒤쫓아서 치악산까지 갔으나 미치지 못하고 암석에서 쉬었다가 돌아왔다. 그로 인하여 후세 사람이 이렇게 이름하였다.

천왕사(天王寺) 주 동쪽 2리쯤에 있다. 지금은 없어지고 사청(射廳)이 되었다.

주천석(酒泉石) 주천현 남쪽 길가에 돌이 있는데 모양이 마치 반쪽이 깨진 돌 술통 같았다. 세속에서 전하기를 "돌 술통이 예전에 서천(西川) 가에 있었는데, 사람이 가서 마셔도 부족해진 적이 없다. 그런데 고을 아전이 왕래하는 것을 꺼려서 현에 옮겨 놓고자 하여 여러 사람들과 함께 옮기자 갑자

199 울오(鬱烏) : 지금의 평창군(平昌郡)이다. 《東史綱目 第5上 眞聖女主 小註》《동국여지지》 권7 〈평창군〉 건치연혁에는 "고구려 때 욱오현(郁烏縣)으로 일명 우오(于烏)라고 한다." 하였다.

기 우레와 천둥이 쳐서 돌이 부서졌다.[200]"라고 한다.

명환 名宦

고려

김부일(金富佾) 숙종조(肅宗朝)에 지원주사(知原州事)가 되어 명성과 치적이 있었다.

홍간(洪侃) 지원주사가 되었다.

조신(曺愼) 흥원창 판관(興原倉判官)이 되었다. 거란족이 침략해 오자 원충갑과 힘을 합쳐 방어하였다. 조신이 북채를 잡고 북을 치다가 화살이 오른팔을 관통하였는데, 북소리는 약해지지 않았다. 적의 앞 대열이 조금 퇴각하니, 뒤에 있는 자들이 놀라고 혼란에 빠져 저희들끼리 서로 짓밟았다. 이에 고을의 군사가 높은 곳에서 쳐서 적을 무너뜨리니 함성이 산악에 진동하고 시체가 계곡을 메웠다.

설장수(偰長壽) 원주 목사가 되었다. 문학으로 세상에서 칭송받았으며, 관직에 있으면서 정사를 행하는 데 옛 순리(循吏)의 풍도가 있었다.

하윤원(河允源) 원주 목사가 되었다. 정사의 임기가 만료되어 소환되자 치악산 승려 운감(云鑑)이 시를 지어 그에게 보냈다. 시에,

200 돌이 부서졌다 : 《신증동국여지승람》 권46 〈강원도 원주목〉에는 이 부분이 "돌이 부서져 3개로 되어 한 개는 못에 잠기고, 한 개는 어디 있는지 모르고, 한 개는 바로 여기 있는 돌이다."라고 되어 있다.

아이가 즐거워하며 어머니 곁에 있을 때에는 兒嬉在母側
어머니의 은혜와 사랑을 미처 알지 못한다네 恩愛尙未知
어머니가 떠나고 아이는 울부짖나니 母去兒啼號
추위와 굶주림이 엄습함을 어찌하리오 無乃逼寒飢
북원의 지난날 정사는 北原往日政
어질고 덕 있음이 곧 이와 같았네 仁德乃如斯
빛나도다 천년이 지난 뒤에 赫然千載下
다시 소남의 시[201]를 흠송하네 再頌召南詩

하였다.

본조

유관(柳寬) 공정왕조(恭靖王朝 정종)에 강원도 관찰출척사(江原道觀察黜陟使)가 되었다. 성품이 청렴하고 대범하며 추호도 법을 범함이 없었으므로 사람들이 감히 사적인 일로 청원하지 못하였다. 출척을 행할 때는 오직 공정하게 하고, 민생을 위무하여 편안하게 하기를 지극한 정성으로 하였다.

황희(黃喜) 공정왕조(恭定王朝 태종)에 강원도 관찰사가 되었다. 정사를 행하는 데 관대하고 온후하였으며 대체(大體)를 보존하기에 힘썼다. 당시 주군(州郡)에 흉년이 들었는데 위무하고 구휼하는 데에 정성을 다하였으므로 백성들이 그에 힘입어 온전히 살아남을 수 있었다.

전흥(田興) 판원주목사(判原州牧事)가 되었다. 관직을 맡아 선정(善政)을

201 소남(召南)의 시 : 《시경》 〈소남〉의 시를 말한다. 시의 내용은 주로 태평성대를 이룬 문왕(文王)의 교화를 노래하고 있다.

많이 행하였다. 성품이 인정이 많고 관대하여 죄인을 벌할 때마다 집행하는 자리에 참석하여 태(笞) 1대도 함부로 치지 못하게 하였다.

민정(閔貞) 원주 목사가 되어 은혜로운 정사를 행하였다.

이계손(李繼孫) 혜장왕조(惠莊王朝 세조)에 강원도 관찰사가 되었다. 당시 흉년이 들었는데 마음을 다해 진구(賑救)하였으므로 백성들이 힘입어 살아남았다. 임기가 만료되자 백성들이 1년을 더 있게 해 주기를 원하여 품계만 오르고 그대로 재임하였다.

상진(尙震) 공희왕조(恭僖王朝 중종)에 강원도 관찰사가 되었다. 관대하고 엄중하여 위엄과 은혜로움이 있었으며, 재임 중에 항상 형옥을 신중히 하였고 백성들의 고충을 깊이 생각하고 근심하였다.

김제갑(金悌甲) 소경왕조(昭敬王朝 선조)에 원주 목사가 되었다. 임진란 때 왜병이 거센 기세로 밀어닥치자 인근 고을의 수령들이 모두 달아나 숨으니, 김제갑이 탄식하며 말하기를 "나라를 지키는 신하는 난리에 임하여 오직 한 번 죽을 뿐이다." 하고, 홀로 영원산성을 보수(保守)하며 기계를 수리하고 정돈해 놓고 민중을 독려하여 항전하였다. 왜적이 대거 이르러 성이 함락당하자 왜적을 꾸짖으며 굽히지 않고 죽었다. 아들 김시백(金時伯)이 말하기를 "아버지가 돌아가셨으니 떠날 수 없다." 하고 끝내 아버지 시신 곁을 떠나지 않다가 왜적에게 살해당하였다.

한준겸(韓浚謙) 소경왕 임진년(1592, 선조25)에 원주 목사가 되었다. 당시 왜란을 막 겪은 때인데, 한준겸이 죽은 이를 조문하고 산 이들을 위문하며, 흩어져 떠난 이들을 불러 모으고 지쳐 쓰러진 이들을 진휼하며, 절의를 지킨 이들을 포상하고 사납게 날뛰는 이들을 가라앉히니, 온 지역이 그에 힘입었다.

정구(鄭逑) 소경왕조에 강원도 관찰사가 되었다. 당시 정유재란을 겪은 뒤인데, 군사와 백성들을 위무하고 진휼하는 데에 한결같이 정성을 다하였으므로 사람들이 모두 감복하였다. 영원산성을 중수하여 위급한 상황에 대비하였다.

유우 流寓

변안열(邊安烈) 본래 심양(瀋陽) 사람이다. 원(元)나라 말기의 병란으로 인해 고려 공민왕을 따라 우리나라로 와서 원주를 관향으로 하사받고 원주 원씨(原州元氏)인 판추밀원사(判樞密院事) 원의(元顗)의 딸에게 장가들었다. 안우(安祐)와 함께 홍건적(紅巾賊)을 격퇴시키고, 서울을 수복하여 보조 공신(輔祚功臣)이 되었다. 신우(辛禑) 때에 여러 번 왜적을 격파한 공이 있어 승진을 거듭하여 문하찬성사(門下贊成事)가 되었다. 또 도체찰사(都體察使)로서 우리 태조를 보좌하여 남원(南原)의 왜적을 쳐서 승첩을 거두고 돌아와 원천부원군(原川府院君)에 봉해졌다. 아들 변이(邊頤)는 관직이 좌군 도총제(左軍都摠制)에 이르렀다.

한백겸(韓百謙) 본조 서울 사람이다. 조부인 군수 한여필(韓汝弼)이 선대의 분묘가 있는 곳이라 하여 섬강(蟾江) 가에 별서(別墅)를 마련하였다. 이에 한백겸은 아우인 한준겸(韓浚謙)과 함께 어려서부터 왕래하였고 만년에는 대부분 이곳에서 살았다. 마을 사람들은 그의 행의(行義)에 감복하여 구암선생(久菴先生)이라 칭하였다. 관직은 호조 참의에 이르렀다. 한준겸도 일찍이 집을 옮겨 와서 농사를 지었는데, 임진왜란이 일어나자 원주 목사에 제수되었다.[202] 인열왕후(仁烈王后)도 이곳에서 태어났으므로 뒤에 국구(國舅)로서 부원군에 봉해졌다. 지금 그 거처한 곳이 모두 섬강 가에 있다.

인물 人物

고려

김거공(金巨公) 초명은 자표(子彪)이다. 성품이 청렴하고 근신하였으며, 서리(胥吏)로부터 시작하여 의종(毅宗) 때 여러 관직을 거쳐 지문하성사 호부상서(知門下省事戶部尙書)에 이르렀다. 사람됨이 용의(容儀)가 아름답고, 사령(辭令)을 잘하여 항상 합문(閤門)의 직임을 겸하였으며, 빈객을 접대하는 데 있어서 행동거지가 치밀하고 고상하였다.

원부(元傅) 과거에 급제하고 원종조(元宗朝)에 여러 번 승진하여 중서시랑평장사(中書侍郎平章事)가 되었다. 충렬왕 때에 중찬(中贊)에 제수되었는데, 일찍이 관아에서 물러 나와 밥을 먹은 뒤에 문생(門生)들과 앉아서 말하기를 "내가 외람되게 균형(鈞衡)의 우두머리가 되었으나[203] 재주가 뜻에

202 한준겸도……제수되었다 : 한준겸은 계축옥사 때 파직되어 원주에 내려와 농사짓고 살고 있었는데, 임진년(1592, 선조25) 왜란이 발발하자 서용되어 예조 정랑 등을 역임하였고, 그해 겨울에 당시 원주 목사인 김제갑이 순절하자 그 자리에 제수되었다.《愚伏集 卷20 輔國崇祿大夫領敦寧府事兼知春秋館事五衛都摠府都摠管西平府院君韓公行狀》

203 균형(鈞衡)의 우두머리가 되었으나 : 균형은 국가 정무의 중임을 담당하는 재상을 이르는데, 중찬(中贊)은 백관의 서무를 총괄하던 관아인 도첨의사사(都僉議使司)의 수장이므로 원부가 이와 같이 말하였다.

미치지 못한다. 세상의 여론이 어떠하냐?" 하니, 방우선(方于宣)이 대답하기를 "사람들이 말하기를 공께서 정사를 행하는 것이 그 성(姓)과 같다고 하니, 이른바 '원(元)' 자가 '원(圓)'과 음이 서로 비슷해서 하는 말입니다." 하였다. 이에 원부가 크게 웃으며 말하기를 "나는 내 성을 본받아 굴러서 여기에 이르렀다마는 너는 네 성을 본받는다면 장차 어느 곳에 그치겠느냐?" 하였다.

원충갑(元冲甲) 체구가 작달막한데 야무지고 용맹하였으며 눈동자가 번개처럼 빛나고 환란에 임해서는 자신을 잊었다. 처음에 향공진사(鄉貢進士)로서 본주 별초(別抄)에 예속되어 있었는데, 충렬왕 때에 합단(哈丹)이 이끄는 적군이 철령(鐵嶺)을 넘어 난입하여서는 원주에 주둔하여 노략질을 하였다. 원충갑이 6인을 거느리고 가서 그들을 내쫓고 적의 말을 빼앗았다. 적이 또 성 아래에 이르자 원충갑이 죽음을 불사하는 자 7인과 함께 적군 400기(騎)를 격파하였다. 적군이 다시 기(旗)와 북으로 기세를 펴며 성을 몇 겹 둘러싼 뒤 글을 보내 원충갑을 회유하자 원충갑은 그 사령을 베었다. 적이 더욱 성을 공격할 도구를 정비하여 온갖 계책으로 공격하니 성이 거의 함락되었다. 이에 원충갑은 조신(曺愼) 및 별장 강백송(康伯松)과 함께 분격하여 적장 도라도(都剌闍) 등 60여 명을 베고, 활을 쏘아 죽인 적군도 거의 절반이 되어 크게 패배시켰다. 이로부터 적들은 예봉이 꺾이면서 감히 여러 성을 공략하지 못하여 여러 성 또한 굳게 지켰으니, 모두 원충갑의 공력이었다. 충선왕(忠宣王) 때에 응양군 상호군(鷹揚軍上護軍)에 제수하고, 또 공신의 호를 하사하였다.

원충(元忠) 원부의 손자이다. 18세 때 소명을 받아 충선왕을 연경(燕京 북경)의 저택에서 모시고 예빈 내급사(禮賓內給事)에 제수되었다. 왕이 대언

(代言)에 제수하고자 하니, 원충이 연소하고 배우지 못했다는 이유로 굳이 사양하였다. 이에 왕이 노하여 지철주사(知鐵州事)로 폄척하여 내보냈다. 뒤에 밀직사를 거쳐 첨의찬성사에 이르렀다. 충숙왕(忠肅王)이 원나라에 머무를 적에 시종한 대신들이 모두 딴마음을 품고 있었는데, 원충만은 시종 절의가 한결같았다. 충혜왕(忠惠王) 초에 원나라에 하정사(賀正使)로 갔다가 그대로 원나라 황제의 명을 받아 호부(虎符)를 띠고 무덕장군 겸 제조정동도진무사사(武德將軍兼提調征東都鎭撫司事)가 되었다. 성품이 바르고 성실하였으며 속에 감추고 있는 것이 없었고, 일을 잘 처리하였다. 아들 원호(元顥)는 공민왕(恭愍王) 때에 찬성사가 되었다.

원선지(元善之) 원부의 손자이다. 충선왕이 원나라에 있을 때 소명을 받고 우부대언(右副代言)이 되고, 충숙왕 때에 여러 관직을 거쳐 동지밀직사사에 이르렀다. 당시 충선왕이 토번(吐蕃)으로 귀양 가고 충숙왕이 원나라에 머물게 되자 나라 사람들이 편을 갈라서 유언비어를 일삼는 자가 많았는데, 원선지는 정의를 고수하며 동요하지 않았다. 사람됨이 다재다능하여 일을 처리하는 데 안정되고 치밀하였으며, 거문고와 바둑을 잘하였다.

원송수(元松壽) 원선지의 아들이다. 충혜왕조에 과거에 급제하고, 바르고 곧으며 학문이 있었으므로 천거되어 시강(侍講)이 되었다. 공민왕조에 여러 관직을 거쳐 밀직사사 정당문학에 이르고, 관리를 선발하고 임용하는 일에 8년을 참여했는데 명기(名器)를 신중히 하여 조금도 사사로움을 두지 않았으므로 나라 사람들이 그가 재상의 기량이 있다고 일컬었다. 신돈(辛旽)의 뜻을 거슬러 파직되었고, 후에 신돈이 정사를 어지럽히는 것을 보자 근심하고 분노하다 죽었다. 시호는 문정(文定)이다.

원천석(元天錫) 학문에 독실하고 높은 뜻이 있었는데, 고려 말에 정치가 문란해짐을 보고 치악산에 은거하여 직접 농사지어 부모를 봉양하며 남이 알아주기를 구하지 않았다. 관찰사가 부(部)를 안찰할 때 이름이 군적(軍籍)에 오르자 원천석이 부득이 과거를 보러 갔는데 단번에 진사에 급제하였다. 그래도 벼슬길에 나가고 싶은 뜻이 없어서 물러나 향리로 돌아와 자호를 운곡거사(耘谷居士)라 하고 이색(李穡) 등 여러 사람과 더불어 서로 벗하며 잘 지냈다. 우리 공정왕(恭定王 태종)이 임금이 되기 전에 일찍이 원천석에게 배웠는데, 본조가 개국하면서 여러 번 불렀으나 이르지 않았다. 태종이 각림사(覺林寺)에 행차하면서 내처 그 초막을 찾아갔으나 원천석이 피하여 뵙지 않으므로 단지 예전의 밥 짓는 여종을 불러 음식물을 하사하고 돌아왔다.

원종량(元宗亮) 원충갑의 증손으로, 본도 안렴사가 되었다. 어버이를 효도로 섬기고 아버지가 죽자 3년간 여묘하니 그 마을에 정표(旌表)하였다.

본조

원효연(元孝然) 과거에 급제하고, 혜장왕조(惠莊王朝 세조)에 좌익 공신(佐翼功臣)으로서 원성군(原城君)에 봉하여졌다. 관직은 예조 판서에 이르렀고 시호는 문정(文靖)이다.

정종영(鄭宗榮) 본관은 초계(草溪)인데, 대대로 본주 사람이다. 조부 정윤겸(鄭允謙)은 무예(武藝)로서 관위(官位)가 봉군(封君)에 이르렀다.[204] 정

204 관위(官位)가 봉군(封君)에 이르렀다 : 정윤겸은 중종 14년(1519)에 청계군(淸溪君)에 봉해졌다.《湖陰雜稿 卷7 有明朝鮮國秉忠奮義靖國功臣嘉義大夫同知中樞府事兼五衛都摠府副摠管訓鍊院都正淸溪君鄭公神道碑銘》

종영은 어려서 아버지를 잃고 학문에 힘써 공희왕조(恭僖王朝 중종)에 과거에 급제하고, 사국(史局)에 들어가 검열이 되었다. 기묘사화 때 시사(時事)를 바르게 썼다 하여 화를 면하였다. 명종조(明宗朝)에 오랫동안 관각(館閣)에 있다가 외식으로 나가 강원도 관찰사가 되고 팔계군(八溪君)에 습봉(襲封)되었다. 뒤에 또 경상도 관찰사와 평안도 관찰사가 되었다. 소경왕조(昭敬王朝 선조)에 이조 판서로서 면직을 청하여 물러나니, 임금이 중사(中使)를 보내 한강 정자에서 전별하게 하였는데, 전송 나온 수레가 이루 헤아릴 수 없이 많아서 도로가 장관을 이루었다. 정종영은 청렴 검소하고 정직하였으며 성품이 바둑이나 풍악을 좋아하지 않았다. 4도 관찰사, 육조 판서를 지내면서 오직 공무를 봉행하기에만 부지런히 힘썼다. 공헌왕(恭憲王 명종)이 일찍이 청렴하고 근신한 신하를 선발하여 대궐 뜰에서 연회를 베풀어 주었는데, 정종영이 그 자리에 참여하였다. 하교하기를 "탐욕한 풍속이 날로 치성해서 시폐(時弊)를 바로잡고자 하여 특별히 권면하고 포장하는 뜻을 보이노라." 하고 명하여 약품과 초를 하사하였다. 손자 정기광(鄭基廣)은 관직이 강원도 관찰사에 이르렀다.

이기(李墍)

변협(邊協) 변안열의 후손이다. 활쏘기와 말타기를 잘하고 재주와 용맹이 남보다 뛰어났다. 공헌왕조에 무과에 합격하고 해남 현감(海南縣監)이 되었다. 당시 왜구가 연이어 주진(州鎭)을 함락시켰는데, 변협이 홀로 현성(縣城)을 보수(保守)하고 요격하여 크게 격파하였다. 또 포로로 잡힌 중국인을 풀어 보낼 것을 상주하니, 황제가 가상하게 여겨 포장(褒奬)하였다. 소경왕조에 여러 번 전라도, 평안도, 함경남북도 절도사를 역임하고 관직이 공조 판서에 이르렀다. 변협은 부모를 효도로 섬겼고, 관직 생활은 바르고 청백하였다. 일찍이 파주 목사(坡州牧使)를 지낼 때 《주역(周易)》을 이이(李珥)에게 강론받고, 천문과 산수를 모두 능통하게 깨우쳤으므로 세상 사람들이 양장(良將)이라고 일컬었다. 임진왜란 때 임금이 탄식하기를 "변협이 있었다면 어찌 왜적을 근심하겠는가." 하였다. 아들 변응성(邊應星) 또한 무장(武將)으로 이름을 드러내었다.

원호(元豪) 젊어서는 문(文)을 공부했는데, 무과에 급제하였다. 소경왕 때에 여러 관직을 거쳐 전라 수사(全羅水使)가 되었다. 임진왜란 때 강원도 방어사가 되어 여주(驪州)에 주둔한 적을 공격하여 패퇴시키고, 여러 곳에서 싸우다가 김화(金化) 진중에서 죽었다. 병조 판서에 증직되었다. 손자 원두표(元斗杓)는 정사 공신(靖社功臣)에 녹훈되고 원평부원군(原平府院君)에 봉해졌으며 관직은 좌의정에 이르렀다.

춘천도호부春川都護府

동쪽으로 양구현(楊口縣) 경계까지 89리이다. 남쪽으로 홍천현(洪川縣) 경계까지 65리이다. 서쪽으로 경기 가평현(加平縣) 경계까지 59리이다. 북쪽으로 낭천현(狼川縣) 경계까지 64리이다. 서울과의 거리는 205리이다.

한전旱田

수전水田

건치연혁建置沿革

옛 맥국(貊國)이다. 신라 선덕왕(善德王) 때 우수주(牛首州)로 수(首)는 두(頭)라고도 쓴다. 삼았고, 문무왕(文武王) 때에 수약주(首若州)라고 칭하였다. 일명 오근내(烏斤乃)라고 하고, 일명 수차약(首次若)이라고 한다. 경덕왕(景德王) 16년(757)에 삭주(朔州)를 설치하고 뒤에 광해주(光海州)로 고쳤다. 고려 태조(太祖) 23년(940)에 춘주(春州)로 삼았고, 성종(成宗) 14년(995)에 주를 폐지하여 단련사(團練使)라고 칭하고 안변부(安邊府)에 예속시켰다. 신종(神宗) 6년(1203)에 이르러 떼어 내 안양도호부(安陽都護府)로 삼았다. 주 사람들이 길이 험준하여 왕래하기 어려웠으므로 이때에 이르러 최충헌(崔忠獻)에게 뇌물을 주어 다시 떼어 내 부로 삼게 하였다. 뒤에 다시 춘주로 삼았다. 본조 공정왕(恭定王 태종) 13년(1413)에 춘천군(春川郡)으로 삼고, 15년(1415)에 도호부로 승격시켰다. 관장하는 면은 12개이다.

관원

부사(府使), 교수(敎授) 각 1인이다.

군명 郡名

맥국(貊國), 우수(牛首), 삭주(朔州), 광해(光海), 춘주(春州), 안양(安陽) 별호는 수춘(壽春)이다.

형승 形勝

동쪽으로 관령(關嶺)에 막히고, 서쪽으로 한도(漢都)에 통한다.

만산이 빽빽이 에워싸고 있고 두 물이 교차하여 만난다. 영서(嶺西) 지방은 모든 산근(山根)이 험하고 막혀 있어 평지가 없는데, 오직 춘천은 만산이 빽빽이 에워싸고 있는 가운데 평야가 사방으로 40여 리 펼쳐져 있으며, 두 물이 교차하여 만나니, 실로 영서의 한 도회지이다.

산은 대부분 북쪽에서 뻗어 오고, 강은 서쪽으로 흐른다. 본조 김시습(金

時習)의 〈소양정(昭陽亭)〉 시[205]에 "산은 대부분 북쪽에서 뻗어 오고, 강은 저절로 서쪽으로 흐른다.〔山多從北轉 江自向西流〕"라고 하였다.

봉산은 높다랗게 우뚝 솟아 있고, 한 필 누인 비단 같은 긴 강물이 흐른다. 본조 성현(成俔)의 시[206]에 "봉산은 높다랗게 천 길이나 우뚝 솟아 있고, 한 필 누인 비단 같은 긴 강물이 그 앞을 흐르네.〔鳳嶽高騫起千仞, 長河匹練流其前.〕"라고 하였다.

강산이 맑고 수려하다. 강산이 맑고 수려하며, 평야가 손바닥처럼 펼쳐져 있으니, 영서 지방의 명승지이다.

풍속 風俗

사람들 성품이 즐기고 욕심 부리는 것이 적다. 사람들 성품이 우직하고 성실하며 즐기고 욕심 부리는 것이 적으며 염치가 있다.

풍속이 순박하고 아름답다. 이선제(李先齊)가 말하였다.[207]

산천 山川

봉산(鳳山) 부 북쪽 1리에 있다. 진산(鎭山)이다.

205 김시습(金時習)의 소양정(昭陽亭) 시 : 〈소양정에 올라〔登昭陽亭〕〉이다. 《梅月堂集 梅月堂詩集 卷13》

206 성현(成俔)의 시 : 〈춘천 봉의루의 시에 차운하다〔次春川鳳儀樓韻〕〉이다. 《虛白堂集 詩集 卷10》

207 이선제(李先齊)가 말하였다 : 〈춘일소양강행(春日昭陽江行)〉에 "풍속이 순미하여 형벌에 부들 채찍〔風淳俗美示蒲鞭〕"이라고 하였다. 《東文選 卷8》

청평산(淸平山) 부 동쪽 44리에 있다. 옛 이름은 경운산(慶雲山)이다. 아름다운 골짜기 천석(泉石)은 대령(大嶺 대관령(大關嶺)) 서쪽에서 비견될 만한 곳이 드물다. 고려 이자현(李資玄)이 이 산에서 30여 년간 은거하였다.

○ 본조 이우(李堣)의 시[208]에,

길이 청평원을 지나는데	路過淸平院
산은 높고 물은 맑고 얕아라	山高水淸淺
가을 기운이 양 언덕에 모여 있고	秋氣集兩岸
바람 소리는 푸른 산에 메아리치네	颼飅響翠巘
천년토록 오히려 그윽이 홀로 있으니	千年尙幽獨
가히 고사의 자취를 상상할 만하다	可想高士踐
희이노인[209]은 재상집 맏아들로	希夷相門胄
표연히 벼슬을 사양하고는	飄然謝簪冕
한번 가서 서른 봄을	一去三十春
천 길 벼랑과 동고동락하였네	千仞同偃蹇

하였다. ○ 본조 허목(許穆)의 시[210]에,

청평산 푸른 빛 사명산에 이어지고	淸平積翠連四明
맑게 갠 날 푸른 부용 뾰족이 솟아 나온 듯	天晴削出靑芙蓉

208 이우(李堣)의 시 : 〈청평산을 지나며〔過淸平山〕〉이다. 《松齋集 卷1》

209 희이노인(希夷老人) : 별호가 희이자(希夷子)인 이자현(李資玄)을 말한다. 고려 성종 때 사람으로 벼슬을 그만두고 산수 유람을 하다가 청평산(淸平山)에 들어가 여생을 마쳤다. 조부는 문하시중을 지낸 이자연(李子淵)이며, 우승선을 지낸 이의(李顗)의 맏아들이다. 《高麗史 卷95 李資玄列傳》

210 허목(許穆)의 시 : 〈청평사(淸平寺)〉이다. 《記言 卷63》

산중의 폭포는 산중의 돌을 씻고　　山中瀑布灑山石
늙은 용 수염 드리워 흰 무지개 토해 내네　　老龍垂鬣吐白虹
석문에 이내 걷히니 동천이 고요하고　　石門煙開洞天靜
영지엔 담담하게 하늘이 잠겨 있네　　靈池澹澹涵虛空
새벽에 신선 골로 가서 천단에 절하고　　曉從仙洞禮天壇
길게 휘파람 불며 높은 봉우리에 기대었네　　嚧然長嘯倚高峯
희이노인은 지금 가고 없으나　　希夷老人今不在
내 이제 와서 그 뒤를 따를거나　　我來可以追遺蹤

하였다.

용화산(龍華山) 부 북쪽 111리에 있다.

백운산(白雲山) 부 서쪽 100리에 있다. 웅장하고 높게 자리하고 있어 운무(雲霧)가 대부분 산꼭대기에 있다. 그 서쪽은 바로 경기 영평현(永平縣) 경계이다.

화악산(華嶽山) 부 서쪽 90리에 있다. 세속에서 광악산(廣嶽山)이라고 칭한다. 백운산 동남쪽으로 홀로 일어나 이 산이 되었는데, 극히 거대하고 드높다. 허목의 유산록(游山錄)[211]에 "화악산은 춘천과 가평 경계에 있으며 둘레가 300여 리인데, 가장 웅장하고 빼어나며, 운무가 진종일 산 정상에 있다." 하였다.

대룡산(大龍山) 부 동쪽 20리에 있다. 일명 여매압산(汝每押山)이라고 한다.

석파령(席破嶺) 부 서쪽 28리에 있다. 매우 높고 험하다.

우두산(牛頭山) 부 북쪽 13리에 있다.

211 허목의 유산록(遊山錄) : 〈백운산(白雲山)〉이다. 《記言 卷27》

사인암산(舍人巖山) 부 북쪽 45리에 있다. 산 위에 뭇 돌이 우뚝 서서 높이 솟아 있는데 세속에서 사인암이라고 칭한다. 골짜기가 맑고 기이하며 그윽하고 절묘하여 참으로 풍경이 빼어난 곳이다.

고난산(古蘭山) 옛 난산현(蘭山縣)에 있다. 부와의 거리는 서북쪽으로 35리이다. 세속에서 고만(高巒)이라고 칭한다.

실운동(實雲洞) 부 서북쪽 90리, 백운산과 화악산 사이에 있다. 험한 암벽 협곡 어귀에서 시내를 따라 15리를 가면 그 가운데가 넓고 평평하다. 지금은 사창(社倉)을 설치하였다.

회수(淮水) 그 원류는 회양부(淮陽府)의 화천현(和川縣)에서 나와 금성(金城)과 낭천(狼川)을 지나 남쪽으로 흘러 부 경계에 들어온다. 부 북쪽 42리에 이르러 나루가 있는데 모진(母津)이라고 하고, 부 서북쪽 10리에 이르러 소양강(昭陽江)과 합한다. 또 남쪽으로 60여 리 흘러 가평 경계에 들어간다.

소양강(昭陽江) 그 원류는 인제(麟蹄)의 서화현(瑞和縣)에서 나와 부의 기린현(基麟縣) 물과 합하고, 서쪽으로 흘러 양구현(楊口縣) 남쪽 경계를 지나 부 동북쪽에 이르러 청연(青淵)과 주연(舟淵)이 된다. 또 봉산 북쪽을 지나 부 서북쪽 10리에 이르러 회수와 합한다.

영지(影池) 청평산 아래에 있다. 산 중턱에 견성암(見性菴)이 있는데 못 안에 거꾸로 비치므로 이로써 이름을 얻었다. 못의 양쪽 모퉁이에 돌을 쌓아 물을 막았다. 물빛이 맑고 투명하며 물이 새서 마르기 쉬울 것 같으나, 가물어도 마르지 않고 비가 와도 넘치지 않는다. ○ 본조 김상헌(金尙憲)의 시[212]에,

212 김상헌(金尙憲)의 시 : 〈청평록(淸平錄)〉 중 〈영지(影池)〉이다. 《淸陰集 卷10》

고인 물은 천년 동안 맑은 빛 일색이니 止水千年一色淸
상방의 고운 단청이 맑은 못에 거꾸로 비치네 上方金碧倒空明
객은 와서 허연 머리 비치는 건 부끄럽지만 客來羞照星星鬢
애오라지 연못가에 가서 갓끈을 씻어 보네 聊就池邊試濯纓

하였다.

토산 土産

옻〔漆〕, 잣〔海松子〕, 안식향(安息香), 매〔鷹〕, 영양(羚羊), 꿀〔蜂蜜〕, 황랍(黃蠟), 차조〔朮〕, 당귀(當歸), 오미자(五味子), 지치〔紫草〕, 인삼(人蔘), 복령(茯苓), 송이버섯〔松蕈〕, 석이버섯〔石蕈〕, 황양(黃楊), 속새〔木賊〕, 누치〔訥魚〕, 여항어(餘項魚), 쏘가리〔錦鱗魚〕

공서 公署

보안도 찰방사(保安道察訪司) 부 동쪽 5리에 있다. 보안(保安), 원창(原昌), 안보(安保), 천감(泉甘), 인람(仁嵐), 부창(富昌), 연봉(連峯), 창봉(蒼峯), 갈풍(葛豐), 오원(烏原), 안흥(安興), 단구(丹丘), 유원(由原), 안창(安昌), 신림(神林), 신흥(神興), 양연(楊淵), 연평(延平), 약수(藥水), 평안(平安), 벽탄(碧呑), 호선(好善), 여량(餘糧), 임계(臨溪), 고단(高丹), 횡계(橫溪), 진부(珍富), 대화(大和), 방림(方林), 운교(雲交) 등 30개 역을 관할한다. ○ 찰방(察訪) 1인이 있다.

학교 學校

향교(鄕校) 부 동쪽 5리에 있다.

문암서원(文巖書院) -원문 3, 4자 결락-에 있다. 본조 이황(李滉)이 일찍이 이곳에 유람하였으므로 후인들이 그를 사모하여 서원을 세워 제사를 지내고, 그대로 선비들의 학문을 닦는 장소로 삼았다.

궁실 宮室

객관(客館)

소양정(昭陽亭) 부 북쪽 6리, 소양강(昭陽江) 동쪽 언덕에 있다. 일명 이요루(二樂樓)라고 한다. ○ 고려 유숙(柳淑)의 시에,

강변의 봄기운은 연기인지 아닌지	江邊春氣煙非煙
비 온 뒤 강머리에는 꽃이 활짝 피었네	江頭花開雨後天
목란 배는 밝은 거울 같은 강물을 오가고	蘭橈來往明鏡裏
솔 정자는 병풍 같은 절벽 앞에 보일락 말락 한다	松亭掩映屛風前
이곳 경치와 풍물이 사람의 뜻에 마침맞아서	此間景物稱人意
천천히 말 가는 대로 맡겨 두고 채찍 안 드노라	徐行信馬不動鞭
좋은 때 좋아하는 뜻 헛되이 저버리지 말라	良辰樂意莫辜負
머리 위에서는 세월이 콸콸 흐르는 물 같으니	頭上歲月如奔川
정자 앞 큰 들이 하늘과 함께 저 멀리 있어서	亭前大野天共遠
난간에 기대 눈을 돌려 보니 마음이 시원하다	倚欄縱目心豁然
춤추는 자리에 낙화 나부끼고	落花紛紛飄舞席
거문고 소리에 맞추어 봄 새가 화답한다	春禽嚶嚶和管絃

기쁘다 내가 승지에서 노는 날이	喜予勝境遊觀日
마침 백성들이 풍년가 부르는 해로다	正値民居富庶年
세상 공명은 살구와 매실 같아서	世間功名杏與梅
어리석은 아이들 속히 갖고사 속 태우네	癡兒欲速焦中懷
나는 이제 늙고 병들어 백에 하나도 쓸모없나니	我今老病百無用
우물 쳐 놓고도 먹지 않아 짙은 이끼만 끼었구나	井渫不食生陰苔
옛적의 현인과 달사 지금 어디 있는고	古來賢達今安在
큰 강물은 동으로 흘러 다시 못 돌아오네	大江東流不復廻
술 단지 앞에 두고 한바탕 웃기도 쉽지 않기에	樽前一笑不易得
꽃 마주하고 억지로 두세 잔 마시노라	對花强飮三兩盃
인생사 모이고 흩어짐을 일러 무엇하리	人生聚散何足道
세상일 눈앞에 날리는 티끌 같구나	世事過眼隨飛埃
배회하여 옛 자취 찾으며 공연히 탄식하노니	徘徊弔古空嘆息
천년 묵은 부러진 비석이 풀덤불에 묻히었네	千年斷碣埋山萊
시와 술로써 봄빛에 수작해야지	要將詩酒酬春色
꽃 없어지고 나서 공연히 적막해하지 말라	莫待無花空寂寞
내일 아침 여윈 말 타고 서쪽 강 건너노라면	明朝瘦馬西渡江
황홀하기 한바탕 꿈에 요대의 객이 된 것 같으리[213]	怳如一夢瑤臺客

하였다. ○ 본조 김상헌의 시[214]에,

213 황홀하기……같으리 : 요대(瑤臺)는 신선이 사는 곳을 말한다. 마치 신선 세계에 놀러 갔다 온 것 같다는 말이다.
214 김상헌의 시 : 〈청평록〉 중 〈소양정(昭陽亭)〉이다. 《淸陰集 卷10》

삼월에 소양강 가 있는 누각 올라 보니	三月昭陽江上樓
누각 앞의 형승 정말 노닐기에 적당하네	樓前形勝最堪遊
땅은 멀고 하늘 높아 등각[215]과 흡사하고	地迥天高擬滕閣
물가 맑고 모래 희어 기주[216]와도 비슷하네	渚淸沙白似夔州
살구꽃은 이미 지고 복사꽃도 져 가는데	杏花已落桃花老
왕손께선 아니 와서 봄풀들은 시름하네	王孫未歸芳草愁
술 취하여 기둥 기대 휘파람을 길게 부니	酒酣倚柱發長嘯
서산에 지는 해가 우두산에 비치네	西山落日射牛頭

하였다.

봉의루(鳳儀樓) 객관 북쪽에 있다. ○ 본조 성현의 시[217]에,

편평한 교외 아득히 푸른 연기 비껴 있는데	平郊渺渺橫蒼煙
사방 산봉 사이사이로 푸른 하늘 열리었네	亂山缺處開靑天
봉산은 높다랗게 천 길이나 우뚝 솟아 있고	鳳嶽高騫起千仞
한 필 누인 비단 같은 긴 강물이 그 앞을 흐르네	長河匹練流其前
내가 와서 오늘 이 강가에 이르러	我來今日到江上
오만 경치 거둬 모아 시로 읊노라	收拾萬象歸吟鞭
무창의 버들[218]은 서쪽 물가에 우거지고	武昌楊柳暗西渚

215 등각(滕閣) : 중국 강서성(江西省)에 있는 등왕각(滕王閣)을 말한다.

216 기주(夔州) : 중국 강서성에 있는 운양(雲陽), 무산(巫山) 등의 지역으로 경관이 아름다운 곳이다.

217 성현의 시 : 〈춘천 봉의루의 시에 차운하다(次春川鳳儀樓韻)〉이다.《虛白堂集 詩集 卷10》

218 무창(武昌)의 버들 : 진(晉)나라의 명장(名將) 도간(陶侃)이 일찍이 무창의 여러 군영(軍營)에 버들을 심은 고사에서 나온 말이다.《晉書 陶侃列傳》 전하여 무창의 버들은 후세에 버들의 범칭으로 쓰였다.

한양의 높은 숲[219]은 맑게 갠 강과 나뉘었네	漢陽雲樹分晴川
지는 해에 난간 기대 끝없이 바라보노라니	憑欄落日望不極
이 내 신세 바람 타고 가벼이 나는 듯하구려	馭風身世飄飄然
고금의 영웅 그 몇이나 여기 올라 조망하고	英雄古今幾登眺
이별의 자리에 관현악 성대히 울리었던고	離筵急管催繁絃
산과 시내 연기와 달빛은 예전 그대로련만	溪山煙月自朝暮
사람은 옛사람 아니요 해도 그 해 아니로다	人非昔人年非年
대제의 아녀자들 낙매화를 노래하여[220]	大堤兒女歌落梅
하 많은 나그네 시름 회포 일으키네	惹起多少行人懷
화창한 봄바람이 비를 불어 날려 대니	東風澹蕩吹飛雨
떨어진 꽃잎은 점점이 거친 이끼에 묻히고	落花點點埋荒苔
꽃과 이끼 다 시들고 우는 새도 흩어져라	花殘苔老啼鳥散
한번 가 버린 봄 풍광은 어느 때나 돌아올꼬	春光一去何時回
시름을 푸는 덴 굳이 옥해주[221]를 쓸 것 없고	澆愁不用玉薤酒

219 한양(漢陽)의 높은 숲 : 양주 북한강(北漢江) 가의 숲을 가리켜 한 말이다. 당대(唐代) 시인 최호(崔灝)가 지은 〈황학루(黃鶴樓)〉의 "갠 냇물엔 한양의 숲이 역력히 비치고, 향기로운 풀은 앵무주 물가에 무성하도다.〔晴川歷歷漢陽樹, 芳草萋萋鸚鵡洲.〕"라는 시구에서 나온 말이다.

220 대제(大堤)의……노래하여 : 대제는 호북성(湖北省) 양양현(襄陽縣)에 있던 제명(堤名)이고, 〈낙매화(落梅花)〉는 옛 적곡(笛曲)의 이름이다. 여기서는 강가의 아녀자들이 피리 부는 것을 비유한 말이다.

221 옥해주(玉薤酒) : 미주(美酒)의 이름이다. 당 태종(唐太宗)이 일찍이 위징(魏徵)에게 준 시에 "영록은 난생보다 낫거니와, 취도는 옥해보다도 훨씬 좋네. 천 일 동안 취하여 깨지를 않고, 십 년 동안 맛도 변하질 않는다네.〔醽醁勝蘭生, 翠濤過玉薤. 千日醉不醒, 十年味不敗.〕"라고 하였다.《全唐詩 卷1 賜魏徵詩》

숱만 있으면 굳이 유하배[222]를 원할 것 없네 有酒不必流霞杯
강물은 출렁출렁 흐르고 돌들은 깨끗해라 江流漾漾石鑿鑿
소양강 그 어디서 잔 먼지나마 볼 수 있으랴 昭陽何處迷纖埃
인간에 이런 승경 참으로 만나기 어렵거니 人間勝地眞難遇
왜 굳이 바다 속의 봉래산을 찾을 필요 있나 何用跨海尋蓬萊
온갖 마을 복사꽃 오얏꽃이 아양을 떨어대니 千村桃李媚顔色
벼슬살이 심정 나그네 회포 둘 다 적막하구려 宦情羈懷兩寂寞
넓적다리 살 반쯤 줄고[223] 귀밑털 반쯤 셌어라 髀肉半消鬢半蒼
그대는 부디 멀리 노니는 나그네 되지 말게나 勸君莫作遠遊客

하였다.

창고倉庫

소양창(昭陽倉) 부 북쪽 5리에 있다. 앞에 강물을 대하고 있다. 본부 및 홍천(洪川), 인제(麟蹄), 양구(楊口), 낭천(狼川) 등 관아의 전세(田稅)를 수납하여 서울까지 조운한다.

222 유하배(流霞杯) : 유하는 선인(仙人)의 음료로 역시 미주를 의미한다. 《논형(論衡)》〈도허(道虛)〉에 항만도(項曼都)라는 사람이 "선인이 나에게 유하 한 잔씩을 먹여 주었는데, 한 잔을 마실 때마다 수개월 동안 배가 고프지 않았다." 하였다고 한다.

223 넓적다리……줄고 : 말을 타고 사방을 많이 돌아다닌 때문에 넓적다리의 살이 빠진 것을 의미한다. 촉한(蜀漢)의 유비(劉備)가 형주(荊州)의 유표(劉表)에게 의탁하고 있을 때, 유비가 한 말 중에 "내 몸은 항상 말의 안장을 떠나지 않았기 때문에 넓적다리의 살이 다 빠져서 홀쭉했는데, 지금은 말을 타지 않은 탓으로 넓적다리의 살이 이미 쪄 버렸다."라고 한 데서 나온 말이다. 《三國志 蜀書 先主傳 注》

우역 郵驛

보안역(保安驛) 부 동쪽 5리에 있다. 찰방사(察訪司) 본역(本驛)이다.

원창역(原昌驛) 부 남쪽 30리에 있다.

안보역(安保驛) 부 서쪽 42리에 있다.

인람역(仁嵐驛) 부 서쪽 45리에 있다.

부창역(富昌驛) 부 동쪽 50리에 있다.

약사원(藥師院) 부 남쪽 5리에 있다.

율장원(栗長院) 부 서쪽 50리에 있다.

청평원(淸平院) 부 북쪽 40리에 있다.

덕두원(德頭院) 부 서쪽 25리에 있다.

관량 關梁

-원문 다수 결락-

신연나루〔新淵渡〕 부 서남쪽 15리에 있으니, 바로 소양강진나루〔昭陽江津渡〕이다.

사묘 祠廟

사직단(社稷壇) 부 서쪽에 있다.

문묘(文廟) 향교에 있다.

성황사(城隍祠) 봉산에 있다.

여단(厲壇) 부 북쪽에 있다.

능묘 陵墓

신숭겸(申崇謙) 묘 부 서쪽 10리에 있다. 세 개의 큰 무덤이 있는데, 세상에서 전하기를 그중 2개는 의총(疑塚)이라고 한다.

사찰 寺刹

문수사(文殊寺) 청평산 아래에 있다. 바로 이자현이 거주한 곳이다. ○ 고려 김부철(金富轍)의 기문(記文)에 "춘주 청평산은 옛 경운산이고, 문수원(文殊院)은 옛 보현원(普賢院)이다. 처음에 선사(禪師) 승현(承玄)이 당(唐)나라에서 신라에 왔는데, 광묘(光廟 광종) 24년(973)에 처음 경운산에 와서 난야(蘭若)를 창건하고 백엄선원(白嚴禪院)이라고 하였으니, 이때는 대송(大宋) 개보(開寶) 6년이다. 문묘(文廟 문종) 23년(1069)에 고(故) 산기상시(散騎常侍) 이공(李公) 의(顗)가 춘주도 감창사(春州道監倉使)가 되었는데, 경운산의 빼어난 풍경을 사랑하여 마침내 백엄선원의 옛터에 나아가 절을 지어 보현원이라 하였으니, 이때는 희령(熙寧) 1년이다.[224] 그 뒤에 희이자(希夷子)가 관직을 버리고 이곳에 은거하였는데, 도적의 횡행이 그쳤고 호랑이, 이리 등도 자취를 감추었다. 이에 산 이름을 바꾸어 청평산이라고 하고 원명(院名)을 문수(文殊)라 하여 그대로 증축하고 보수하였다. 희이자는 이공의 장남이니 이름은 자현(資玄)이고 자(字)는 진정(眞精)이다.

224 문묘(文廟)……1년이다 : 《신증동국여지승람》 권46 〈강원도 춘천도호부〉 불우에는 '문묘 23년 무신(戊申)'으로 되어 있는데, 무신년은 문묘 22년이다. 또 희령 1년도 문묘 22년이므로 23년은 22년의 오류인 듯하다.

산에 머문 지가 무릇 37년이 된다고 한다." 하였다. ○ 절에 장경비(藏經碑)가 있으니, 승려 성징(性澄)이 원(元)나라 태정제(泰定帝 진종(晉宗))의 황후에게 올렸다는 불경을 이 절에 보관하였고, 충숙왕(忠肅王)이 명을 내려 이제현(李齊賢)에게 비문을 찬술하게 하였다.[225]

우두사(牛頭寺) 우두산에 있다. 지금은 없어지고 유지(遺址)가 강가의 평평한 언덕에 있어 대(臺)를 이루었는데, 형승이 소양정에 버금갔다.

고적 古蹟

고난산현(古蘭山縣) 본래 고구려의 석달현(昔達縣)인데, 신라 경덕왕이 난산(蘭山)으로 고치고 우두주(牛頭州)의 영현(領縣)으로 삼았다. 부 서북쪽 35리에 있다. ○ 살피건대 김부식(金富軾)의 《삼국사기(三國史記)》〈신라본기(新羅本記)〉에 말하기를 "애장왕(哀莊王) 5년(804)에 우두주의 난산현에 엎어져 있던 돌이 일어섰다." 하였고, 〈지리지(地理志)〉에서는 "난산을 삭정군(朔庭郡)의 영현으로 삼았다." 하였으니, 대개 경덕왕이 비열홀(比列忽)을 고쳐 삭정(朔庭)으로 삼고, 우수주(牛首州)를 고쳐 삭주(朔州)로 삼았는데, 김부식이 삭주, 삭정 두 곳을 잘못 고증하여 삭주를 삭정이라 한 것이다.

봉산고성(鳳山古城) 돌로 쌓았다. 둘레가 2463자이다. 지금은 무너지고 없어졌다.

225 충숙왕(忠肅王)이……하였다 : 〈유원 고려국 청평산 문수사 시장경비(有元高麗國淸平山文殊寺施藏經碑)〉이다. 《益齋亂稿 弟7》

맥국고도(貊國古都) 소양강 북쪽에 있다. 부와의 거리는 북쪽으로 13리이다.

기린폐현(基麟廢縣) 부 동쪽 140리에 있다. 본래 고구려 기지군(基知郡)인데, 고려에서 기린(基麟)으로 고치고 그대로 병합시켰다. 본조에서 그대로 따랐다.

명환 名宦

신라

수승(守勝) 진덕왕(眞德王) 1년(647)에 대아찬(大阿湌) 수승을 우수주(牛首州) 군주(軍主)로 삼았다.

체원(體元) 효소왕(孝昭王) 7년(698)에 이찬(伊湌) 체원을 수약주(首若州) 총관(摠管)으로 삼았다.

고려

견권(堅權) 태조 때에 춘주(春州)를 진수(鎭守)하였다.

최약(崔瀹) 예종조(睿宗朝)에 국가가 한가하여 왕이 사부(詞賦)를 숭상하며 놀고 연회하는 것을 좋아하였다. 일찍이 서경(西京)의 대동강(大同江)에서 잔치를 열고 시신(侍臣)들과 더불어 창화(唱和)하였는데, 최약도 지제고(知制誥)로서 따라갔다가 글을 올려 간하기를 "제왕은 마땅히 경술을 좋아하여 날마다 고아한 유자들과 더불어 정사와 이치에 대해 서로 묻고 논의해야 합니다. 어찌하여 조충(雕蟲)만 일삼아 경박한 사신(詞臣)들과 더불어 음풍농월하면서 천심을 잃으십니까?" 하였다. 사신이 틈을 타서 그를 참소하니, 왕이 노하여 최약을 좌천시켜 춘주 부사(春州府使)로 삼았는데, 얼마 안 되어 소환하였다.

강창서(姜彰瑞) 희종(熙宗) 때에 합문 지후(閤門祗候)를 거치고 외직으로 나가 춘주의 수령이 되었다. 수령을 그만둔 뒤에 고향에서 여생을 보냈다.

조효립(曺孝立) 고종(高宗) 때 문학을 지내고 춘주에서 살았다. 몽고군이 침공하여 성을 두세 겹으로 포위하고 목책을 세우고 참호를 파고는 여러 날 동안 공격하니, 성안의 샘과 우물이 다 말라서 우마를 죽여 피를 마셨다. 사졸들이 몹시 지치게 되자 조효립은 성이 지켜지지 못할 것을 알고 아내와 함께 불에 뛰어들어 죽었다.

이첨(李詹) 공민왕조(恭愍王朝)에 전백영(全伯英)과 더불어 상소하여 이인임(李仁任)과 지윤(池奫)을 베라고 청하다가 지춘주사(知春州事)로 폄척되었다.

민제(閔霽) 신우(辛禑) 때 지춘주사로서 분명한 처결과 훌륭한 정사로 알려졌다.

본조

조주(趙注) 장헌왕조(莊憲王朝 세종)에 춘주 부사가 되었다. 청렴하고 신중하여 은혜로운 정사를 행하였다.

유우 流寓

이자현(李資玄) 고려 인주(仁州) 사람이다. 성품이 총명하고 영민하였으며, 과거에 급제하여 대악서 승(大樂署丞)이 되었는데, 갑자기 관직을 버리고 춘주 청평산에 들어가 거친 밥에 베옷을 입고서 도(道)로써 자락(自樂)하였다. 예종이 차와 향을 하사하고 여러 번 조서를 보내 징소하자, 이자현이 아뢰기를 "신이 처음 도성 문을 나올 적에 두 번 다시 서울 땅을 밟지 않겠다고 맹세하였습니다." 하고는 마침내 표문을 올리기를 "새의 본성대로 새를 길러서 종고(鍾鼓)의 걱정이 없게 하시고,[226] 물고기를 관찰하여 물고기를 알아서 강호를 좋아하는 물고기의 본성을 이루게 해 주소서.[227]" 하니, 왕이 그를 부를 수 없음을 알았다. 남경(南京)에 행차하면서 그 아우인 상서 이자덕(李資德)을 보내 시를 하사하여 회유하니, 이자현이 행재소로 나아갔다. 왕이 말하기를 "이 노인의 도덕을 오래도록 사모해 왔다." 하고 명하여 전(殿)에 오르게 한 다음 절하고 앉았다. 임금이 성품을 기르는 요체를 물으니, 대답하기를 "욕심을 적게 가지는 것이 가장 좋습니다." 하고 이어 〈심요(心要)〉 1편을 올렸다. 얼마 안 되어 산에 돌아가겠다고 굳이 청하여, 도복(道服)을 하사받고 돌아가 청평산에서 졸하였다. 진락(眞樂)이라는 시호를 하사하였다.

226 새의……하시고 : 《장자(莊子)》〈지락(至樂)〉에서 인용한 말이다. 옛날에 바닷새가 노(魯)나라 교외에 날아와 머물자 노나라 임금이 이 새를 맞이하여 종묘에서 술을 마시게 하고 순(舜) 임금의 구소(九韶) 음악을 연주하며 태뢰의 희생을 갖추어 대접하였으나, 새는 근심과 슬픔으로 사흘 만에 죽어 버렸으니, 이는 자신을 기르는 방법으로 새를 길렀지 새를 기르는 방법으로 새를 기르지 않았기 때문이라고 하였다. '종고(鐘鼓)의 걱정'은 벼슬살이하는 근심을 궐 안에 갇혀 종묘 대례에 울리는 음악을 듣는 새의 처지에 비유한 말이다.

227 물고기를……주소서 : 《장자》〈추수(秋水)〉에 장자가 혜자(惠子)와 대화하면서 호수(濠水)에서 한가롭게 헤엄치는 물고기를 보고 물고기의 즐거움을 알았다고 하는 내용에서 나온 말로, 강호에서 은거하며 사는 즐거움을 누리도록 해 달라는 말이다.

인물 人物

고려

신숭겸(申崇謙) 본래 곡성현(谷城縣) 사람인데, 뒤에 광해주(光海州) 사람이 되었다. 초명은 능산(能山)이다. 체격이 장대하며 무용(武勇)이 있었다. 처음에는 궁예(弓裔)의 장군이 되었는데, 배현경(裵玄慶) 등과 함께 태조를 추대하여 일등공신을 하사받았다. 태조와 견훤(甄萱)이 공산(公山)의 동수(桐藪)에서 크게 전투하였는데 불리하게도 견훤의 군사가 태조를 포위하여 위급해졌다. 신숭겸이 당시 대장이었는데 외모가 태조와 비슷하였고, 그 사태가 긴급해졌다는 것을 알자 태조의 수레를 대신 타고 힘써 싸우다가 죽었다. 태조가 애도하여 그 아우 신능길(申能吉)과 아들 신보락(申甫樂)을 모두 원윤(元尹)으로 삼았다. 시호는 장절(壯節)이고, 뒤에 태조 묘정에 배향하였다. 평산부(平山府)에도 보인다.

왕유(王儒) 본성은 박(朴)이다. 성품이 질박하고 곧으며 경사(經史)에 능통하였다. 처음에는 궁예에게 벼슬하여 관직이 동궁 기실(東宮記室)에 이르렀는데, 궁예의 정사가 문란함을 보고 화를 입을까 두려워 삭발하고 중이 되어 산골짜기에 은거하였다. 태조가 즉위했다는 소식을 듣고 나와 알현하니, 태조가 말하기를 "지금 경이 온 것은 부암(傅巖)과 위빈(渭濱) 같은 인사(人士)를 얻은 것[228]과 같다." 하고, 바로 관대를 하사하고 요긴한 정무

228 부암(傅巖)과……것 : 부암은 부열(傅說)로, 은(殷)나라의 고종(高宗)이 꿈에 어진 보필을 보고 그 형상을 그려 널리 찾게 하였는데, 부암 들판에서 일하고 있는 부열을 찾아 재상을 삼았다는 고사가 있다.《書經 說命上》 위빈(渭濱)은 태공망(太公望)으로, 주(周)나라의 문왕(文王)이 사냥을 나갔다가 위수(渭水) 가에서 낚시질을 하고 있는 태공망을 만나 맞아들인 고

를 담당하게 하였는데, 공이 있어 마침내 왕씨(王氏) 성을 하사하였다.

전원균(田元均) 관직이 안렴사에 이르렀다.

박항(朴恒) 초명은 동보(東甫)이다. 향공(鄕貢)으로 과거에 급제하였다. 고종 때 몽고군이 주를 함락시켰는데, 부모의 시신을 찾았으나 찾지 못하자 모습이 비슷하면 모두 거두어 묻어 주니 300여 인에 이르렀다. 충렬왕(忠烈王) 때에 원나라가 일본을 정벌하면서 본국에게 전함, 군량, 기계(器械)를 준비하도록 명령하였다. 본국의 피폐함이 매우 극심하였는데도 원나라 장수 흔도(忻都) 등이 몹시 급박하게 감독하였으므로 능히 감당할 힘이 없었다. 박항이 왕에게 아뢰어 김방경(金方慶) 등을 원수(元帥)로 삼아 권한이 타국 사람에게 돌아가지 않게 황제에게 주달하도록 하였으니, 당시에 그 유능함을 칭송하였다. 관직은 찬성사에 이르렀다. 시호는 문의(文懿)이다.

조금(趙錦)[229] 부창역 역리의 아들이다. 어려서부터 지극한 정성으로 어버이에게 효도로 봉양하였다. 그 어머니가 겨울에 병이 들어 생선을 먹고 싶어 하자 조금이 얼음을 깨니 한 쌍의 물고기가 뛰어나왔다. 절일(節日)에는 반드시 술을 마련하여 향리의 부로(父老)를 맞이함으로써 부모의 마음을 기쁘게 하였다. 아버지가 72세에 죽으니, 조금은 몹시 슬퍼하여 예를 지나쳤다. 어머니가 연로하여 일어나지 못하게 되니 조금이 항상 부축하여 눕히고 일으키고 하였으며, 직접 찬구(饌具)를 손에 잡았다. 일찍이 축수를 올리려고 할 때 갑자기 산의 사슴이 스스로 들어왔다. 이에 사람들이

사가 있다.《史記 齊太公世家》

229 조금(趙錦) : 《신증동국여지승람》 권46 〈강원도 춘천도호부〉 효자(孝子)에는 앞에 '高麗'가 더 있다. 《성종실록(成宗實錄)》 6년 3월 21일, 《속삼강행실도(續三綱行實圖)》 〈조금획록(趙錦獲鹿)〉에 근거할 때 앞에 '本朝'가 있어야 한다.

모두 효성에 감응되었기 때문이라고 여겼다. 일이 보고되자 성종(成宗)이 정려(旌閭)하고 복호(復戶)하라고 명하였다.

정선군旌善郡

동쪽으로 삼척부(三陟府) 경계까지 74리이다. 서쪽으로 평창군(平昌郡) 경계까지 33리이다. 남쪽으로 같은 군 경계까지 43리이다. 북쪽으로 강릉부(江陵府) 경계까지 44리이다. 서울과의 거리는 496리이다.

한전 旱田

수전 水田

건치연혁 建置沿革

본래 고구려 잉매현(仍買縣)인데, 신라 경덕왕(景德王) 때 정선(旌善)으로 고치고 명주(溟州)의 영현(領縣)으로 삼았다. 고려 현종(顯宗) 때 그대로 병합시켰고, 뒤에 다시 정선군을 설치하였다. 본조에서 그대로 따랐다. 관장하는 면은 □개이다.

관원

군수(郡守), 훈도(訓導) 각 1인이다.

군명 郡名

잉매(仍買) 별호는 삼봉(三鳳)이다. 도원(桃源)이라고도 칭하였다.

형승 形勝

지경이 으슥하고 깊으며, 산이 많고 땅이 척박하다. 《여지지(輿地志)》에 "영서(嶺西) 여러 고을은 모두 협곡 안에 있어서 지경이 으슥하고 깊으며, 산이 많고 땅이 척박하다."라고 하였다.

흐르는 하천은 백 굽이이고, 험준한 고개가 천 겹이다. 《여지지》

돌밭이고 길이 협소하다. 고려 안축(安軸)의 시[230]에 "메마른 돌너덜엔 규전[231]이 적고, 비탈진 산허리엔 협소한 길이 비껴 있네.〔不毛石齒圭田少 側足山腰線路橫〕"라고 하였다.

풍속 風俗

풍속이 순박하다. 고려 곽충룡(郭翀龍)의 시에 "풍속이 순박하여 백성들 송사가 없네.〔風淳俗朴無民訟〕"라고 하였다.

230 안축(安軸)의 시 : 〈정선 공관에서 조 원수의 시에 차운하다〔次旌善公館趙元帥詩韻〕〉이다. 《謹齋集 卷1》

231 규전(圭田) : 제전(祭田)으로 예전에 임금이 경대부(卿大夫)에게 주어 그 수확을 제사에 쓰게 하였다. 《맹자》 〈등문공 상(滕文公上)〉에 "경대부 이하는 반드시 규전을 두는데, 규전은 50묘이다."라고 하였다. 여기서는 제사를 치를 만큼의 일정한 수확을 거둘 수 있는 넓이의 밭을 범칭하였다.

풍속이 태곳적과 같다. 《여지지》에 "영서 여러 고을은 거주하는 사람들이 매우 적고, 백성들 풍속이 순박하며, 마을에 장사치가 없고 관아에는 송사가 없어 태곳적 풍속이 있다."라고 하였다.

화전을 일구어 밭을 개간하고, 판자로 지붕을 덮는다. 《여지지》에 "땅이 평지가 없어서 화전을 일구어 밭을 개간하여 콩과 조를 심으며, 백성들이 모두 띳집에 사는데, 조금 부유한 자는 판자로 지붕을 덮으니, 영서의 산간 고을이 모두 똑같다."라고 하였다.

산천 山川

비봉산(飛鳳山) 군 북쪽에 있다. 진산(鎭山)이다.

대음산(大陰山) 군 남쪽 2리에 있다.

웅전산(熊前山) 군 남쪽 59리에 있다.

벽파산(碧破山) 군 서쪽 26리에 있다.

성마령(星磨嶺) 군 서쪽 33리에 있다. 고개가 매우 높고 험준하며 지치〔紫草〕가 많이 난다. 평창군(平昌郡)에도 보인다.

정암산(淨巖山) 군 동남쪽 80리에 있다.

괘현산(掛懸山) 군 북쪽 29리에 있다.

대지산(大枝山) 군 동쪽 87리에 있다.

풍혈(風穴) 대음산의 암석 사이에 있다. 그 아래에 얼음을 두면 여름을 지내도 녹지 않는다. 또 수혈(水穴)이 있으니, 남강(南江)의 물이 여기에 이르러 나누어져 땅속으로 들어갔다가 모마어촌(毛麻於村)에 이르러 땅 위로 나온다. 고려 정추(鄭樞)의 시[232]에 "수혈 바람 바위 누가 너를 만들었나, 더위에도 맑고 시원해 가장 사랑스럽네.〔水穴風巖誰造汝 最憐當暑有餘淸〕"라고 한 것이 이곳이다.

석혈(石穴) 군 남쪽 36리, 산촌(山村)을 향한 석벽 위에 있다. 평지에서 200여 보 거리인데, 길이 몹시 험하고 좁다. 예전에 마을 백성들이 여기에 들어가서 왜병을 피하였으며, 각 관청의 문서와 장부도 또한 여기에 감춰 두어서 병화(兵火)를 면하였다.

대음강(大陰江) 군 남쪽 2리에 있다. 원류는 강릉의 오대산(五臺山)에서 나와 흘러 대음산 아래에 이르러 이 강이 되며, 또 다른 원류는 삼척부 죽현(竹峴)에서 나와 여기에서 합류한다.

용암연(龍巖淵) 군 서쪽 16리에 있다. 대음강의 하류이다.

광탄진(廣灘津) 군 북쪽 13리에 있다. 대음강의 상류이다.

고천(蠱川) 군 동쪽 6리에 있다. 원류는 대지산에서 나와, 혹은 땅속으로 스며들기도 하고 혹은 흐르기도 하여 대음강에 들어간다.

죽천(竹川) 군 동쪽 □리, 삼척부 경계인 죽현에 있다. 서쪽으로 흘러 군 남쪽 □리에서 대음강에 들어간다.

토산 土産

석철(石鐵), 웅전산(熊前山)에서 난다. 청석(靑石), 벽파산(碧破山)에서 난다. 석종유(石鐘乳), 옻〔漆〕, 잣〔海松子〕, 독활(獨活), 당귀(當歸), 작약

232 정추(鄭樞)의 시 : 〈정선군 누각의 운에 차하다〔次旌善郡樓韻〕〉이다. 《圓齋文稿 卷上》

(芍藥), 강활(羌活), 오미자(五味子), 자단향(紫檀香), 황양(黃楊), 궁간상(弓幹桑), 강릉 지경에서 난다. 지치〔紫草〕, 송이버섯〔松蕈〕, 석이버섯〔石蕈〕, 인삼(人蔘), 지황(地黃), 복령(茯苓), 꿀〔蜂蜜〕, 황랍(黃蠟), 영양(羚羊), 산무애뱀〔白花蛇〕, 누치〔訥魚〕, 여항어(餘項魚), 쏘가리〔錦鱗魚〕

학교 學校

향교(鄕校) 군 동쪽 1리에 있다.

궁실 宮室

객관(客館)

봉서루(鳳棲樓) 객관 북쪽에 있다.

의풍정(倚風亭) 풍혈 옆에 있다.

침류당(枕流堂)

우역 郵驛

호선역(好善驛) 군 동쪽 1리에 있다.

여량역(餘糧驛) 군 동쪽 42리에 있다.

벽탄역(碧呑驛) 군 서쪽 15리에 있다.

행매원(行邁院) 군 서쪽 29리에 있다.

사묘 祠廟

사직단(社稷壇) 군 서쪽에 있다.

문묘(文廟) 향교에 있다.

성황사(城隍祠) 군 동쪽 6리에 있다.

여단(厲壇) 군 북쪽에 있다.

사찰 寺刹

정암사(淨巖寺) 정암산에 있다.

관음사(觀音寺) 비봉산 절벽 위에 있다. 신라의 승려 의상(義相)이 거주한 곳이다. 절 앞에 강을 따라 난 돌길이 개 이빨처럼 험해서 사람들이 통행하지 못하였다. 이에 고을 사람이 돌을 쌓아 길을 터서 사람과 말이 겨우 다니게 되었는데, 아무리 급한 일이 있더라도 말을 나란히 하여 가지 못한다. 이름을 관음천(觀音遷)이라고 부른다.

고적 古蹟

개야항소(皆也項所) 군 남쪽 60리에 있다.

옛 성〔古城〕 군 동쪽 5리에 있다. 돌로 쌓았다. 둘레가 782자이다. 안에 성황사가 있다. 지금은 절반이 무너지고 떨어져 나갔다.

인물 人物

고려

문간(文幹) 본성은 전(全)이다. 중국 조정에 들어가 문장으로 이름을 드러내어 문씨(文氏) 성을 하사받았다. 관직은 평장사(平章事)에 이르렀다.

문관(文冠) 청렴 정직하고 관후(寬厚)하였으며, 자산을 늘리는 것을 일삼지 않았다. 관직에 있을 때는 절의를 지키고 흔들리지 않았다. 예종조(睿宗朝)에 관직이 참지정사(參知政事)에 이르렀다. 일찍이 서북면 병마사(西北面兵馬使)가 되었는데, 도부서(都部署) 한충(韓冲)이 와서 뵙고 그가 원수(元帥)의 기량이 있다고 칭찬하였다.[233] 여러 차례 여진과 싸워 공을 세웠다.

전우화(全遇和) 공민왕조(恭愍王朝)에 어사대부(御史大夫)가 되었다.

233 일찍이……칭찬하였다 : 《국역고려사》 권97 〈제신전(諸臣傳)〉 문관에 "한충이 도부서로서 요(遼)나라에 가던 길에 선주진(宣州鎭)에서 문관을 방문할 때 한충이 검을 차고 누상에 올라 기둥 사이에서 배례하니 문관은 엄숙하게 서서 그의 절을 받을 뿐 한마디의 말도 교환하지 않았다.……이전에는 원수로 있던 사람들이 왕명을 받은 사신을 대할 때 그가 설사 낮은 관리라 할지라도 반드시 예모를 갖추어 대하여 명예를 구하는 것이 으레 있는 일이었는데 문관만은 그렇게 하지 않았기 때문에 한충이 그를 칭찬하였다."라고 하였다.

영월군寧越郡

동쪽으로 충청도 영춘현(永春縣) 경계까지 58리이다. 남쪽으로 같은 현 경계까지 24리이다. 서쪽으로 같은 도 제천현(堤川縣) 경계까지 49리, 원주(原州) 경계까지 53리이다. 북쪽으로 평창군(平昌郡) 경계까지 44리이다. 서울과의 거리는 437리이다.

한전 旱田

수전 水田

건치연혁 建置沿革

본래 고구려 내생군(奈生郡)인데, 신라 경덕왕(景德王) 때에 내성군(奈城郡)으로 고쳤다. 고려 초에 영월로 고치고 원주에 병합시켰다. 공민왕(恭愍王) 때 다시 영월군을 설치하였다. 고을 사람인 환관(宦官) 연달마실리(延達麻實里)가 명(明)나라에 있으면서 나라에 공을 세웠다고 하여 승격시켜 설치한 것이다. **본조에서 그대로 따랐다. 공정왕(恭靖王 정종) 1년(1399)에 충청도에서 본도로 옮겨 예속시켰다. 관장하는 면은 □개이다.**

관원

군수(郡守), 훈도(訓導) 각 1인이다.

군명 郡名

내생(奈生), 내성(奈城)

풍속 風俗

풍속이 태곳적과 같다. 이첨(李詹)이 이르기를 "풍속이 태곳적과 같아 관아에 일이 없다."라고 하였으니, 평창(平昌)과 같다.

화전을 일구어 밭을 개간하고, 판자로 지붕을 덮는다. 《여지지(輿地志)》에 "땅이 평지가 없어서 화전을 일구어 밭을 개간하여 콩이나 조를 심는다. 백성들이 모두 띳집에 사는데, 조금 부유한 자는 판자로 지붕을 덮는다."라고 하였으니, 평창과 같다.

산천 山川

발산(鉢山) 군 북쪽 5리에 있다. 진산(鎭山)이다.

석선산(石船山) 군 서쪽 25리에 있다.

대화산(大華山) 군 남쪽 16리에 있다.

양산(梁山) 군 북쪽 21리에 있다.

정양산(正陽山) 군 동쪽 12리에 있다.

완택산(莞澤山) 군 동쪽 19리에 있다. 산 정상에 못이 있다.

가정동현(加仃洞峴) 군 서쪽 14리에 있다.

고덕현(古德峴) 군 북쪽 43리에 있다.

도현(刀峴) 군 남쪽 5리에 있다.

금장강(錦障江) 군 동쪽 1리에 있다. 평창군 연촌진(淵村津)의 하류이다.

후진(後津) 군 서쪽 9리에 있다. 강릉부(江陵府)의 오대산(五臺山)에서 나온다.

음곡천(陰谷泉) 군 북쪽 24리에 있다. 원류가 음곡(陰谷)의 암혈(巖穴)에서 나와 남쪽으로 흘러 후진에 들어간다.

밀적포(密積浦) 군 남쪽 1리에 있다.

금봉연(金鳳淵) 군 남쪽 4리에 있다. 금장강과 후진이 여기에서 합류하여 남쪽으로 흐르다가 영춘현에 이르러 눌어탄(訥魚灘)이 된다.

토산 土産

석철(石鐵), 군 북쪽 가을현(加乙峴)에서 난다. 석종유(石鐘乳), 자단향(紫檀香), 백단향(白檀香), 황양(黃楊), 오미자(五味子), 지치〔紫草〕, 송이버섯〔松蕈〕, 석이버섯〔石蕈〕, 잣〔海松子〕, 인삼(人蔘), 산개(山芥), 복령(茯苓), 꿀〔蜂蜜〕, 황랍(黃蠟), 영양(羚羊), 산무애뱀〔白花蛇〕, 누치〔訥魚〕, 여항어(餘項魚), 쏘가리〔錦鱗魚〕

학교 學校

향교(鄕校) 군 동쪽 1리에 있다. 풍화루(風化樓)가 있다.

궁실 宮室

관풍루(觀風樓) 객관(客官) 동쪽에 있다.

금강정(錦江亭) 금장강 언덕의 절벽 위에 있다. 세종(世宗) 10년(1428)에 지군사(知郡事) 김복항(金復恒)이 세웠는데, 동쪽으로 금장강에 임하고, 남쪽으로 금봉연을 바라보고 있어서, 물 기운과 산 빛이 서로 비추어 어른대니 한 폭의 그림 같다.

매죽루(梅竹樓) 객관 북쪽에 있다. 군수 신숙근(申叔根)이 세웠다.

우역 郵驛

연평역(延平驛) 군 북쪽 35리에 있다.

양연역(楊淵驛) 군 서쪽 16리에 있다. 옛 양등소(楊等所) 터이다.

제덕원(濟德院) 군 북쪽 40리에 있다.

용정원(龍井院) 군 서쪽 40리에 있다.

사묘 祠廟

사직단(社稷壇) 군 서쪽에 있다.

문묘(文廟) 향교에 있다.

성황사(城隍祠) 군 북쪽 3리에 있다.

여단(厲壇) 군 북쪽에 있다.

능묘 陵墓

노산군(魯山君) 묘 군 북쪽 5리에 있다. 세상에서 노릉(魯陵)이라고 칭한다. 중종조(中宗朝)에 관원을 보내 제사 지내고 수호인을 두었다.

사찰 寺刹

창령사(蒼嶺寺) 석선산에 있다.

흥교사(興敎寺) 대화산 서쪽에 있다. 고려 승려 충희(冲曦)의 비석이 있다. 충희는 인종(仁宗)의 아들이다. 비문이 깎이고 떨어져 나가서 내용을 해독할 수 없다.

보현사(普賢寺) 양산에 있다.

고적 古蹟

육말연(陸末淵) 군 동쪽 30리, 직곡부곡(直谷部曲)에 있다. 민간에 전해지기를 "고을 호족 엄비(嚴庇)가 그 옆에 집을 짓고 살면서 못 한 켠에 암말을 두었더니 용이 나와 교접하여 망아지 한 마리를 낳았는데, 그 걸음이 무척 빨라서 무리 가운데 뛰어났다. 못은 뒤에 큰물이 져서 메워졌다." 한다.

어라사연(於羅寺淵) 군 동쪽 거산리(巨山里)에 있다. 우리 장헌왕(莊憲王 세종) 13년(1431)에 큰 뱀이 있어서 어떤 때는 못에서 뛰어놀고 어떤 때는 못가를 꿈틀꿈틀 기어 다니기도 하였다. 어느 날 돌무더기 위에 허물을 벗어 놓았는데 길이가 수십 자이고 비늘 껍질이 엽전 같으며 귀가 있었다. 고을 사람이 비늘을 주워 보고하자 권극화(權克和)를 보내 검험하게 하였다. 권극화가 배를 타고 못 가운데로 나가자 폭풍이 갑자기 일어 결국 그 흔적을 찾지 못하였다. 그 뒤로는 뱀도 다시 나타나지 않았다.

정양산성(正陽山城) 돌로 쌓았다. 둘레가 2314자이며 높이가 19자이다.

완택산고성(莞澤山古城) 돌로 쌓았다. 둘레가 3477자이다. 삼면이 석벽이다. 민간에 전해지기를 합단(哈丹)이 쳐들어오자 고을 사람들이 이곳으로 피난하였다고 한다.

명환 名宦

본조

허조(許稠) 지영월군사(知寧越郡事)가 되었다. 군의 풍속은 부모를 위하여 다만 100일 동안 거상할 뿐이었다. 허조는 백성들을 예로 교유(敎諭)하여 삼년상(三年喪)을 행하도록 권장하고, 상례와 제사에 필요한 물품을 대부분 도와주니, 드디어 풍속이 돈후해졌다.

김익정(金益精) 영월 군수가 되었다. 성품이 청렴하고 근신하여 추호라도 백성을 어지럽히지 않았다. 향교를 창설하여 백성을 진작시키고 학교를 흥기시켰으므로 백성들이 모두 교화되었다.

강진덕(姜進德) 영월 군수가 되었다. 다스리는 데 청렴 공정하였으며 판결하는 데 유보되고 지체되는 일이 없었으니 오래도록 백성들이 그 은혜를 사모하였다.

박충원(朴忠元) 명종조(明宗朝)에 이조 참의가 되었는데, 윤원형(尹元衡)에게 미움을 받았다. 당시 영월 군수가 연달아 갑자기 죽자 윤원형이 그가 죽기를 바라서 외직으로 내보내 영월 군수로 삼았다. 박충원이 군에 이르러 객관에 묵었는데 관청 아전이 거듭 간하였으나 듣지 않았다. 꿈에 노산군(魯山君)이 전좌(殿坐)에서 명을 전하기를 "내 묘에 제사를 지내지 않으니, 이 무슨 도리인가. 내가 이를 가르치려고 하였는데 수령들이 대부분 두려워하면서 죽었으니, 너는 이처럼 하지 말고 속히 제사 지내라." 하였다. 박충원이 깨어나 둘러보니, 좌우 사람들은 그가 이미 죽었다고 여겨 한 사람도 남아 있는 자가 없었다. 다음 날 재계하고 노산군 묘에 제사를 지내고는 글을 올려 보고하였다. 이에 조정에서 세시(歲時)에 제사를 지내고 이를 정식으로 삼았으니, 이 일은 이때부터 시작되었다. 오래지 않아 승지로 부름받아 조정에 들어가니, 고을 사람들이 그리워하였다.

인물 人物

고려

엄수안(嚴守安) 사람됨이 담력이 있었다. 군의 아전 출신으로서 문과에 합격하고, 원종(元宗) 때에 여러 번 승진하여 전법 총랑(典法摠郎), 충청도와 서북 2도[234] 지휘사를 역임하였는데, 이르는 곳마다 유능하다는 명성이 있었다. 관직이 부지밀직사사(副知密直司事)에 이르렀다.

234 서북 2도 : 평안도와 함경도를 말한다.

본조

신영손(辛永孫) 문과에 급제하여 관직이 황해도 관찰사에 이르렀다. 아들인 신중거(辛仲琚)와 신계거(辛季琚)도 모두 문예로서 이름이 났다.

평창군平昌郡

동쪽으로 정선군(旌善郡) 경계까지 45리이다. 남쪽으로 영월군(寧越郡) 경계까지 28리이다. 서쪽으로 원주(原州) 경계까지 24리이다. 북쪽으로 강릉부(江陵府) 경계까지 17리이다. 서울과의 거리는 418리이다.

한전 旱田

수전 水田

건치연혁 建置沿革

본래 고구려 욱오현(郁烏縣)이다. 일명 우오(于烏)라고 한다. 신라 경덕왕(景德王) 때에 백오(白烏)로 이름을 고치고, 내성군(奈城郡)의 영현(領縣)으로 삼았다. 고려 초에 평창(平昌)으로 고치고, 원주(原州)에 병합시켰다. 충렬왕(忠烈王) 때에 다시 평창현(平昌縣)을 설치하였다. 신우(辛禑) 때에 충청도에서 본도에 옮겨 예속시키고 승격시켜 군으로 삼았다가 총애 받는 환관 이신(李信)의 고향이므로 승격시켰다. 뒤에 도로 현으로 삼았다. 본조 태조(太祖) 1년(1392)에 다시 승격시켜 군으로 삼았다.

목조(穆祖)의 비(妃) 효공왕후(孝恭王后)의 고향이므로 승격시켰다. 관장하는 면은 □개이다.

관원

군수(郡守), 훈도(訓導) 각 1인이다.

군명 郡名

욱오(郁烏), 백오(白烏) 별호는 노산(魯山)이다.

형승 形勝

땅은 험하고 하천은 돌아 흐른다. 본조 유관(柳觀)의 〈평창(平昌)〉 시에,

"땅이 험하여 산이 가파른 곳이 많고, 내가 돌아 흘러 물거품이 일어난다.〔地險山多壘 川廻水有漚〕"라고 하였다.

산천 山川

노산(魯山) 군 북쪽 1리에 있다. 진산(鎭山)이다.

수정산(水精山) 군 서쪽 20리에 있다. 가뭄이 들면 비를 빈다.

거슬갑산(琚瑟岬山) 군 서남쪽 20리, 원주 주천현(酒泉縣) 경계에 있다.

성마령(星磨嶺) 군 동쪽 44리에 있다.

미탄현(味呑峴) 군 동쪽 17리에 있다.

용연진(龍淵津) 군 북쪽 9리에 있다. 원류는 강릉부 영서(嶺西) 와공산(瓦孔山)에서 나온다.

남진(南津) 군 남쪽 1리에 있다. 바로 용연진의 하류이다.

마지진(麻池津) 군 서쪽 17리에 있다. 바로 남진의 하류이다.

연화진(淵火津) 군 동쪽 50리에 있다. 원류는 강릉부 오대산(五臺山)에서 나온다.

○ 용연진 이하는 모두 나루〔津渡〕이다.

평안천(平安泉) 군 동쪽 30리, 평안역(平安驛) 남쪽에 있다. 산기슭의 절벽 아래에 창문 같은 구멍이 있어 매양 장마철이면 물이 구멍으로부터 솟아 나온다. 또 그 남쪽에 샘이 있는데 분수처럼 솟구쳐 나와서 마침내 큰 하천을 이루었다.

토산 土產

옥석(玉石), 군 서쪽 적암리(赤巖里)와 군 동쪽 성마령에서 난다. 동철(銅鐵), 군 서쪽 양탄리(梁呑里)에서 난다. 자연석(紫硯石), 미탄현에서 나는데, 그 품질이 최고로 좋다. 옻〔漆〕, 잣〔海松子〕, 오미자(五味子), 자단향(紫檀香), 안식향(安息香), 지치〔紫草〕, 석이버섯〔石蕈〕, 인삼(人蔘), 황기(黃芪), 지황(地黃), 산개(山芥), 차조〔朮〕, 송이버섯〔松蕈〕, 복령(茯苓), 꿀〔蜂蜜〕, 황랍(黃蠟), 영양(羚羊), 산무애뱀〔白花蛇〕, 누치〔訥魚〕, 여항어(餘項魚), 쏘가리〔錦鱗魚〕

학교 學校

향교(鄕校) 군 서쪽 2리에 있다.

궁실 宮室

우역 郵驛

약수역(藥水驛) 군 서쪽 10리에 있다.

평안역(平安驛) 군 동쪽 30리에 있다.

지상원(祉祥院) 군 서쪽 15리에 있다.

천천원(泉川院) 군 동쪽 25리에 있다.

사묘 祠廟

사직단(社稷壇) 군 서쪽에 있다.

문묘(文廟) 향교에 있다.

성황사(城隍祠), 여단(厲壇) 모두 군 북쪽에 있다.

고적 古蹟

고림소(古林所) 군 동쪽 59리에 있다.

신림소(新林所) 군 동쪽 65리에 있다.

석을항소(石乙項所) 군 동쪽 63리에 있다.

노산성(魯山城) 돌로 쌓았다. 둘레가 1364자이다. 안에 우물이 1개 있다. 지금은 모두 무너지고 떨어져 나갔다.

인물 人物

고려

이천기(李天驥) 원(元)나라 조정의 제과(制科)에 합격하고, 관직이 산기상시(散騎常侍)에 이르렀다.

본조

이계남(李季男) 관직이 이조 판서에 이르렀다. 시호는 익평(翼平)이다.

이계동(李季仝) 이계남의 아우이다. 무과에 급제하여 관직이 영중추부사(領中樞府事)에 이르렀다. 시호는 헌무(憲武)이다. 당시에 명장(名將)이라고 일컬었다.

인제현麟蹄縣

동쪽으로 양양부(襄陽府) 경계까지 72리이다. 남쪽으로 홍천현(洪川縣) 경계까지 53리이다. 서쪽으로 양구현(楊口縣) 경계까지 40리이다. 북쪽으로 간성군(杆城郡) 경계까지 80리이다. 서울과의 거리는 367리이다.

한전 旱田

수전 水田

건치연혁 建置沿革

본래 고구려 저족현(猪足縣)이다. 일명 오사회(烏斯回)라고 한다. 신라 경덕왕(景德王) 때에 희제(狶蹄)로 이름을 고치고 양록군(楊麓郡)의 영현(領縣)으로 삼았다. 고려 초에 인제(麟蹄)로 고치고 그대로 회양(淮陽)에 병합시켰다. 공양왕(恭讓王) 초에 다시 인제현(麟蹄縣)을 설치하였다. 본조에서 그대로 따랐다. 관장하는 면은 3개이다.

관원

현감(縣監), 훈도(訓導) 각 1인이다.

군명 郡名

저족(猪足), 희제(狶蹄)

형승 形勝

길이 매우 험하고, 골짜기가 그윽하고 깊다. 본조 남효온(南孝溫)의 〈동유록(東遊錄)〉[235]

산천 山川

복룡산(伏龍山) 현 북쪽 2리에 있다. 진산(鎭山)이다.

한계산(寒溪山) 현 동쪽 50리에 있다. 극히 높고 크며 기이하고 험준하다. 그 동쪽은 바로 양양부 경계이니, 양양 사람들은 설악산(雪嶽山)이라고 칭한다. 산 위에 성이 있고, 하천이 성안에서 흘러나와 바로 폭포가 되어 떨어지는데, 쏟아지는 물줄기가 수백 자나 되어 바라보면 마치 흰 무지개가 하늘에서 드리워진 것 같다. 원통역(圓通驛)에서 동쪽으로는 좌우가 모두 큰 산인데, 골짜기가 깊숙하고, 계곡물은 종횡으로 흘러 건널목이 36곳이

235 남효온(南孝溫)의 동유록(東遊錄) : 〈유금강산기(遊金剛山記)〉이다. 《秋江集 卷5》

나 된다. 갈대 자리를 말아 세운 듯한 나무가 위로 높은 하늘까지 닿았다. 그 남쪽 봉우리는 절벽을 이루었는데 그 높이가 천 길이나 되어 기괴하기가 형언할 수 없으니, 새도 날아 넘지 못하며, 행인들은 절벽이 무너져 깔리는 게 아닐까 조마조마해한다. 그 아래에는 맑은 샘물이 바위에 부딪치며 못을 이루었는데, 반석(盤石)이 있어 앉을 만하다. 또 동쪽 몇 리는 골 입구가 매우 좁고, 가느다란 길이 벼랑을 따라 나 있는데, 빈 구멍이 입을 벌리고 있고 높은 봉우리들은 가파르게 솟아 있어서 마치 용이 당기고 범이 움켜잡는 것 같으며, 여러 층 겹쳐 놓은 듯한 층대(層臺)가 수없이 많으니, 그 형승은 영서(嶺西)에서 으뜸이다.

소동라령(所冬羅嶺) 현 동쪽 72리, 양양부 경계에 있다.

소파령(所波嶺) 현 북쪽 82리, 간성군 경계에 있다.

미시파령(彌時坡嶺) 현 북쪽 80리에 있다. 길이 간성군으로 통한다. 세속에서 여수파령(麗水波嶺)이라고 칭한다.

인수(麟水) 원류는 서화현(瑞和縣)에서 나와, 현 동쪽 5리에 이르러 춘천부(春川府) 기린현(基麟縣)의 물과 합해지고, 서쪽으로 흘러 현 서쪽 9리에 이르는데, 여기에 주연진(舟淵津)이라는 나루가 있으니 여름에는 배를 띄운다. 또 서쪽으로 흘러 양구현 남쪽 지경을 지나 춘천부에 이르러 소양강(昭陽江)이 된다.

원통천(圓通川) 현 동쪽 25리에 있다. 원류는 소파령에서 나와 소동라령의 물과 합류하여 원통역 앞을 지나고, 서쪽으로 흘러 현 동쪽 6리에 이르러 인수에 들어간다.

토산 土産

잣〔海松子〕, 오미자(五味子), 지치〔紫草〕, 인삼(人蔘), 복령(茯苓), 꿀〔蜂蜜〕, 황랍(黃蠟), 매〔鷹〕, 영양(羚羊), 산무애뱀〔白花蛇〕, 옻〔漆〕, 황양(黃楊), 속새〔木賊〕, 당귀(當歸), 작약(芍藥), 강활(羌活), 누치〔訥魚〕, 여항어(餘項魚), 쏘가리〔錦鱗魚〕

학교 學校

향교(鄕校) 현 동쪽 1리에 있다.

궁실 宮室

객관(客館)

창고 倉庫

우역 郵驛

원통역(圓通驛) 현 동쪽 30리에 있다.

마노역(馬奴驛) 현 서쪽 30리에 있다.

남교역(嵐校驛) 현 북쪽 50리에 있다.

임천역(臨川驛) 현 북쪽 59리, 서화폐현(瑞和廢縣) 남쪽에 있다.

신원(新院) 원통역 동쪽 15리에 있다.

가력원(加歷院) 현 동쪽 72리, 양양부 경계에 있다.

건이원(巾伊院) 현 남쪽 53리, 홍천현 경계에 있다.

사묘 祠廟

사직단(社稷壇) 현 서쪽에 있다.

문묘(文廟) 향교에 있다.

성황사(城隍祠) 현 남쪽 4리에 있다.

여단(厲壇) 현 북쪽에 있다.

사찰 寺刹

상승암(上乘菴), 대승암(大乘菴) 모두 한계산에 있다. 길이 극히 위태롭고 험준하여 바위에 쇠사슬을 두어 사람들이 붙잡고 올라간다.

한계사(寒溪寺) 한계산에 있다.

고적 古蹟

서화폐현(瑞和癈縣) 화(和)는 화(禾)라고도 쓴다. 일명 서성(瑞城)이라고 한다. 현 북쪽 60리에 있다. 본래 고구려 옥기현(玉岐縣)인데, 신라 경덕왕 때에 치도(馳道)로 고치고 양록군의 영현으로 삼았다. 고려에서 서화(瑞和)로 고치고 그대로 춘주(春州)에 병합시켰다가 뒤에 회양(淮陽)에 편입시켰다. 본조 장헌왕(莊憲王 세종) 때에 옮겨 인제현에 병합시켰다.

한계산고성(寒溪山古城) 돌로 쌓았다. 둘레가 6278자이다. 안에 우물이 1개 있다. 지금은 반이 무너지고 떨어져 나갔다.

이포소(伊布所) 현 북쪽 144리에 있다. 본래 춘천부 지역인데, 세종 6년(1424)에 떼어 내 본현에 편입시켰다.

횡성현橫城縣

동쪽으로 강릉부(江陵府) 경계까지 68리이다. 남쪽으로 원주목(原州牧) 경계까지 13리이다. 서쪽으로 같은 목 경계까지 42리이다. 북쪽으로 홍천현(洪川縣) 경계까지 42리이다. 서울과의 거리는 250리이다.

한전 旱田

수전 水田

건치연혁 建置沿革

본래 고구려 횡천현(橫川縣)이다. 일명 어사매(於斯買)라고 한다. 신라 경덕왕(景德王) 때에 황천(潢川)으로 고치고 삭주(朔州)의 영현(領縣)으로 삼았다. 고려 초에 횡천(橫川)으로 고치고 그대로 춘주(春州)에 병합시켰다가 뒤에 옮겨 원주에 편입시켰다. 공양왕(恭讓王) 초에 다시 횡천현을 설치하였다. 본조에서 그대로 따랐다. 태종(太宗) 때에 홍천(洪川)과 음이 서로 비슷하다는 이유로 고쳐서 횡성현으로 삼았다. 관장하는 면은 □개이다.

관원

현감(縣監), 훈도(訓導) 각 1인이다.

군명 郡名

횡천(横川), 황천(潢川)

산천 山川

마산(馬山) 현 북쪽 2리에 있다. 진산(鎭山)이다.

남산(南山) 현 남쪽 6리에 있다.

독현(禿峴) 현 동쪽 68리, 강릉부 경계에 있다.

회현(檜峴) 현 동쪽 36리에 있다.

덕고산(德高山) 현 동쪽 82리, 강릉부 경계에 있다. 또 봉복산(奉福山)이라고 칭한다.

정금산(鼎金山) 현 동쪽 28리에 있다.

서천(西川) 원류는 덕고산에서 나와 현 서쪽 4리를 지나고 남쪽으로 흘러 원주 지경에 들어가 섬수(蟾水)가 된다.

토산 土産

철(鐵), 현 서쪽 금굴이(金掘伊)에서 난다. 옻〔漆〕, 지치〔紫草〕, 자단향(紫檀香), 안식향(安息香), 오미자(五味子), 인삼(人蔘), 복령(茯苓), 석이

버섯〔石蕈〕, 꿀〔蜂蜜〕, 당귀(當歸), 차조〔朮〕, 산개(山芥), 영양(羚羊), 산무애뱀〔白花蛇〕, 누치〔訥魚〕, 여항어(餘項魚), 황랍(黃蠟)

학교 學校

향교(鄕校) 현 북쪽 3리에 있다.

궁실 宮室

객관(客館)

우역 郵驛

오원역(烏原驛) 현 동쪽 35리에 있다.

안흥역(安興驛) 현 동쪽 67리에 있다.

갈풍역(葛豐驛) 현 서쪽 6리에 있다.

창봉역(蒼峯驛) 현 북쪽 41리에 있다.

대비원(大悲院) 현 동쪽 30리에 있다.

실미원(實美院) 현 동쪽 50리에 있다.

홍안원(弘安院) 현 북쪽 20리에 있다.

사묘 祠廟

사직단(社稷壇) 현 서쪽에 있다.

문묘(文廟) 향교에 있다.

성황사(城隍祠) 현 북쪽에 있다.

여단(厲壇) 현 북쪽에 있다.

사찰 寺刹

법흥사(法興寺), 석천사(石泉寺) 모두 남산에 있다.

개원사(開元寺) 정금산에 있다.

봉복사(奉福寺) 덕고산에 있다.

회진사(懷眞寺) 소장산(昭將山)에 있다.

고적 古蹟

덕고산성(德高山城) 돌로 쌓았다. 둘레가 3653자이다. 안에 우물이 1개 있다. 지금은 반이 무너지고 떨어져 나갔다.

인물 人物

고려

조영인(趙永仁) 어려서부터 비범하여 재상의 기량이 있었다. 의종(毅宗) 때에 과거에 급제하고 명종(明宗) 때에 여러 번 승진하여 승선(承宣)이 되었는데, 임금을 도와 바로잡은 일이 많으니 세상의 평판이 그를 중요한 인물이라 여겼다. 관직이 수 태위 상주국(守太尉上柱國)에 이르렀다. 신종(神宗)이 즉위할 때 정책공(定策功)이 있어 개부의동삼사 수 태사 문하시랑평장사(開府儀同三司守太師門下侍郎平章事)를 더하였다. 면직을 청하여 물러난 뒤 5년 만에 졸하니, 나이 70세였다. 시호는 문경(文景)이고, 신종의 묘정에 배향되었다.

조충(趙冲) 조영인의 아들이다. 명종 때 과거에 급제하였다. 학문이 박식하고 기억력이 뛰어나 전고(典故)에 정통하였으므로 당대 전책(典冊)[236]이 그의 손에서 나온 것이 많았다. 고종조(高宗朝)에 문무의 재능을 겸비했다 하여 특별히 한림학사 승지 상장군(翰林學士承旨上將軍)에 제수하였다.[237] 뒤에 여진(女眞)의 황기자군(黃旗子軍)을 압록강(鴨綠江)에서 격파하고 서북면 원수(西北面元帥)가 되었는데, 호령이 준엄하고 분명하여 명령받은 자들이 추호도 함부로 대하지 못하였다. 여러 번 거란 군사를 패배시키고 조정에 들어와 수 태위 동중서문하평장사(守太尉同中書門下平章事)가 되었다. 졸한 뒤 문정(文正)의 시호를 받았다. 모습이 장대하고 우람하여 겉보기에는 엄숙하였으나 속은 너그러웠으며, 모든 사람들을 대할 때 화기를 띠고 부드럽게 하였으며 관직의 상하로 차별을 두지 않았다. 나가서는 장수이고 들어와서는 재상으로서 조야(朝野)가 의지하고 중시하

236 전책(典冊) : 전장(典章), 제도 등을 기록한 중요한 서책을 말한다.

237 고종조(高宗朝)에……제수하였다 : 문관으로서 상장군 직을 겸임한 예가 오랫동안 폐지되었는데, 조충이 문무의 재능을 겸하였다 하여 왕의 특명으로 임명하였다.《高麗史 卷103 趙冲列傳》

였다. 일찍이 동쪽 언덕에 독락원(獨樂園)을 열어 매양 공무를 보던 여가에 현사(賢士), 대부(大夫)를 불러들여 거문고와 술로 자락하였다. 고종의 묘정에 배향되었다.

조계순(趙季珣) 조충의 아들이다. 관직이 문하시랑평장사(門下侍郎平章事)에 이르렀다. 시호는 광정(光定)이다.

조변(趙抃) 조계순의 아들이다. 김방경(金方慶)을 따라 일본을 정벌하러 가서 공을 세웠다. 관직은 지밀직사사(知密直司事)에 이르렀다. 용의(容儀)가 장대하고 준수하였으며, 전고(典故)에 상당히 밝았고, 타고난 성품이 관대하고 후덕하여 원망하는 자가 없었다. 아들 조문근(趙文瑾)은 관직이 집현전 태학사에 이르렀다.

본조

조어(趙峿) 문과로 발탁되었고, 청렴결백하다고 일컬어졌다. 관직이 수문전제학(修文殿提學)에 이르렀다.

고형산(高荊山) 과거에 급제하고, 공희왕조(恭僖王朝 중종)에 관직이 의정부 우찬성에 이르렀다. 성품이 근실하고 곧았으며, 오랫동안 군병의 전곡(錢穀)을 관리하는 직임을 담당하여 일을 잘 처리하고 정비한 것이 많았다.

고응익(高應翼) 학생(學生)이며, 충신인 고세두(高世斗)의 아들이다. 임진왜란 때 아버지가 병사를 거느리고 대산(大山)의 적을 토벌하는데, 적이 그 뒤에서 엄습하여 장차 피해를 당하게 되었다. 이때 고응익이 몸을 날려 곧장 나아가 온몸으로 막아서니 적들이 한꺼번에 그를 찔렀다. 광해군조(光海君朝)에 정려(旌閭)하였다.

홍천현洪川縣

동쪽으로 인제현(麟蹄縣) 경계까지 72리이다. 남쪽으로 횡성현(橫城縣) 경계까지 34리이다. 서쪽으로 경기 지평현(砥平縣) 경계까지 37리이다. 북쪽으로 춘천부(春川府) 경계까지 21리이다. 서울과의 거리는 242리이다.

한전 旱田

수전 水田

건치연혁 建置沿革

본래 고구려 벌력천현(伐力川縣)이다. 신라 경덕왕(景德王) 때에 녹효(綠驍)로 고치고 삭주(朔州)의 영현(領縣)으로 삼았다. 고려 현종(顯宗) 때에 홍천(洪川)으로 고치고, 그대로 춘주(春州)에 병합시켰다. 인종(仁宗) 때에 다시 홍천현을 설치하였다. 본조에서 그대로 따랐다. 관장하는 면은 9개이다.

관원

현감(縣監), 훈도(訓導) 각 1인이다.

군명 郡名

녹효(綠驍)

형승 形勝

고을이 산과 강에 둘러싸여 있다. 본조 서거정(徐居正)의 〈학명루기(鶴鳴樓記)〉[238]에 "홍천은 산과 강에 둘러싸여 깊숙하고 궁벽진 곳이지만, 잘 다스려지고 마을이 조용하고 밝다."라고 하였다.

풍속 風俗

백성들의 풍속이 순박하고 사송(詞訟)이 공명하고 간소하다. 서거정의 〈학명루기〉

238 서거정(徐居正)의 학명루기(鶴鳴樓記) : 〈홍천현의 학명루에 대한 기문〔洪川縣鶴鳴樓記〕〉이다. 《四佳集 四佳文集 卷2》

산천 山川

석화산(石花山) 현 북쪽 1리에 있다. 진산(鎭山)이다.

대미산(大彌山) 현 동쪽 10리에 있다.

공작산(孔雀山) 현 동쪽 35리에 있다. 정희왕후(貞熹王后)의 태(胎)를 안치하였다.

마재(麻岾) 현 남쪽 15리에 있다.

팔봉산(八峯山) 일명 감물악(甘勿嶽)이라고 한다. 현 서쪽 60리에 있다. 여덟 봉우리가 서로 이어져 있으면서 험준한 바위가 기이하게 우뚝 솟아 있으므로 그렇게 이름하였다.

우령(羽嶺) 현 남쪽 5리에 있다. 민간에 전해지기를 "학이 와서 객관(客館) 남쪽 다리에 모였다가, 날아 이 고개를 넘어가면서 깃털이 떨어졌으므로 그렇게 이름하였다." 하였다.

기산(岐山) 세속에서 가리산(加里山)이라고 칭한다. 현 동쪽 70리에 있다. 용연(龍淵)이 있어 날이 가물 때에 비를 빌면 효험이 있다.

필룡산(匹龍山) 현 남쪽 40리에 있다.

남천(南川) 원류는 현 동쪽 70리에서 나와 여러 산의 계곡물과 합류한 다음 서남쪽으로 흘러 현 남쪽 2리를 지나고, 또 서쪽으로 8, 9십여 리를 흘러 양근군(楊根郡) 미원현(迷原縣) 북쪽에 이르러 회수(淮水)에 들어간다.

토산 土産

석철(石鐵), 현 동쪽 말흘동(末訖洞)에서 난다. 옻〔漆〕, 오미자(五味子), 지치〔紫草〕, 인삼(人蔘), 복령(茯苓), 잣〔海松子〕, 석이버섯〔石蕈〕, 꿀〔蜂

蜜〕, 황랍(黃蠟), 영양(羚羊), 산무애뱀〔白花蛇〕, 누치〔訥魚〕, 여항어(餘項魚), 쏘가리〔錦鱗魚〕

학교 學校

향교(鄕校) 현 서쪽 2리에 있다.

궁실 宮室

객관(客館)

학명루(鶴鳴樓) 객관 동쪽에 있다. 누각 앞에 못을 파고 연(蓮)을 심었고, 현감 윤지(尹志)가 세웠다. 서거정의 기문[239]에 "마을 노인이 말하기를 '객관 앞에 예전에 학교(鶴橋)라는 다리가 있었는데, 처음 다리가 완성되었을 때 학이 와서 울었으므로 그대로 그렇게 이름을 지었소. 학은 우리 마을의 상서이니, 청컨대 이것으로써 누대의 이름을 지어 주시오.'라고 하였다." 하였다.

범파정(汎波亭)

우역 郵驛

연봉역(連峯驛) 현 남쪽 5리에 있다.

239 서거정의 기문 : 〈홍천현의 학명루에 대한 기문〉이다. 《四佳集 四佳文集 卷2》

천감역(泉甘驛) 현 동쪽 60리에 있다.

승도원(勝道院) 현 남쪽 42리에 있다.

장생원(長生院) 현 북쪽 30리에 있다.

양덕원(陽德院) 현 서쪽 30리에 있다.

어배원(於背院) 현 남쪽 32리에 있다.

관량 關梁

학교(鶴橋) 객관 남쪽에 있다.

사묘 祠廟

사직단(社稷壇) 현 서쪽에 있다.

문묘(文廟) 향교에 있다.

성황사(城隍祠) 현 서쪽 3리에 있다.

여단(厲壇) 현 북쪽에 있다.

팔봉산사(八峯山祠) 봄가을로 본현에서 제사를 지낸다.

사찰 寺刹

수타사(水墮寺) 공작산에 있다.

관음사(觀音寺) 석화산에 있다.

장락사(長樂寺), 성방사(城方寺) 모두 팔봉산에 있다.

고적 古蹟

대미산고성(大彌山古城) 돌로 쌓았다. 둘레가 2197자이다. 지금은 반이 무너지고 떨어져 나갔다.

사이암장(寺伊巖莊) 현 동쪽 110리에 있다.

명환 名宦

본조

윤번(尹璠) 홍천 현감이 되었다.

인물 人物

본조

김효성(金孝誠) 본관은 연안(延安)이다. 장헌왕조(莊憲王朝 세종)에 여러 번 변방의 장수 직임을 제수받았다. 뒤에 정난 공신(靖難功臣)이 되고, 연산군(延山君)에 봉해졌다. 관직이 병조 판서에 이르렀고, 시호는 양효(襄孝)이다.

회양도호부淮陽都護府

동쪽으로 통천군(通川郡) 경계까지 69리, 고성군(高城郡) 경계까지 150리이다. 서쪽으로 평강현(平康縣) 경계까지 91리이다. 남쪽으로 양구현(楊口縣) 경계까지 164리, 금성현(金城縣) 경계까지 50리이다. 북쪽으로 함경도 안변부(安邊府) 경계까지 39리이다. 서울과의 거리는 460리이다.

한전 旱田

수전 水田

건치연혁 建置沿革

본래 고구려 각련성군(各連城郡)이다. '각(各)'은 '객(客)'으로도 쓴다. 일명 가혜아(加兮牙)라고 한다. **신라 경덕왕(景德王) 때에 고쳐 연성군(連城郡)으로 삼았다. 고려 초에 이물성(伊勿城)이라고 칭하였고, 성종(成宗) 14년(995)에 고쳐 교주(交州)로 삼았다. 충렬왕(忠烈王) 때에 회주목(淮州牧)으로 승격시켰고,** 충렬왕 34년(1308)에 철령(鐵嶺)에서 적을 파수(把守)하여 막은 공이 있다 하여 승격시킨 것이다. **충선왕(忠宣王) 초**

에 강등시켜 회양부(淮陽府)로 삼았다. 본조 공정왕(恭定王 태종) 13년(1413)에 도호부로 삼았고, 세조(世祖) 때에 진(鎭)을 설치하였다. 관장하는 면은 16개이다.

진관

도호부(都護府) 1개 철원(鐵原)

현(縣) 7개 양구(楊口), 낭천(狼川), 금성(金城), 이천(伊川), 평강(平康), 김화(金化), 안협(安峽)

관원

부사(府使), 교수(敎授) 각 1인이다.

군명 郡名

연성(連城), 회주(淮州), 교주(交州)

형승 形勝

북쪽으로 철령에 닿아 있고, 동쪽으로 풍악(楓嶽)에 눌리고, 서쪽과 남쪽으로 겹겹의 산에 막혀 있다. 《여지지(輿地志)》

중첩된 산과 고개가 그윽하고 깊으며 매우 험하다. 고려 이곡(李穀)의 〈동유기(東遊記)〉

나라 동쪽의 요해지이다. 이곡의 기문(記文)[240]에 "철령은 나라 동쪽의 요해지로서, 이른바 한 사내가 관문을 지키면 만 명의 장부가 공격해도 열지 못한다는 곳이다.[241]"라고 하였다.

풍속 風俗

풍속이 순박하다. 《여지지》에 "백성들이 매우 적고, 습속이 순박하다."라고 하였다.

화전을 일구어 밭을 개간하며, 판자로 지붕을 덮는다. 《여지지》에 "평지가 없어서 화전을 일구어 밭을 개간하여 콩과 조를 심으며, 볏논은 없다. 백성들이 모두 띳집에 사는데, 조금 부유한 자는 판자로 지붕을 덮는다."라고 하였다.

산천 山川

의관산(義館山) 부 북쪽 1리에 있다. 진산(鎭山)이다.

천보산(天寶山) 부 남쪽 11리에 있다.

금강산(金剛山) 장양폐현(長楊廢縣) 동쪽 30리에 있다. 부와의 거리는 160리이다. 산 이름이 셋으로, 첫 번째는 금강(金剛), 두 번째는 풍악(楓嶽), 세

240 이곡의 기문(記文) : 〈동유기(東遊記)〉이다. 《稼亭集 卷5》

241 한……곳이다 : 방어하기에 적합하여 매우 중요한 요해지임을 말한다. 이백(李白)의 〈촉도난(蜀道難)〉에 "검각이 험난하게 우뚝 솟아 버티고 있으니, 한 장부가 관문을 지키면 만 명이 공격해도 열지 못할 것이다.〔劍閣崢嶸崔嵬, 一夫當關, 萬夫莫開.〕"라고 한 데서 온 말이다.

번째는 개골(開骨)이라고 한다. 백두산(白頭山)의 남쪽 줄기로, 회령부(會寧府)의 우라한현(于羅漢峴)에서 갑산(甲山) 동쪽에 이르러 두리산(頭里山)이 되고, 영흥(永興) 서북쪽이 검산(劍山)이 되고, 본부의 서남쪽이 분수령(分水嶺)이 되고, 서북쪽이 철령이 되고, 통천(通川) 서남쪽이 추지령(楸池嶺)이 되고, 장양(長楊)의 동쪽과 고성(高城)의 서쪽이 이 산이 된다. 분수령에서 여기에 이르기까지 대개 400여 리이다. 산은 모두 1만 2천 봉우리인데, 바위산이 골격처럼 단단히 서서 하나하나 우뚝 솟아 구름 밖으로 줄지어 서 있고, 동쪽으로 푸른 바다를 굽어보고 있어서 바라보면 마치 백옥(白玉) 같다. 일출봉(日出峯), 월출봉(月出峯)의 두 봉우리가 있어서 해와 달이 뜨는 것을 볼 수 있다. 산 안팎에 모두 108개의 절이 있는데, 표훈사(表訓寺), 정양사(正陽寺), 장안사(長安寺), 마하연(摩訶衍), 보덕굴(普德窟), 유점사(楡岾寺)가 가장 이름난 사찰이라고 한다. ○ 고려 이곡의 〈동유기〉에 "일찍이 듣건대 이 산은 천하에 이름이 소문이 났기 때문에 비록 건축(乾竺)[242]과 같이 멀리 떨어져 있는 나라의 사람들까지도 와서 보는 자가 때로 있다고 하였다. 대체로 눈으로 보는 것이 들은 것보다 못한 경우가 많으니, 우리나라 사람들 중에 서촉(西蜀)의 아미산(蛾眉山)이나 남월(南越)의 보타산(補陀山)을 유람한 자들이 모두 소문보다 못하다고 말한다. 내가 이 산을 보았더니 실제로 소문을 능가하였는데, 비록 뛰어난 화가의 기교나 훌륭한 시인의 재능이라도 비슷하게 형용하지 못할 것이다." 하였다. ○ 본조 권근(權近)의 서(序)[243]에 "금강산은 본국 동해 가에 있는

242 건축(乾竺) : 천축(天竺)으로, 인도(印度)의 옛 칭호이다.

243 권근(權近)의 서(序) : 〈금강산으로 가는 나암상인을 전송하는 시의 서〔送懶庵上人遊金

데, 그 형승이 천하에 으뜸이므로 그 이름이 천하에 알려졌다. 내가 어렸을 때에 일찍이 듣건대 천하 사람들이 구경하기를 원하나 그러지 못함을 탄식한다고 하는데, 나는 다행히 이 나라에 태어났음에도 일찍이 한 번도 구경하지 못하였다. 그러나 표연히 떠나 멀리 가고 싶은 마음은 항상 가슴속에 오가지 않은 적이 없다. 병자년(1396, 태조5) 가을에 중국에 들어가 천자를 뵙자 황제가 친히 글제를 내리며 시 20여 수를 짓게 하였는데,[244] 그중에 하나가 '금강산'이었다. 이에 이 산의 이름이 과연 천하에 중시되는 줄을 알았다." 하였다. ○ 권근의 응제시(應製詩)[245]에,

하얗게 우뚝 선 천만 봉우리	雪立亭亭千萬峯
바다 구름 걷히자 옥부용 솟은 듯하네	海雲開出玉芙蓉
신령한 빛 넘실대니 푸른 바다 가깝고	神光蕩漾滄溟近
맑은 기운 서려 있으니 조화가 모였네	淑氣蜿蜒造化鍾
우뚝 솟은 멧부리는 조도에 닿아 있고	突兀崗巒臨鳥道
맑고 그윽한 골짜기는 신선 자취 숨겼네	淸幽洞壑秘仙蹤
동쪽으로 유람하며 문득 정상에 올라가서	東遊便欲登高頂
홍몽세계 굽어보며 가슴 한번 씻고 싶네	俯視鴻濛一盪胷

하였다.

천마산(天磨山) 장양폐현 서쪽에 있다. 부와의 거리는 동쪽으로 134리이다.

剛山詩序)〉이다. 《陽村集 卷17》

244 병자년……하였는데 : 1396년(태조5) 7월에, 홍무(洪武) 연간에 지은 표문(表文)이 불손하다 하여 사절(使節)을 따라 중국에 불려 갔고, 그해 9월에 황제의 명으로 문연각(文淵閣)에 머물면서 24편의 시를 짓고 어제시(御製詩) 3편을 하사받았다. 《陽村集 年譜》

245 권근의 응제시(應製詩) : 〈금강산(金剛山)〉이다. 《陽村集 卷1》

개탄산(介呑山) 부 동쪽 26리에 있다.

철령(鐵嶺) 부 북쪽 39리에 있다. 그 북쪽은 바로 함경도 안변부 경계이다.

○ 고려 김극기(金克己)의 시에,

가파른 바위 끝없이 높고 높아서	巉巖高不極
거대한 형세가 관동을 진압하네	巨勢鎭關東
산마루는 멀리 하늘 끝까지 치솟고	頂迥侵天盡
산 밑동은 깊어 땅 끝까지 통했네	跟深徹地窮
겨울의 위세는 봄까지 춥고	冬威春冽冽
어두운 빛은 낮에도 어슴푸레하네	暝色晝濛濛
아래를 내려다보니 속세가 멀고	下視塵寰隔
조화의 공을 누가 알랴[246]	誰知造化功

하였다. ○ 본조 이우(李堣)의 시[247]에,

백두산이 멀리 산맥을 나누어	白頭分遠脈
북쪽에서 내려와 동쪽을 누르네	北來而鎭東
뿌리가 서려 두터운 땅 갈라졌으니	根蟠厚地裂
높은 벼랑을 누가 다 알 수 있으랴	垠堮誰能窮
성대한 형세는 온갖 신령 거느리고	歘翕領百靈

246 아래를……알랴 : 《신증동국여지승람》 권47 〈강원도 회양도호부〉에는 같은 시의 대구가 각각 다르게 실려 있다. "아래를……멀고" 구의 뒤 구절은 "앞길을 찾으니 돌계단이 뚫렸네〔前尋石磴通〕"이고, "조화의……알랴" 구의 앞 구절은 "바라보고 듣는 것이 다 특이하니〔眺聽皆殊特〕"이다.

247 이우(李堣)의 시 : 〈철령에서 한림 김극기의 시에 차운하다〔鐵嶺次金翰林克己韻〕〉이다. 《松齋集 卷1》

푸르스름한 기운은 홍몽세계와 이어졌네 縹氣連鴻濛

웅장하게 걸터앉아 남북을 경계 짓고 雄跨限南北

양쪽 지역의 풍토마저 다르게 하였구나 兩地殊土風

하였다.

회령(灰嶺) 부 북쪽 57리에 있다.

추지령(楸池嶺) 화천폐현(和川廢縣) 동쪽 19리에 있다. 부와의 거리는 59리이다. 극히 높고 험하다. 이우의 시[248]에 "구름 뚫고 갈라진 높은 산, 새가 다닐 만한 하늘 아래 고개라네.〔穿雲割翠微 鳥道天低嶺〕"라고 한 것이 이곳이다.

쇄령(灑嶺) 장양폐현 북쪽 30리에 있다. 부와의 거리는 130리이다.

동파령(東坡嶺) 수입폐현(水入癈縣)에 있다. 부와의 거리는 88리이다. 고개 밑에서 물이 나와 남쪽으로 흘러 현 북쪽 10리에 이르러 다시 땅속으로 들어갔다가 현 남쪽에 이르러 다시 나온다. 그로 인하여 이름을 수입현(水入縣)이라고 한다. 본부와의 거리는 90리이다.

쌍령(雙嶺) 부 서쪽 55리에 있다.

단발령(斷髮嶺) 부 동쪽 150리에 있으니, 바로 천마산의 줄기이다. 세속에서 전하기를 산을 유람하는 자가 이 고개에 올라 금강산을 보면 머리를 깎고 중이 되어 속세를 떠나고 싶은 생각이 들므로 이렇게 이름하였다고 한다. ○ 본조 허적(許樀)의 시[249]에,

단발령에 처음 올라 문득 놀라 바라보니 髮嶺初登刦駭盱

248 이우의 시 : 〈추지령을 넘어 화천현에서 묵다〔逾楸池嶺宿和川縣〕〉이다. 《松齋集 卷1》

249 허적(許樀)의 시 : 〈단발령을 떠나며〔發斷髮嶺〕〉이다. 《水色集 卷4》

아름다운 산봉우리가 구름길에 닿았네　瓊峯珠岫接雲衢
일찍이 삼신산의 비밀 기록을 들었더니　曾聞秘錄三山記
완연히 오악도[250] 속 진짜 모습을 마주하였네　宛對眞形五嶽圖
진 시황제 띄운 누선 저 멀리 아득하고　秦帝樓船空浩渺
주왕의 녹이[251]는 부질없이 내달리누나　周王綠駬漫馳驅
바람 타고 곧장 청도[252]로 가니　乘風直向淸都去
장방의 백옥병[253] 부러울 것 없네　不羨長房白玉壺

하였다.

비로봉(毗盧峯) 바로 금강산의 주봉(主峯)이다. 바위 무늬가 오랫동안 산 기운과 안개로 인해 얼룩덜룩하여 엉겨 붙은 눈빛 같으니, 산 이름을 개골(開骨)이라고 하는 것은 이 때문이다. 서북쪽으로 서로 이어져 우뚝 솟은 것을 중향성(衆香城)이라고 이름한다. ○ 본조 홍인우(洪仁祐)의 〈유산록(遊山錄)〉[254]에 "원적암(圓寂菴)에서 시내를 건너고 골짜기를 넘어 곧장 북쪽으로 20리쯤을 가는데, 혹 깎아지른 벼랑길을 따라가고 혹 쭉쭉 뻗은 잣

250 오악도(五嶽圖) : 오악은 중국의 다섯 명산으로, 태산(泰山), 화산(華山), 형산(衡山), 항산(恒山), 숭산(嵩山)을 말한다.

251 녹이(綠駬) : 주(周)나라 목왕(穆王)이 천하를 주유하면서 타고 다녔다는 여덟 필의 준마 중 하나이다.

252 청도(淸都) : 옥황상제가 산다는 천상(天上)의 궁전이다.

253 장방(長房)의 백옥병[白玉壺] : 장방이 가 본 신선 세계를 말한다. 장방은 비장방(費長房)이다. 후한(後漢) 때 선인(仙人) 호공(壺公)이 시장에서 약을 팔다가 장이 파하면 문득 병 속으로 들어가곤 했는데, 이를 본 비장방이 한번은 그를 따라 병 속으로 들어가 보니, 그 안에 일월(日月)이 걸려 있고 선경인 별천지가 펼쳐져 있었다는 고사가 있다. 《後漢書 方術列傳下 費長房》

254 홍인우(洪仁祐)의 유산록(遊山錄) : 〈관동록(關東錄)〉이다. 《恥齋遺稿 卷3》

나무 가지를 붙잡고 한 걸음씩 나아가[255] 산허리에 이르니, 돌 틈에는 다른 풀이 없고 오직 산개(山芥)와 당귀(當歸)만 보인다. 다시 돌부리를 잡고 5, 6리쯤 가서 바야흐로 영랑재(永郎岾)를 올라 천만 개 봉우리와 골짜기를 굽어보면 기괴한 형상이 사람 모양 같기도 새 모양 같기도 짐승 모양 같기도 하다. 사람 모양은 앉아 있는 것도 같고 서 있는 것도 같으며, 우러러보는 것도 같고 굽어보는 것도 같으며, 짐승 모양은 버티고 앉아 있는 것도 같고 엎드려 있는 것도 같으며, 달리는 것도 같고 누워 있는 것도 같다. 재에서 절정에 이르기까지 둘레가 4, 5십 리 되는 사이에는 해송(海松)과 측백(側柏)이 모두 바람을 피하느라 쓰러져 자라 짙푸르게 덮여 있다. 그 높이가 두세 장(丈)이 되는데, 사람들이 그 위를 걸으면 마치 초가(草架)를 밟는 듯하다. 또 4, 5백 보를 가서 비로봉에 올라 사방을 둘러보면 드넓고 막막하여 끝 간 데를 알지 못해 표표히 학을 타고 하늘에 오른 듯하니, 비록 나는 새라도 우리보다 더 높이 날 수 없을 것 같다. 이날 마침 천지가 쾌청하게 개어 사방에 구름 한 점 없었다. 북쪽으로는 빙 두른 긴 재가 곧장 짙은 구름에 둘러싸인 것이 육진(六鎭)의 산이며, 가파르게 홀로 우뚝 솟아 단지 뾰족한 정상만 드러내고 있는 것이 묘향산(妙香山)이다. 동쪽으로는 큰 바다가 질펀히 넘실대며 하늘과 끝없이 닿아 있고 영동(嶺東)의 여러 고을이 흰 백사장과 큰 호수 사이에 보일락 말락 한다. 남쪽으로는 푸른 산들이 점점이 나란히 가로로 연이어져 있는데, 시야가 흐릿하고 안개 기운이 하늘에 가득 차서 더는 분별이 안 된다. 서쪽으로는 낙조

255 한 걸음씩 나아가 : 대본은 '步步進'이다. 《치재유고》 권3 〈관동록〉에는 '進' 앞에 '難'이 더 있다.

가 교외에 내리고 하늘빛이 묘연하여 산인지 바다인지 알 수 없었다. 분간할 수 있는 산은 검산(劍山), 황룡(黃龍), 설악(雪嶽), 오대(五臺), 치악(雉嶽), 두타(頭陀), 저산(猪山), 청평(淸平), 용문(龍門), 백운(白雲), 천보(天寶), 천마(天磨), 성거(聖居), 보개(寶蓋), 수양(首陽), 구월(九月) 등의 산인데, 어떤 것은 언덕배기와 같고, 어떤 것은 칼날처럼 보일 뿐이다. 이 봉우리는 세 가닥으로 되어 있는데, 그 하나는 동쪽으로 뻗어 일출봉(日出峯), 월출봉(月出峯), 구정봉(九井峯) 등이 되니 바로 구룡연(九龍淵)의 서쪽이다. 월출봉에서 남쪽으로 꺾어져 안문봉(雁門峯), 미륵봉(彌勒峯), 설응봉(雪鷹峯) 등이 되고, 미륵봉에서 서쪽으로 돌아 십왕봉(十王峯), 망고봉(望高峯), 혈망봉(穴望峯) 등이 되니 바로 만폭동(萬瀑洞)의 동쪽이다. 또 하나는 남쪽으로 달려 원적봉(圓寂峯)이 되고, 다른 하나는 북쪽으로 서려 영랑재(永郎岾)가 되는데, 이 재가 흩어져 서남쪽 내산의 뭇 봉우리가 되니 바로 정양사(正陽寺)의 동쪽이다. 안문봉에서 내산, 외산으로 나뉘는데 내산은 모두 암석이고 안문봉을 넘어서야 비로소 흙을 밟게 된다." 하였다.

만경봉(萬景峯) 바로 금강산 서쪽 봉우리이다. 또 백운대(白雲臺)와 국망재(國望岾)가 있는데, 모두 금강산의 큰 봉우리이다. ○ 허적의 시[256]에,

여러 날 무성한 솔과 계수나무 부여잡고 올라갔는데	數日攀援松桂叢
돌아오니 다시 높은 허공에 걸터앉고 싶네	歸來還欲跨穹嶐
높이 솟아 곧장 구름 낀 하늘에 오르고	岧嶢直上雲霄半
아스라이 바닷가에 떠 노니는 듯하네	縹緲浮遊沆瀣中
산은 파도처럼 펼쳐져 다함이 없고	山似波濤渾不盡

256 허적의 시 : 〈만경대에 올라〔登萬景臺〕〉이다. 《水色集 卷5》

바다는 천지에 연하여 끝없이 넓어라	海連天地浩無窮
돌아보매 자부[257] 안개 노을 속에서는	回瞻紫府煙霞裏
신선이 날 저물자 서늘하게 다시 바람을 타누나	日暮泠然更御風

하였다.

혈망봉(穴望峯) 바로 금강산 서쪽 봉우리이다. 석봉(石峯)의 중간쯤에 구멍이 뚫려 있어 동쪽에서 바라보면 산 서쪽이 훤히 보인다.

망고봉(望高峯) 바로 금강산 동쪽 봉우리이다. 송라암(松蘿菴)에서 맞은편 벼랑을 지나려면 벼랑이 돌난간과 같아서 쇠사슬을 수직으로 드리우고 사람들이 그것을 붙잡고 올라간다.

금강강(金剛岡) 일명 금강대(金剛臺)라고 한다. 금강산 표훈사(表訓寺) 북쪽에 있다. 석벽(石壁)이 천 길이나 되어서 사람들은 오를 수가 없는데, 검은 새 2마리가 그 위에 둥지를 틀고 산다. 그곳에 사는 승려가 그 새를 가리켜 현학(玄鶴)이라고 한다.

천일강(天日岡) 일명 천일대(天日臺)라고 한다. 금강산 정양사 남쪽에 있다. 이곳에 오르면 금강산 여러 봉우리를 일일이 다 셀 수 있다. 또 대향로봉(大香爐峯)과 소향로봉(小香爐峯) 등이 있다. ○ 허적의 시[258]에,

가파르게 하늘 밖에 솟은 일만일천 봉우리	崢嶸天外萬千峯
뾰족하고 높고 험준함이 각각 모양을 달리했네	戌削巉巖各異容
관새의 맑은 서리 빛은 창칼을 늘어세운 듯하고	玉塞淸霜排劍戟
연못에 비친 밝은 달은 부용이 빼어나온 듯하네	瑤池皓月秀芙蓉

257 자부(紫府) : 도교에서 신선의 거처를 일컫는 말이다.
258 허적의 시 : 〈천일대에 올라(登天逸臺)〉이다. 《水色集 卷4》

깊고 그윽한 곳은 정히 신선의 집이려니와　　玄冥定是神仙宅
고요하고 한산하여 응당 잡귀 만날 일 없으리　　靜散應無罔兩逢
다만 내 평생 소원은 길이 떠나 은거하는 것이니　　顧我平生長往志
장차 거문고와 학 끌고 구름과 소나무에 몸 부치리　　將携琴鶴寄雲松

하였다.

수재(水岾) 금강산 동쪽에 있다. 민간에서 이르기를 사람이 소리쳐 부르면 반드시 흐리고 비가 오는 까닭에 이렇게 이름하였다고 한다. 골짜기〔洞府〕가 매우 깊숙한데, 돌아가는 길은 점점 평탄해지며, 바위는 적고 흙이 많다. 수십 리를 가면 유점사(楡岾寺)에 이른다.

배재(拜岾) 금강산 서쪽에 있다. 부와의 거리는 164리이다. 세속에서 전하기를 금강산에 들어오는 모든 사람은 반드시 이 재를 지나게 되는데, 재에 오르면 산이 보이고, 산이 보이면[259] 저도 모르게 절하게 되므로 그렇게 이름하였다고 한다.

말휘현(末暉峴) 장양폐현 서북쪽 35리에 있다. 부와의 거리는 동쪽으로 130리이다.

이현(梨峴) 장양(長楊) 동쪽 55리에 있다. 부와의 거리는 동쪽으로 176리이다.

만폭동(萬瀑洞) 금강산 안에 있다. 여러 군데서 솟아나는 샘물이 골짜기 속으로 쏟아지는데, 그 형상이 한둘이 아니므로 그렇게 이름하였다. 골짜기 안에 있는 봉우리는 오인봉(五人峯)이라고 하는데, 사람들이 말하기를

259 산이 보이면 : 대본에는 없는데, 《신증동국여지승람》 권47 〈강원도 회양도호부〉 산천(山川)에 근거하여 '見山則'을 보충하여 번역하였다.

푸른 학이 그 모퉁이에 살고 있다고 한다. 깊은 못이 하나 있으니 관음담(觀音潭)이라고 한다. 못가의 돌벼랑에는 푸른 이끼가 끼어 발이 미끄러우므로 쇠줄을 두어 사람들이 더위잡고 끌어 주어야 마침내 지나갈 수 있다. 돌 가운데에는 방아 절구처럼 움푹 패인 곳이 있다. 보덕굴 앞에 이르자 급한 여울이 돌을 휘감고 와서 벼랑의 패인 곳에 부딪치니, 눈처럼 희게 날리는 물방울을 거세게 뿜어내어 맑은 대낮인데도 어두워지려 한다. 작은 것은 구슬을 내뿜고, 큰 것은 눈을 흩날려서 섞여 내리는 것을 이루 다 셀 수 없으니 주연(珠淵)이라고 한다. 또 돌이 하나 있어서 형상이 거북이가 못 가운데 엎드려 있는 것 같으니 구담(龜潭)이라고 한다. 또 못이 하나 있어서 깊이를 헤아릴 수 없으니 화룡담(火龍潭)이라고 하고, 그 위에 봉우리가 있으니 사자암(獅子巖)이라고 한다. 본조 양사언(楊士彦)이 일찍이 이 골짜기에 들어가 수련하면서 '봉래풍악원화동천(蓬萊楓嶽元化洞天)' 8자를 지어 반석에 새겨 두었는데, 필세가 날아오르고 획의 크기가 넓적다리만 하다. 물이 잦아들면 보이고, 물이 불면 글자가 물 밑으로 들어간다. ○ 본조 이이(李珥)의 시[260]에,

높고 낮은 돌길 지나 골짜기에 들어가니	石逕高低入洞門
골 안의 나는 폭포 성난 우렛소리 울려 퍼진다	洞中飛瀑怒雷奔
바위는 만고토록 녹지 않는 눈에 가로놓였고	巖橫萬古難消雪
산은 천추에 흩어지지 않는 구름 위로 솟았네	山聳千秋不散雲
사자봉 앞에는 짙푸른 안개 날리고	獅子峯前飛翠霧
화룡연 위에는 황혼 그림자 내려앉았네	火龍淵上坐黃昏

260 이이(李珥)의 시 : 〈만폭동(萬瀑洞)〉이다. 《栗谷全書 卷1》

밤이 되어 보덕선암을 찾아 투숙하니 夜投普德禪菴宿
학 울음 원숭이 울음소리가 꿈길을 어지럽히네 鶴唳猿啼攪夢魂

하였다. ○ 허적의 시[261]에,

높이 솟은 절벽이 산문을 옹호하고 懸崖竪壁擁山門
소나무와 암석들이 들쭉날쭉 포진하였네 錯落龍鱗與虎蟠
반석과 언덕이 옥 자리처럼 펼쳐져 있고 盤石坡陀瑤席展
날리는 물줄기 세차게 흰 수레 달리듯 하네 飛流迅激素車奔
찾아 노닐다 문득 큰바람 우렛소리에 놀라고 尋遊却訝風雷壯
우두커니 기다리다 바다에 해 저무는 것도 다 잊었네 延佇都忘海日昏
본디 내 정성이 오묘한 이치에 계합한 것이니 自是契誠幽昧裏
견식 좁은 세상 사람들과는 말하기 어렵네 疑氷難對俗人言

하였다.

백천동(百川洞) 금강산 안에 있다. 장안사에서 시내를 따라 동쪽으로 20리를 가면 이 골짜기에 이르는데, 백 갈래로 날리는 샘물이 쏟아져 내려 가지가지 나뉘고 흩어져서 아득히 흰 무지개 같다. 봉우리는 가파르고, 암석은 우뚝 솟아나서 모인 것은 칼과 같고 솟은 것은 이빨 같은 모양으로 어지러이 층층이 솟아 있다. 골짜기 둘레에는 옛 성이 있으니 사람들이 말하기를 옛날에 장양(長楊) 수령이 난을 피하여 여기에 들어왔다고 한다.

한사평(寒沙坪) 부 서쪽 45리에 있다.

회수(淮水) 원류는 화천폐현의 추지령에서 나와 여러 계곡물과 합해지고, 서쪽으로 흘러 부 서쪽 1리를 지나는데, 이를 덕진(德津)이라고 한다. 돌아

261 허적의 시 : 〈만폭동(萬瀑洞)〉이다. 《水色集 卷5》

서 동남쪽으로 흘러 금성현(金城縣) 지경에 이르러 보리판(菩提坂)을 지나고, 또 통구(通溝)와 낭천(狼川)을 지나 춘천(春川) 서북쪽에 이르러 소양강(昭陽江)과 합해지고, 또 서남쪽으로 흘러 가평(加平) 지경을 지나 양근(楊根) 서쪽에 이르러 한수(漢水)와 합해진다. ○ 이우(李堣)의 〈회양시(淮陽詩)〉에 "회수가 유유히 흘러라, 북에서 와서 동으로 흘러가네.〔淮水去悠悠 北來向東流〕" 하였다.

금강천(金剛川) 부 동쪽 160리에 있다. 원류는 금강산 만폭동에서 나와 서쪽으로 80리를 흘러 금성현 동쪽 지경을 지나 회수에 들어간다.

용연(龍淵) 부 북쪽 29리에 있다.

명담(鳴潭) 금강산 만폭동 아래에 있다. 일명 울연(鬱淵)이라고 한다. 민간에 전해지기를 고려 말에 개경(開京)에 김동(金同)이라는 부자가 있었는데, 불가에 미혹되어 산에 들어가 못 위에 암자를 짓고 거처하면서 서역(西域) 승려 지공(指空)과 불도에 대하여 쟁론을 벌이다 마침 폭우를 만나 못 속에 빠졌다고 한다. 그러므로 김동연(金同淵)이라고도 칭한다고 한다.

토산 土産

연철(鉛鐵), 부 서쪽 수비산(愁非山)에서 난다. 자석(磁石), 매〔鷹〕, 영양(羚羊), 옻〔漆〕, 궁간상(弓幹桑), 부 동쪽 동파령(東坡嶺)에서 난다. 잣〔海松子〕, 오미자(五味子), 인삼(人蔘), 복령(茯苓), 지치〔紫草〕, 차조〔朮〕, 당귀(當歸), 꿀〔蜂蜜〕, 황랍(黃蠟), 송이버섯〔松蕈〕, 석이버섯〔石蕈〕, 산개(山芥), 강활(羌活), 독활(獨活), 황양(黃楊), 속새〔木賊〕, 산무애뱀〔白花蛇〕, 누치〔訥魚〕, 쏘가리〔錦鱗魚〕, 여항어(餘項魚)

공서 公署

은계도 찰방사(銀溪道察訪司) 부 서쪽 5리에 있다. 은계(銀溪), 풍전(豐田), 생창(生昌), 직목(直木), 창도(昌道), 신안(新安), 용담(龍潭), 임단(林丹), 옥동(玉洞), 건천(乾川), 서운(瑞雲), 산양(山陽), 원천(原川), 방천(方川), 함춘(含春), 수인(水仁), 마노(馬奴), 부림(富林), 남교(嵐校), 임천(林川) 등 20개 역을 관할한다. ○ 찰방(察訪) 1인이 있다.

학교 學校

향교(鄕校) 부 동쪽 1리에 있다.

궁실 宮室

객관(客館)

봉수 烽燧

개탄산 봉수(介呑山烽燧) 남쪽으로 금성현의 기성북산(岐城北山)에 응하고, 동쪽으로 여이파산(餘伊破山)에 응한다.

여이파산 봉수(餘伊破山烽燧) 부 동쪽 45리에 있다. 동쪽으로 추지령에 응하고, 남쪽으로 개탄산에 응한다.

추지령 봉수(楸池嶺烽燧) 동쪽으로 통천군의 금란성(金幱城)에 응하고, 서쪽으로 여이파산에 응한다.

소산 봉수(所山烽燧) 부 서쪽 25리에 있다. 북쪽으로 함경도 안변부의 철령에 응하고, 서쪽으로 남곡북산(嵐谷北山)에 응한다.

남곡북산 봉수(嵐谷北山烽燧) 부 서쪽 33리에 있다. 남쪽으로 쌍령에 응하고, 북쪽으로 소산에 응한다.

쌍령 봉수(雙嶺烽燧) 남쪽으로 평강현의 송현(松峴)에 응하고, 북쪽으로 남곡북산에 응한다.

신증 新增

장미산 봉수(獐尾山烽燧) 동쪽으로 추지령에 응하고, 서쪽으로 소산에 응한다.

우역 郵驛

은계역(銀溪驛) 부 서쪽 5리에 있다. 찰방사 본역이다. ○ 김극기(金克己)의 시에,

험난한 산길을 걸어 철령을 내려와서	崎嶇下鐵嶺
아늑하고 조용한 은계를 찾네	窈窕尋銀溪
맑은 물이 동구로 흘러나와	澄流出洞口
일대가 푸른 유리 바닥 되었네	一帶青玻瓈
흐르다 돌을 만나면 미친 듯 포효하여	遇石或狂吼
요란한 소리가 북을 울리는 것 같구나	轟轟鳴鼓鼙
갠 산 아지랑이는 사람을 좇아가고	晴嵐趁人去
십 리 거리에 말굽 소리 끊어졌네	十里斷馬蹄
홀연히 보니 버드나무 저쪽에 역사가 있어서	忽看柳外驛

높다란 집이 꽃다운 풀 언덕에 잇닿았네 危構聯芳堤
수풀이 깊으니 들새들이 서로 부르고 林深野鳥喚
나무가 빽빽하니 산매미가 울어댄다 樹密山蟬嘶
한가로이 앉아서 두건을 젖히니 翛然坐岸幘
오월에 바람이 서늘하구나 五月風淒淒

하였다.

신안역(新安驛) 부 남쪽 30리에 있다.

교생원(校生院) 부 서쪽 11리에 있다.

차산원(遮山院) 부 동쪽 60리에 있다.

관량 關梁

철관(鐵關) 철령 위에 있다. 고려 때 관문(關門)을 설치하여 철관이라고 칭하고, 좌우에 언덕을 따라 성을 쌓았다. 지금은 없어지고 유지(遺址)만 남아 있다. 함경도 안변부(安邊府)에도 보인다. ○ 고려 이곡의 〈동유록(東遊錄)〉[262]에 이르기를 "철령은 우리나라의 동쪽 요해지로서 이른바 한 사내가 관문을 지키면 만 명의 장부로도 열지 못한다는 곳이다. 지원(至元) 경인년(1290, 충렬왕16)에 합단(哈丹) 등의 적도(賊徒)가 패배하여 동쪽으로 도망쳐서 관동 지방으로 난입하였으므로 나라에서 만호(萬戶) 나유(羅裕)를 보내 철관을 방호하게 하였다. 적도가 등주(登州 안변)에 이르러 사람을 시켜 염탐하게 하였는데, 나유는 적도가 왔다는 보고를 받고 철관을 버리

262 이곡의 동유록(東遊錄) : 〈동유기(東遊記)〉이다. 《稼亭集 卷5》

고 달아났다. 그러므로 적도들이 무인지경처럼 날뛰어 온 나라가 피해를 입었다. 중국 조정에 구원병을 요청한 뒤에야 마침내 적도를 섬멸할 수 있었다. 나유는 참으로 담력이 작았다고 하겠다." 하였다.

사묘 祠廟

사직단(社稷壇) 부 서쪽에 있다.

문묘(文廟) 향교에 있다.

의관산사(義館山祠) 옛 성안에 있다. 사전(祀典)에는 소사(小祀)에 실려 있다. 봄가을에 향축(香祝)을 내려 제사 지낸다.

성황사(城隍祠) 의관산에 있다.

덕진명소사(德津溟所祠) 부 서쪽 1리, 회수 언덕에 있다. 봄가을에 향축을 내려 제사 지낸다. 소사(小祀)에 실려 있다.

여단(厲壇) 부 북쪽에 있다.

사찰 寺刹

장안사(長安寺) 금강산에 있다. 바로 신라 법흥왕(法興王)이 창건한 절이다. 원(元)나라 순제(順帝)와 황후 기씨(奇氏)가 이 절을 원찰(願刹)로 삼고 내관(內官)을 보내 중건하여 극히 장엄하고 화려하게 하고는 매년 향을 내려 사신을 보내 복을 빌었다. 당전(堂殿)[263]과 불상(佛像)은 모두 중국인

263 당전(堂殿) : 법당(法堂)과 불전(佛殿)을 말한다.

이 만든 것으로, 기교(奇巧)하기가 비할 데 없다. 이곡이 지은 중창비(重創碑)[264]가 있다.

표훈사(表訓寺) 금강산 만폭동 입구에 있다. 서로 전하기를 신라 승려 능인(能仁), 신림(神琳), 표훈(表訓) 등이 이 절을 창건하였다고 한다. 원나라 영종(英宗)이 세운 비가 있는데, 새기기를 "황제와 태황태후, 태자가 돈과 비단을 보시하다.〔帝與太皇太后太子施錢帛〕"라고 하였다. 원나라 조신(朝臣) 양재(梁載)가 짓고 고려 시중 권한공(權漢功)이 글씨를 쓴 글도 있다.[265]

정양사(正陽寺) 금강산 표훈사 북쪽에 있다. 산의 정맥(正脈)에 자리 잡고 있으므로 정양이라고 이름하였다. 지계(地界)가 높고 트여서 산의 여러 봉우리를 일일이 다 볼 수 있다. 민간에 전해지기를 고려 태조가 이 산에 오르고 그대로 이 절을 창건하였다고 한다. 절 앞의 언덕을 천일대(天日臺)라고 하는데 일명 진헐대(眞歇臺)라고도 한다. ○ 본조 성임(成任)의 시에,

지대는 정양사에 멀찍이 트였고	地迥正陽寺
가을은 진헐대에 활짝 개었구나	秋晴眞歇臺
구름과 산이 모두 눈앞에 있으니	雲山都在眼
속세에 어찌 마음이 가겠는가	塵世豈關懷
햇살에 비추인 병풍 천 겹이요	映日屛千疊

264 이곡이 지은 중창비(重創碑) : 〈금강산 장안사 중흥비(金剛山長安寺重興碑)〉이다. 《稼亭集 卷6》

265 원나라……있다 : 《신증동국여지승람》 권47 〈강원도 회양도호부〉 불우(佛宇)에 "절문 오른쪽에 또 각석이 있으니, 원나라 신하 양재가 지은 〈상주분량기(常住分糧記)〉로서 고려 시중 권한공이 글씨를 썼다." 하였다.

공중에 벌여 선 옥은 몇 무더기인가　排空玉幾堆
실컷 보느라 갈 길을 잊고　貪看忘去路
지팡이 짚고 다시 배회하노라　倚杖更徘徊

하였다. ○ 김세렴(金世濂)의 시[266]에,

중향성 밖에 구정봉 있고　衆香城外九井峯
또 비로봉 있어 멀리서 종주가 되네　別有毗盧迥作宗
일출봉은 남으로 월출봉과 연하여 나란하고　日出南連月出竝
대향로봉은 서쪽으로 소향로봉과 만나 겹쳐 있네　大爐西接小爐重
한 가을의 솔과 잣나무가 맑은 못을 장식하고　高秋檜栢粧明鏡
대낮의 바람과 뇌성에 화룡이 일어나는 듯하네[267]　白日風雷起火龍
흔쾌히 온 산의 진면목을 둘러보고　快睹一山眞面目
비 내리는 정양사의 외로운 솔에 기대섰노라　正陽新雨倚孤松

하였다.

보현암(普賢菴) 금강산에 있다.

원통사(圓通寺) 금강산에 있다.

보덕굴(普德窟) 만폭동에 있다. 위에 관음각(觀音閣)이 있으니, 절벽을 파서 판자를 걸치고 밖에 구리 기둥을 세워서 그 위에 3칸 되는 작은 집을 만들고는 쇠사슬로 묶어서 바윗돌에 못을 박아 놓았다. 공중에 떠 있으므로 사람이 올라가면 흔들린다. 그 안에 부처를 모신 함을 안치하고 구슬과 옥

266 김세렴(金世濂)의 시 : 〈정양사 남루에 제하다〔題正陽寺南樓〕〉이다. 《東溟集 卷5》

267 화룡(火龍)이 일어나는 듯하네 : 화룡은 전설 속에 나오는 온몸에 불이 붙은 신룡(神龍)이다. 여기서는 깊은 골에 바람과 뇌성 칠 때의 형상을 비유한 것이다.

으로 장식하였으며, 겉에 철망을 둘러서 손으로 만지지 못하게 하였다. 민간에 전해지기를 고구려 안원왕(安原王) 때에 승려 보덕(普德)이 창건하였다고 한다. ○ 본조 김시습(金時習)의 시[268]에,

구리 기와엔 이끼 끼고 구리 기둥은 높은데	銅瓦生衣銅柱高
처마 아래 매달린 풍경소리 요란하네	簷鈴風鐸響嘈嘈
보배 산의 바위굴이 몇 자나 솟았는가	寶山巖窟幾尺聳
은빛 바다 파도 소리 밤새도록 시끄럽네	銀海波濤終夜號
공중에 매단 쇠사슬 사각사각 흔들리고	鐵鎖掛空搖戛戛
벽에 걸린 구름사다리 출렁출렁 움직이네	雲梯緣壁動騷騷
분향하고 한번 절하매 잡념이 없어지니	焚香一禮心無雜
선궁에서 여섯 자라를 탄 듯 싶구나	疑是仙宮駕六鰲

하였다.

마하연(摩訶衍) 만폭동의 가장 깊은 곳에 있다.

영원암(靈源菴), **현불암**(現佛菴) 모두 백천동에 있다.

송라암(松蘿菴) 금강산에 있다. 대송라암, 소송라암 2개가 있는데 두 암자가 서로 마주 보고 있다. 본조 성임(成任)의 시에 "대송라암과 소송라암이 마주 보고 있는데, 동쪽의 우물과 서쪽의 대, 이러한 경관 세상에 흔치 않네.〔大松蘿對小松蘿 東井西臺世不多〕"라고 한 것이 이곳이다.

묘길상암(妙吉祥菴)

백화암(白華菴)

삼장암(三藏菴)

268 김시습(金時習)의 시 : 〈보덕굴(寶德窟)〉이다. 《梅月堂集 梅月堂詩集 卷10》

진불암(眞佛菴)

금장암(金莊菴)

지장암(地藏菴)

신림사(神琳寺)

천진암(天眞菴)

극락암(極樂菴)

개심암(開心菴)

묘덕암(妙德菴)

천덕암(天德菴)

사자암(獅子菴) 곁에 사자 모양의 돌이 있으므로 이렇게 이름하였다.

원각암(圓覺菴) 금강산에 있다.

도산사(都山寺) 금강산 밖에 있다.

고적 古蹟

화천폐현(和川廢縣) 부 동쪽 40리에 있다. 본래 고구려 수성천현(藪狌川縣)인데, 신라에서 수천(藪川)으로 고치고 대양군(大楊郡)의 영현(領縣)으로 삼았다. 고려 초에 화천(和川)으로 고치고 본부에 그대로 병합시켰다. 본조에서 그대로 따랐다. 현 동쪽에 산성이 있는데 돌로 쌓았다. 둘레가 1080자이다. 지금은 허물어졌다.

남곡폐현(嵐谷廢縣) 부 서쪽 30리에 있다. 본래 고구려 적목진(赤木鎭)으로, 일명 사비근을(沙非斤乙)이라고 한다. 신라에서 단송(丹松)으로 고치고 연성군(連城郡)의 영현으로 삼았다. 고려 현종(顯宗) 때 남곡(嵐谷)으로 고치고 본부에 그대로 병합시켰다. 본조에서 그대로 따랐다. 현 북쪽에 산성이 있는데 돌로 쌓았다. 둘레가 880자이다. 지금은 허물어졌다.

수입폐현(水入廢縣) 부 동쪽 40리에 있다. 본래 통구현(通溝縣) 지역인데, 떼어 내 본부에 편입시켰다.

장양폐현(長楊廢縣) 부 동쪽 150리에 있다. 본래 고구려 대양관군(大楊管郡)으로, 일명 마근압(馬斤押)이라고 한다. 신라에서 대양군으로 고쳤다. 고려에서 장양(長楊)으로 고치고 그대로 본부에 병합시켰다. 본조에서 그대로 따랐다. 현 동쪽에 산성이 있는데 돌로 쌓았다. 둘레가 950자이다. 지금은 허물어졌다.

문등폐현(文登廢縣) 부 동쪽 40리에 있다. 본래 고구려 문견현(文見縣)으로, 일명 근시파혜(斤尸波兮)라고 한다. 신라에서 문등(文登)으로 고치고 대양군의 영현으로 삼았다. 고려 현종 때에 옮겨 춘주(春州)에 편입시켰다가 뒤에 교주(交州)에 편입시켰다. 본조에서 그대로 따랐다.

남산성(南山城) 현 남쪽 10리에 있다. 돌로 쌓았다. 둘레가 1667자이다. 예전에 군창(軍倉)이 있었다. 지금은 없어졌다.

의관산고성(義館山古城) 돌로 쌓았다. 둘레가 1904자이다. 지금은 없어졌다.

고질운현(古軼雲縣) 김부식(金富軾)이 이르기를 "본래 고구려 관술현(管述縣)인데, 신라 경덕왕 때 이름을 고치고 연성군의 영현으로 삼았다. 지금은 미상이다." 하였다.

고희령현(古稀嶺縣) 김부식이 이르기를 "본래 고구려 저수현현(猪守峴縣)인데, 경덕왕 때 지금 이름으로 고치고 연성군의 영현으로 삼았다. 지금은 미상이다." 하였다.

천보산고성(天寶山古城) 돌로 쌓았고 둘레가 5636자이다.

명환 名宦

고려

이유백(李惟伯) 문종(文宗) 3년(1049)에 동북로 감창사(東北路監倉使)가 아뢰기를 "교주 방어판관(交州防禦判官) 이유백이 성지(城池)를 수리하고 기계를 정비한 것이 여러 고을 중에 제일입니다. 그리고 관하의 연성(連城)과 장양(長楊)의 이민(吏民)들이 말하기를 '이유백은 농사를 권장하고 백성을 보살펴 주니, 비록 임기가 차서 교대하게 되더라도 유임하게 하기를 원합니다.' 하였습니다."라고 하니, 왕이 가상하게 여기고 상서이부(尙書吏部)에 회부하였다.

이혼(李混) 충선왕조(忠宣王朝)에 예문 대사백(藝文大詞伯)이 되었는데, 폄척되어 회양 목사(淮陽牧使)가 되었다.

이우(李瑀) 충선왕 때에 회양 부사(淮陽府使)가 되어 인애(仁愛)한 정사를 행하여 백성들에게 은덕을 남겼다.

본조

박삼길(朴三吉) 강정왕조(康靖王朝 성종)에 회양 부사가 되었는데, 백성들이 그의 청렴결백함에 감복하였다.

김연광(金鍊光) 소경왕(昭敬王 선조) 때에 회양 부사가 되었다. 왜구가 지경에 가까이 왔으므로 백성들이 피하기를 권하니, 김연광이 말하기를 "나는 고을을 지키는 신하이니 도망가서 목숨을 구할 수 없다." 하고, 의관을 정제하고 앉아 있었다. 왜적이 위협하였으나 굴복하지 않다가 마침내 해를 당하였다.

유우 流寓

경순왕(敬順王)의 아들 신라 경순왕이 장차 고려에 항복하려 하자, 왕자가 간하여 말하기를 "의당 충신, 의사(義士)와 함께 민심을 수습하여 죽음을 불사하고 스스로 지조를 지켜야 하는데, 어찌 천년의 사직을 하루아침에 남에게 주어서야 되겠습니까." 하였다. 왕이 따르지 않자 왕자는 곡하며 하직하고 곧장 개골산(開骨山)에 가서 암석에 의지하여 집을 만들고는 마의(麻衣)를 입고 풀로 연명하며 일생을 마쳤다.

철원도호부鐵原都護府

동쪽으로 김화현(金化縣) 경계까지 32리이다. 남쪽으로 경기 영평현(永平縣) 경계까지 43리이다. 서쪽으로 경기 연천현(漣川縣) 경계까지 43리, 같은 도 삭녕군(朔寧郡) 경계까지 29리이다. 북쪽으로 평강현(平康縣) 경계까지 32리이다. 서울과의 거리는 221리이다.

한전旱田

수전水田

건치연혁建置沿革

본래 고구려 철원군(鐵圓郡)이다. 일명 모을동비(毛乙冬非)라고 한다. 신라 경덕왕(景德王) 때에 철성군(鐵城郡)으로 고쳤다. 신라 말에 궁예(弓裔)가 침략하여 고구려 땅을 차지하고 왕으로 칭하면서 이곳에 도읍을 세웠다. 고려 태조(太祖) 2년(919)에 철원(鐵圓)을 고쳐 동주(東州)로 삼았다. 고종(高宗) 때 강등시켜 현(縣)으로 삼았다가 뒤에 승격시켜 목(牧)으로 삼았다. 충선왕(忠宣王) 초에 고쳐 철원부(鐵原府)로 삼았다. 본조 태종(太宗) 13년(1413)에 도호부로 삼았다. 관장하는 면은 9개이다.

관원

부사(府使), 교수(敎授) 각 1인이다.

군명 郡名

철원(鐵圓), 철성(鐵城), 동주(東州) 별호는 육창(陸昌)이다.

형승 形勝

지대가 외지고 깊숙하다. 고기(古記)에 "철원은 산과 물의 근원지로서 지대가 외지고 깊숙하다."라고 하였다.

땅이 대부분 좁다. 《회토기(會土記)》[269]에 "철원은 땅이 대부분 좁다."라고 하였다.

북쪽은 분수령(分水嶺)에 막히고, 남쪽은 보개산(寶蓋山)에 기대고 있다. 지지(地志)에 "북쪽은 분수령에 막히고 남쪽은 보개산에 기대고 있으며 사방에 험한 산이 많은데, 오직 삼잔평(彡盞坪)[270] 한 들판만 시야 끝까지 펼쳐져 있다."라고 하였다.

269 회토기(會土記) : 《삼한회토기(三韓會土記)》이다.

270 삼잔평(彡盞坪) : 고동주평(古東州坪)의 속칭이다. 《신증동국여지승람》 권47 〈강원도 철원도호부〉 산천(山川)에는 '대야잔평(大也盞坪)'이라고 되어 있다.

풍속 風俗

그곳 백성들은 질박하다.

화전을 일구어 밭을 개간한다.

산천 山川

고암산(高巖山) 부 북쪽 40리에 있다. 궁예 때에 진산(鎭山)으로 삼았다.

보개산(寶蓋山) 부 남쪽 17리에 있다. 산이 중첩되고 골짜기가 매우 깊으며, 산봉우리에는 암석이 많아서 바라보면 우뚝하고 험준하다. 그 정상을 환희봉(歡喜峯)이라고 하고, 위에 석대(石臺)가 있는데 이따금 특이한 기운이 거기서 나온다.

금학산(金鶴山) 부 남쪽 16리에 있다. 정상에 샘이 있다. 서쪽으로 보개산에 이어져 있어서 혹 보개산과 통칭하기도 한다.

백악산(白嶽山) 부 동북쪽 35리에 있다.

남산(南山) 부 남쪽 35리에 있다. 바로 보개산 동쪽 줄기이다.

수정산(水精山) 부 남쪽 15리에 있다. 또한 보개산 -원문 3, 4자 결락-

효성산(曉星山) 부 서북쪽 30리에 있다.

용화산(龍華山) 부 동남쪽 50리에 있다. 우뚝 솟아 높고 험준하다. 산에 옛성이 있는데 이름을 명성(鳴城)이라고 하므로 명성산(鳴城山)이라고도 칭한다.

불견현(佛見峴) 부 서쪽 40리에 있으니, 바로 보개산 서쪽 줄기이다.

갈마현(渴磨峴) 부 서쪽 40리에 있다.

고석봉(孤石峯) 고석정(孤石亭)이라고도 칭한다. 부 동남쪽 30리에 있다.

바위 봉우리가 홀로 서 있고, 동쪽으로 체천(砌川)에 임하여 있다. 세상에서 전하기를 신라 진평왕(眞平王)과 고려 충숙왕(忠肅王)이 이곳에서 노닌 적이 있다고 한다. ○ 고려 승려 무외(無畏)의 기문(記文)에 "철원군(鐵圓郡) 남쪽으로 만 보쯤에 고석정이 있는데, 큰 바위가 우뚝 서 있으니 높이가 300자이고 둘레가 수십여 장(丈)[271]이다. 바위를 타고 올라가니 구멍 하나가 있어, 엎드려 기어 들어가니 마치 집 같은데, 층대(層臺)가 있어 10명쯤 앉을 만하였다. 옆에 신라 진평왕이 남긴 비가 있다. 다시 구멍에서 나와 꼭대기에 오르니, 둥근 단(壇)처럼 생긴 울퉁불퉁한 돌에 거친 이끼가 끼어 자리를 깔아 놓은 듯하고, 푸른 솔이 둥그렇게 서 있어 일산을 펼쳐 놓은 것 같다. 또 큰 내가 있어 손방(巽方 동남쪽)에서 내려와 바위 아래에 이르러 물이 고여 못이 되었다. 굽어보면 두려워서 벌벌 떨리니 마치 신물(神物)이 거기에 사는 것 같다." 하였다.

재송평(栽松坪) 부 북쪽 45리에 있다.

고동주평(古東州坪) 부 동쪽 10리에 있다. 세속에서 삼잔평이라고 칭한다. 누른 띠풀이 시야 끝까지 깔려 있다. 재송평과 함께 모두 강무장(講武場)이 되었다. 우리 세종(世宗)이 일찍이 여기에서 사냥을 하였다.

체천(砌川) 부 동쪽 20리에 있다. 원류는 평강(平康)과 회양(淮陽) 경계에서 나와 부 동남쪽을 지나 풍전역(豐田驛) 서쪽에 이르러 김화현의 물과 합해지고, 남쪽으로 흘러 경기 영평현 경계를 지나 양주(楊州) 북쪽에 이르러 대탄(大灘)이 된다. 양쪽 언덕이 모두 섬돌과 같은 석벽(石壁)이므로 그렇

271 수십여 장(丈) : 《신증동국여지승람》 권47 〈강원도 철원도호부〉 수정 및 《동문선》 〈고석정기(孤石亭記)〉에는 '十餘丈'으로 되어 있다.

게 이름하였다.

삼부폭포(三釜瀑布) 부 동남쪽 40리에 있다. 물이 용화산 위에서 흘러내려 폭포가 되는데, 물이 떨어지는 곳에 돌이 솥 모양으로 움푹 파여 있고, 이러한 것이 3층이어서 물이 세 번 넘쳐 3개의 폭포가 되므로 이렇게 이름하였다. 폭포의 높이는 모두 100여 자이고 아래는 깊은 못이 되며, 못가는 모두 흰 자갈과 기이한 암석이다. ○ 본조 박순(朴淳)의 시[272]에,

돌벼랑 높아 해 수레 못 오를까 두려운데	石崖高畏日車翻
삼부폭포 만 가지 기이한 모습으로 쏟아져 내리네	三釜飛流萬怪奔
놀라고 탄식하며 비로소 비견할 데 없음 알겠으니	吁駭始知無比並
옥무지개니 은하수니 하는 것도 부질없는 말이로다	玉虹銀漢亦徒言

하였다.

토산 土産

자석(磁石), 옻〔漆〕, 오미자(五味子), 인삼(人蔘), 송이버섯〔松蕈〕, 당귀(當歸), 차조〔朮〕, 강활(羌活), 독활(獨活), 매〔鷹〕, 꿀〔蜂蜜〕, 황랍(黃蠟), 복령(茯苓), 궁궁이〔芎窮〕, 산무애뱀〔白花蛇〕, 쏘가리〔錦鱗魚〕, 누치〔訥魚〕

272 박순(朴淳)의 시 : 〈삼부폭천에 제하다〔題三釜瀑泉〕〉이다. 《思菴集 卷2》

학교 學校

향고(鄉校) 부 남쪽 3리에 있다.

궁실 宮室

객관(客館)

북관정(北寬亭) 부 북쪽에 있다. ○ 고려 강회백(姜淮伯)의 시에,

> 당시 도탄에 빠져서 몇 고을이 곤란하였던고 塗炭當時困幾州
> 올라 보니 옛일이 생각나 새삼 수심이 갑절이 되네 登臨懷古倍新愁
> 아로새긴 담장과 높은 집들의 번화함은 다 사라지고 雕墻峻宇繁華盡
> 깨진 주춧돌과 무너진 담에 가을이 적막하구나 破礎頹垣寂寞秋
> 하늘을 우러르고 땅을 굽어보매 감개가 무량하고 俯仰乾坤多感慨
> 산과 물을 돌아보노라니 맑고 그윽하여라 顧瞻山水是淸幽
> 흑금원[273]의 천년 땅에 黑金原上千年地
> 벼와 기장 이삭 늘어져 멀리 노니는 사람의 마음 괴롭히누나 禾黍離離惱遠遊

하였다.

봉수 烽燧

소이산 봉수(所伊山烽燧) 부 서쪽 8리에 있다. 동쪽으로 평강현의 토빙산

273 흑금원(黑金原) : 흑금은 철(鐵)을 말하므로 철원을 지칭한다.

(吐氷山)과 진촌산(珍村山)에 응하고, 남쪽으로 적골산(適骨山)에 응한다.

적골산 봉수(適骨山烽燧) 부 서쪽 46리에 있다. 북쪽으로 소이산에 응하고, 남쪽으로 경기 영평현의 미로곡(彌老谷)에 응한다.

우역 郵驛

용담역(龍潭驛) 부 서쪽 10리에 있다.

풍전역(豐田驛) 부 남쪽 40리에 있다.

통화원(通化院) 부 동쪽 39리에 있다.

권화원(權化院) 부 서쪽 35리에 있다.

사묘 祠廟

사직단(社稷壇) 부 서쪽에 있다.

문묘(文廟) 향교에 있다.

성황사(城隍祠) 부 서쪽 2리에 있다.

여단(厲壇) 부 북쪽에 있다.

능묘 陵墓

목숙정승(苜蓿政丞) 묘 부 □□에 옛 무덤이 있는데, 세속에서 목정승(苜政丞)의 묘라고 칭한다. 서로 전하기를 "궁예 때의 재상인 단기명(段起明)이라는 자가 궁예의 무도함을 보고 병을 핑계 대며 벼슬하지 않았는데, 호가 목숙헌(苜蓿軒)이니, 아마 그 묘일 것이다."라고 한다.

김응하(金應河) 부친 묘 부 -원문 다수 결락-에 있다.

사찰 寺刹

석대사(石臺寺) 보개산에 있다. 당(唐)나라 정원(貞元) 8년(792)에 사냥꾼 이순석(李順石)이라는 자가 이곳에서 부처를 보고 절을 지었다.

지장사(地藏寺) 보개산에 있다. 이색(李穡)의 〈중수기(重修記)〉[274]가 있다.

심원사(深原寺) 보개산 정중앙에 있다. 옛 흥림사(興林寺)인데, 본조 승려 무학(無學)이 심원(深原)으로 고쳐 지었다. 산기운이 깊고 두터워서 영이(靈異)하다고 일컬어진다. 절에 만세루(萬歲樓)가 있다.

성주암(聖住菴), 대승암(大乘菴), 지족암(知足菴), 영은사(靈隱寺) 모두 보개산에 있다.

적석사(積石寺) 고암산에 있다.

용화사(龍華寺) 명성산에 있다.

고적 古蹟

풍천원(楓川原) 부 북쪽 27리에 있다. 삼국 시대 말에 궁예가 이곳에 도읍하고 국호를 태봉(泰封)이라고 하였다. 궁실을 새로 보수하여 그지없이 사

274 이색(李穡)의 중수기(重修記) : 〈보개산 지장사 중수기(寶蓋山地藏寺重修記)〉이다. 《牧隱藁 牧隱文藁 卷2》

치스럽게 하였으니 지금 전우(殿宇)의 옛터가 아직 남아 있다. 외성(外城)은 둘레가 1만 4420자이고 내성(內城)은 둘레가 1905자이며, 모두 흙으로 쌓았다. 지금은 거의 다 무너졌다. ○ 본조 서거정(徐居正)의 시[275]에,

나라 무너진 산하가 한 고을이 되었어라	國破山河作一州
태봉의 남긴 자취가 사람을 시름케 하네	泰封遺迹使人愁
지금은 미록이 와서 노니는 땅이 되었고[276]	至今麋鹿來遊地
옛 그대로 어룡이 적막한 가을 강이로다[277]	依舊魚龍寂寞秋
비낀 해 엷은 연기는 하늘과 함께 멀고	斜日淡煙天共遠
떨어진 꽃 나는 개지는 물과 함께 흐르네	落花飛絮水同流
당시 거울의 예언[278]은 참 임금께 돌아갔으니	當時鏡讖歸眞主

275 서거정(徐居正)의 시 : 〈철원(鐵原)〉이다.《四佳集 四佳詩集補遺 卷3》

276 지금은……되었고 : 나라가 멸망한 것을 뜻한다. 춘추 시대 오왕(吳王) 부차(夫差)가 미인 서시(西施)를 위해 고소대(姑蘇臺)를 세우고는 날마다 이곳에서 노닐며 정사를 돌보지 않았다. 이에 오자서(伍子胥)가 간절히 간했으나 듣지 않자 오자서가 "이제 곧 오나라가 망하여 고소대 아래에서 사슴이 노니는 것을 보게 될 것이다.〔今見麋鹿遊姑蘇之臺〕"라고 경고했는데, 과연 얼마 지나지 않아서 월(越)나라에 멸망당했다는 고사에서 나온 말이다.《史記 淮南衡山列傳》

277 옛……강이로다 : 망국의 적막한 모습을 형용한 말이다. 두보(杜甫)의 〈추흥팔수(秋興八首)〉 가운데 장안(長安)의 상란(喪亂)을 염려하여 지은 제4수 시의 "어룡이 적막해진 가을 강은 썰렁도 해라, 고국 장안은 평소에 사모하는 바이로다.〔魚龍寂寞秋江冷, 故國平居有所思.〕"라고 한 시구에서 나온 말이다.《杜少陵詩集 卷17》

278 거울의 예언 :《삼국사기》 권50 〈궁예열전(弓裔列傳)〉에 보인다. 중국 상인 왕창근(王昌瑾)이 철원에 와서 시장에 거처하고 있던 중에 백발노인에게서 거울 하나를 샀는데 그 거울에는 "상제가 진마에 아들을 내릴 것이니 먼저 닭을 잡고 나중에 오리를 잡을 것이다. 사년에는 두 마리의 용이 나타날 것인데, 하나는 청목 안에 몸을 감출 것이고 하나는 흑금의 동쪽에 나타날 것이다.〔上帝降子於辰馬, 先操雞後搏鴨. 於巳年中二龍見, 一則藏身青木中, 一則顯形黑金東.〕"라는 문구가 쓰여 있었다. 이를 풀이하면 지금의 임금이 철원에서 일어나 철원에서 멸망하고 송악군 출신인 파진찬 시중 왕건이 먼저 계림을 얻고 뒤에 압록을 수복한다는 뜻

즐겨 놀기만 일삼은 궁예왕이 가소롭구나 可笑弓王事逸遊

하였다. ○ 본조 정사룡(鄭士龍)의 시[279]에,

신라의 국운이 다하여 틈새가 엿보이니 斯羅籙訖輸窺窃
이리며 올빼미가 치성해져서 되돌아 무는 일 허다해 狼顧鴟張反噬多
공연히 편한 형세 차지하여 제멋대로 약마하다가[280] 謾據形便資躍馬
큰 바다 끼지 못하여 다시 국가를 이루지 못했네[281] 不將溟渤復爲家
풍운으로 이미 교룡의 위세 빌려 왔으나 風雲已借蛟龍勢
대전은 문득 참새 둥지로 변해 버렸네[282] 臺殿飜成燕雀窠
머리 돌려 풍천[283] 남은 땅 바라보노라니 回首楓川餘片地
뒷수레가 앞수레를 경계 삼을 일 어찌 한이 있으랴 後車何限戒前車

하였다.

고석성(孤石城) 고석봉 곁에 있다. 돌로 쌓았다. 둘레가 2892자이다. 지금은 없어졌다.

고려 태조의 옛집〔高麗太祖舊宅〕 부 남쪽 3리에 있다. 고려 태조가 궁예를

이었다.

279 정사룡(鄭士龍)의 시 : 〈동주잡영(東州雜詠)〉이다. 《湖陰雜稿 卷3》

280 공연히……약마(躍馬)하다가 : 약마는 말을 타고 날뛰는 것을 말한다. 후한(後漢) 때 공손술(公孫述)의 고사로, 좌사(左思)의 〈촉도부(蜀都賦)〉에 "공손술이 말을 타고 날뛰며 칭제하였다.〔公孫躍馬而稱帝〕"라고 한 데서 나온 말이다. 《文選 卷4》 여기서는 궁예가 철원에 도읍을 정하고 칭왕한 것을 가리킨다.

281 큰……못했네 : 궁예가 바다를 멀리한 지역에 웅거하여 나라를 이루지 못했음을 뜻한다.

282 풍운(風雲)으로……버렸네 : 궁예가 시운(時運)을 타고 왕이 되어 군주 노릇을 하긴 했으나, 나라가 망한 뒤에 궁궐이 폐허가 되었음을 말한다.

283 풍천(楓川) : 풍천원(楓川原)을 말한다. 곧 궁예의 궁전 옛터가 있는 곳이다.

섬길 때의 옛집이다. 단과 담장의 옛터가 아직 남아 있다. 지금 향교 터가 되었다.

인물 人物

고려

최준옹(崔俊邕) 태조를 보좌하여 공신이 되었다.

최석(崔奭) 최준옹의 5대손이다. 초명은 최석(崔錫)이다. 과거에 장원 급제하여 화요직(華要職)을 두루 역임하고 태보 문하시랑 동중서문하평장사 감수국사 상주국(太保門下侍郎同中書門下平章事監修國史上柱國)에 이르렀다. 시호는 예숙(譽肅)이다.

최유청(崔惟淸) 최석의 아들이다. 어려서 아버지를 여의었으나, 학문을 좋아하여 경사자집(經史子集) 분야에 모두 널리 능통하였다. 예종조(睿宗朝)에 과거에 급제하였는데, 이내 말하기를 "학문이 넉넉하게 된 뒤라야 벼슬하겠다." 하고는 두문불출하고 글을 읽으면서 벼슬을 구하지 않았다. 뒤에 여러 번 승진하여 좌사간(左司諫)에 이르고 외직으로 나가 상주(尙州) 수령이 되었다. 지주사(知奏事)를 거쳐 중서문하평장사에 제수되었고 뒤에 집현전태학사 판예부사(集賢殿太學士判禮部事)로 치사(致仕)하였다. 졸한 뒤 문숙(文淑)의 시호를 받았다. 일찍이 금(金)나라에 가서 책명(冊命)에 사례하였는데, 언동이 예에 부합하여 금나라 사람들이 탄복하였다. 또 송(宋)나라에 사신으로 갔는데 송나라 사람들이 그를 칭찬하였다. 정중부(鄭仲夫)의 난에 문신들이 모두 해를 입었는데, 여러 장수들이 평소

최유청의 덕망에 감복하였으므로 군사들을 경계시켜 그의 집에 침입하지 말도록 하였고, 심지어 기년복(期年服)과 대소공복(大小功服)을 입는 친척까지도 모두 화를 면하였다. 아들 8명을 두었는데 4명이 과거에 급제하여 해마다 관청에서 그 어머니에게 양곡을 주었다.

최당(崔讜) 개성부(開城府)에 보인다.

태성길(太成吉) 공민왕(恭愍王) 때에 홍적(紅賊 홍건적)이 침입하였는데, 태성길이 74세 된 어머니를 업고 피란하여 환란을 면할 수 있었다. 죽을 때까지 효도로 봉양하기를 변함없이 하였으므로 조정에서 가상히 여겨 정려(旌閭)하였다.

본조

김응하(金應河) 어려서 아버지를 잃고 가난하여 농사에 힘썼다. 무과에 급제하여 광해군(光海君) 때에 여러 관직을 거쳐 병마우후(兵馬虞候)가 되었다. 만력(萬曆) 무오년(1618, 광해군10)에 건로(建虜 건주위(建州衛) 오랑캐)가 요동을 침범하자 신종황제(神宗皇帝)가 본국의 군사를 징집하였다. 김응하는 선천 군수(宣川郡守)로 재임 중에 좌영장으로서 원수 강홍립(姜弘立)을 따라 명(明)나라 도독 유정(劉珽)을 오랑캐 땅인 부차령(富車嶺)에서 만나 건로를 정벌하였다. 명나라의 세 방면 장수들이 모두 대패하고 강홍립 등은 투항하였는데, 오직 김응하만이 얼마 안 되는 군사를 거느리고 죽을 때까지 싸웠다. 죽은 뒤에도 여전히 손에 쥔 검을 놓지 않아 건로들이 그가 살아 있는 줄로 의심하여 감히 가까이 가지 못하였다. 황제가 조서를 내려 그 충성을 기리고 요동 백(遼東伯)에 봉하였으며, 우리나라에서는 특별히 영의정에 추증하였다. 김응하는 활쏘기와 말타기를 잘하였으며, 사람됨이 효성스럽고 의로워서 무관의 거칠고 사나운 기운이 전혀 없었다. 아우 김응해(金應海)는 관직이 통제사에 이르렀고, 아들 김익련(金益鍊)은 절도사가 되었다.

금성현金城縣

동쪽으로 회양부(淮陽府) 장양현(長楊縣) 경계까지 105리이다. 남쪽으로 낭천현(狼川縣) 경계까지 52리, 김화현(金化縣) 경계까지 17리이다. 서쪽으로 평강현(平康縣) 경계까지 37리이다. 북쪽으로 회양부 경계까지 56리이다. 서울과의 거리는 336리이다.

한전 旱田

수전 水田

건치연혁 建置沿革

본래 고구려 모성군(母城郡)이다. 일명 야차홀(也次忽)이라 한다. 신라 경덕왕(景德王) 때에 익성군(益城郡)으로 고치고 뒤에 금성(金城)으로 고쳤다. 고려 현종(顯宗) 때에 강등시켜 현(縣)으로 삼았다가 곧이어 교주(交州)에 편입시켰다. 예종(睿宗) 때에 다시 금성현을 설치하고, 고종(高宗) 때에 고쳐 도령현(道寧縣)으로 삼았다. 본조 초에 다시 금성현으로 삼았다. 관장하는 면은 □개이다.

관원

현령(縣令), 훈도(訓導) 각 1인이다.

군명 郡名

모성(母城), 익성(益城), 도령(道寧)

풍속 風俗

화전을 일구는 것을 중요시한다.

산천 山川

경파산(慶把山) 현 북쪽 2리에 있다. 진산(鎭山)이다.

적산(赤山) 현 남쪽 20리에 있다. 적근산(赤根山)이라고도 칭한다. 높은 봉우리가 솟아올라 여러 산에 비해 유독 우뚝하여 금강산(金剛山)이 환히 바라보인다. 그 서쪽은 김화현 지경이다.

백역산(白亦山) 현 북쪽 45리에 있다.

차유산(車踰山) 기성현(岐城縣) 남쪽 5리에 있다. 현과의 거리는 45리이다.

영수산(永水山) 통구현(通溝縣) 동북쪽 10리에 있다. 현과의 거리는 75리이다.

운봉산(雲峯山) 현 남쪽 25리에 있다.

회수(淮水) 원류는 회양부에서 나와 현 지경에 들어와 보리판(菩提坂)을 지나고 남쪽으로 흘러 통구폐현(通溝廢縣)을 지난다. 서쪽에 나루가 있으니 다경진(多慶津)이라고 한다. 또 남쪽으로 흘러 낭천현에 들어간다. 현 지경에 있는 것은 모두 협곡 안을 흐르는데, 물굽이가 무릇 백수십 리에 걸쳐 있다.

상리천(上里川) 현 남쪽 2리에 있다. 원류는 회양부 남곡현(嵐谷縣)에서 나와 동쪽으로 흘러 회수에 들어간다.

녹반암(綠磻巖) -원문 4, 5자 결락-에 있다. ○ 본조 허적(許穡)의 시[284]에,

천 봉우리 만 골짜기에 길은 돌고 돌아	千峯萬壑路縈迴
하루 종일 험난한 길 말 가는 대로 왔네	竟日崎嶇信馬來
홀연히 물가에 임한 기암 발견하고	忽見奇巖臨水渚
문득 그윽한 풀 헤치고 산모퉁이에 앉아 보네	却披幽草坐山隈
흰 구름 붉은 단풍에 석양빛 두루 비치고	白雲紅樹斜光遍
세찬 여울물 소리 저물녘 슬피 메아리치네	瀉灘鳴湍晩響哀
가장 사랑스런 것은 못 속이 벽면 머금어	最愛潭心銜壁面
비단 무늬 붉은 채색이 거울 속에 펼쳐진 것이라네	錦紋丹彩鏡中開

하였다.

토산 土産

동철(銅鐵), 현 남쪽 풍동리(楓洞里)에서 난다. 석철(石鐵), 기성리(岐城里) 야포평(也浦坪)에서 난다. 연철(鉛鐵), 모두 현 북쪽 금야동(金也洞)에

284 허적(許穡)의 시 : 〈녹반암(綠磻巖)〉이다. 《水色集 卷5》

서 난다.[285] 노감석(爐甘石), 잣〔海松子〕, 옻〔漆〕, 인삼(人蔘), 복령(茯苓), 꿀〔蜂蜜〕, 황랍(黃蠟), 산무애뱀〔白花蛇〕, 석이버섯〔石蕈〕, 오미자(五味子), 당귀(當歸), 강활(羌活), 독활(獨活), 여항어(餘項魚), 쏘가리〔錦鱗魚〕, 누치〔訥魚〕

학교 學校

향교(鄕校) 현 서쪽 3리에 있다.

궁실 宮室

객관(客館)

영벽루(映碧樓) 현 북쪽 50리, 회수 가에 있다. 남쪽으로 보리판에 임하여 있다. 유사눌(柳思訥)의 기문(記文)이 있다.

봉수 烽燧

아현 봉수(阿峴烽燧) 현 남쪽 10리에 있다. 남쪽으로 김화현(金化縣)의 소이산(所伊山)에 응하고, 북쪽으로 구을파산(仇乙破山)에 응한다.

285 모두……난다 : 《신증동국여지승람》 권47 〈강원도 금성현〉 토산(土産)에는 연철 앞에 꿀, 잣, 노감석을 함께 배열하였다. 본책에서는 배열을 다르게 하면서 '모두'를 그대로 쓴 것으로 보이는데, 근거가 불충분하여 그대로 번역하였다.

구을파산 봉수(仇乙破山烽燧) 현 북쪽 23리에 있다. 남쪽으로 아현(阿峴)에 응하고, 북쪽으로 기성북산(岐城北山)에 응한다.

기성북산 봉수(岐城北山烽燧) 현 북쪽 48리에 있다. 남쪽으로 구을파산에 응하고, 북쪽으로 회양부의 개탄산(介呑山)에 응한다.

우역 郵驛

직목역(直木驛) 현 북쪽 8리에 있다.

서운역(瑞雲驛) 현 남쪽 29리에 있다.

창도역(昌道驛) 예전에는 웅양역(熊壤驛)이라고 칭하였다. 현 북쪽 31리에 있다.

영풍원(永豐院) 현 남쪽 6리에 있다.

웅시원(熊施院) 현 북쪽 13리에 있다.

보리원(菩提院) 현 북쪽 50리, 보리판에 있다.

도솔원(兜率院) 현 동쪽 75리에 있다.

관량 關梁

보리판(菩提坂) 보리진(菩提津)이라고도 칭한다. 현 북쪽 50리에 있다. 회수 양쪽 언덕이 깎아지른 벼랑이어서 참호를 이루고 있는데, 벼랑 끝에 괴상한 돌이 천 길 우뚝 서 있고, 길이 벼랑 사이를 따라 나 있으니 이를 보리판이라고 한다. 이곳을 지나는 자는 마치 땅속에 들어가는 듯하여 두려워 넋이 빠질 지경이다. 판을 내려가서야 물을 건너게 되는데, 여름에 장마 지

면 배로 건너고 가을과 겨울에는 다리를 설치한다. ○ 본조 황호(黃㦿)의 시[286]에,

큰 하천 안에 물이 용솟음치는데 大川中洶湧
양 협곡이 마주 보고 벌어져 있네 兩峽對開張
물줄기 터진 것은 언제부터이고 疏鑿何年始
빙빙 돌아 몇 굽이나 길게 이어졌는고 盤回幾曲長
몸을 구부리고 험한 길 더위잡고 오르고 俯身攀鳥道
눈을 감고 구불구불한 길 지나가네 閉眼過羊腸
온 세상 빠짐없이 두루 다니려는데 寰宇行將遍
험난한 여정 이곳에서 다 맛보는구나 艱危此備嘗

하였다.

사묘 祠廟

사직단(社稷壇) 현 서쪽에 있다.

문묘(文廟) 향교에 있다.

성황사(城隍祠) 북산(北山)에 있다.

여단(厲壇) 현 북쪽에 있다.

286 황호(黃㦿)의 시 : 〈낮에 비를 무릅쓰고 출발하여 보니판을 지나다(吾發冒雨過普尼坂)〉이다. 《漫浪集 卷3》

사찰 寺刹

월봉사(月峯寺) 적산에 있다.

고적 古蹟

통구폐현(通溝廢縣) 현 북쪽 67리에 있다. 구(溝)는 구(口)로도 쓴다. 본래 고구려 수입현(水入縣)으로, 일명 매이(買伊)라고 한다. 신라에서 통구(通溝)로 고치고 기성군(岐城郡)의 영현(領縣)으로 삼았다. 고려 현종 때 교주(交州)에 편입시켰다가 뒤에 옮겨 본현에 편입시켰다. 본조에서 그대로 따랐다.

기성폐현(岐城廢縣) 현 북쪽 48리에 있다. 본래 고구려 동사홀군(冬斯忽郡)인데, 신라에서 기성으로 고쳤다. 고려 초에 강등시켜 현으로 삼았다. 뒤에 본현에 편입시켰다.

통사동고성(桶寺洞古城) 현 남쪽 8리에 있다. 돌로 쌓았다. 둘레가 725자이다. 지금은 없어졌다.

양구현楊口縣

동쪽으로 인제현(麟蹄縣) 경계까지 34리이다. 남쪽으로 춘천부(春川府) 경계까지 32리이다. 서쪽으로 낭천현(狼川縣) 경계까지 31리이다. 북쪽으로 회양부(淮陽府) 경계까지 73리이다. 서울과의 거리는 331리이다.

한전 旱田

수전 水田

건치연혁 建置沿革

본래 고구려 양구군(楊口郡)이다. 일명 요은홀차(要隱忽次)라고 한다. 신라 경덕왕(景德王) 때에 양록군(楊麓郡)으로 고쳤다. 고려 초에 양구현(楊溝縣)으로 고치고 곧이어 춘주(春州)에 편입시켰다. 예종(睿宗) 초에 다시 양구현을 설치하였다가 곧이어 낭천(狼川)에서 겸임하게 하였다. 본조 태조(太祖) 2년(1393)에 또 떼어 내 현(縣)으로 삼았다. 관장하는 면은 □개이다.

관원

현감(縣監), 훈도(訓導) 각 1인이다.

군명 郡名

양록(楊麓), 양구(楊溝)

산천 山川

비봉산(飛鳳山) 현 북쪽 2리에 있다. 진산(鎭山)이다.

두타산(頭陀山) 현 북쪽 51리에 있다.

사명산(四明山) 현 서쪽 36리에 있다. 산 정상에 못이 있다. 가뭄이 들면 비를 빈다.

도솔산(兜率山) 현 동쪽 40리에 있다.

도리관현(都里串峴) 현 동쪽 15리에 있다.

사리관현(沙里串峴) 현 동쪽 32리에 있다.

포천현(鋪遷峴) 현 남쪽 30리에 있다. 길이 매우 험난하고 막혀 있어 공중에 잔도(棧道)를 설치해 놓았다.

곡계(曲溪) 현 동쪽 40리에 있다. 비봉산 동북쪽에서부터 현을 감싸고 빙 두르며 흘러서 도로 비봉산 서북쪽으로 나가 낭천현에 이르러 회수(淮水)에 들어간다.

표화대(漂華臺) 현 -원문 3, 4자 결락-에 있다. ○ 허적(許樀)의 시[287]에,

시내가 돌아 흐르니 산은 방패처럼 우뚝 섰고	溪回山楯立
양 언덕이 넓으니 물이 질펀하게 흐르네	岸闊水平鋪
산봉우리 그림자는 붉은 비단처럼 선명하고	岫影明紅錦
물결 따라 이는 빛은 화주[288]처럼 번뜩이네	波光動火珠
우뚝한 바위에 고즈넉이 홀로 앉아	危巖悄獨坐
저 멀리 흰 구름 낀 거리[289]를 바라보네	遙望白雲衢

하였다.

토산 土産

자기(磁器), 오미자(五味子), 지치〔紫草〕, 인삼(人蔘), 복령(茯苓), 꿀〔蜂蜜〕, 황랍(黃蠟), 석이버섯〔石蕈〕, 잣〔海松子〕, 영양(羚羊), 산무애뱀〔白花蛇〕, 누치〔訥魚〕, 여항어(餘項魚), 쏘가리〔錦鱗魚〕

학교 學校

향교(鄕校) 현 남쪽 1리에 있다.

287 허적(許樀)의 시 : 〈표화대에 올라〔登漂華臺〕〉이다. 《水色集 卷5》
288 화주(火珠) : 화제주(火齊珠)를 말한다. 보주(寶珠)의 일종이고 유리의 별칭이기도 하다.
289 흰……거리 : 신선 세계를 가리킨다.

궁실 宮室

객관(客館)

우역 郵驛

수인역(水仁驛) 현 남쪽 35리에 있다.

함춘역(含春驛) 현 북쪽 5리에 있다.

도리관원(都里串院) 도리관현 아래에 있다.

사묘 祠廟

사직단(社稷壇) 현 서쪽에 있다.

문묘(文廟) 향교에 있다.

성황사(城隍祠) 비봉산에 있다.

여단(厲壇) 현 북쪽에 있다.

사찰 寺刹

두타사(頭陀寺) 두타산에 있다. 절에 층암(層巖)이 있는데 쪼개져 가운데가 벌어져서 석문(石門)이 만들어졌다. ○ 허적의 시[290]에,

290 허적의 시 : 〈두타사 석문에 제하다(題頭陀寺石門)〉이다. 《水色集 卷5》

용문을 뚫은[291] 여력이 우리 땅에 미쳐　鑿龍餘力及青丘
쪼개어 끊어진 층암에서 급류가 방출되네　劈斷層巖放急流
우뚝 선 양쪽 벼랑에는 원기가 분열되어　屹立兩崖元氣裂
골짜기 가득 치달아 온갖 신령 모여드네　奔騰一壑百靈搜
맑은 가을에 사람이 오르니 정신이 경쾌해지고　淸秋人上神魂慓
밝은 날에 용이 숨어 있으니[292] 동혈은 그윽하구나　白日龍藏洞穴幽
일찍이 상상하던 기이함이 지금 비로소 맘에 맞으니　夙想瓌奇今始愜
한림의 시구[293]요 자장의 유람[294]이라네　翰林詩句子長遊

하였다.

심곡사(深谷寺) 도솔산에 있다.

관음사(觀音寺), 청량사(淸涼寺) 모두 사명산에 있다.

291 용문(龍門)을 뚫은 : 우(禹) 임금이 치수(治水)할 때 용문을 뚫어 물길을 인도하였다는 고사에서 나온 말이다. 《회남자(淮南子)》 〈수무훈(修務訓)〉에 우가 홍수의 물길을 강하로 유도할 적에 "용문의 바위를 뚫고 이궐의 길을 열었다.〔鑿龍門, 辟伊闕.〕"라고 하였다.

292 용이 숨어 있으니 : 인도의 고승 용수(龍樹)가 일찍이 용궁(龍宮)에 들어가서 《화엄경(華嚴經)》을 싸 가지고 왔다는 고사에서, 불경에 비유한다. 여기서는 사찰이 있음을 가리킨 말이다.

293 한림(翰林)의 시구 : 한림은 이백(李白)을 지칭하는 듯하다. 남조(南朝) 송(宋)의 문인 강락(康樂) 사영운(謝靈運)이 좌천되어 영가 태수(永嘉太守)로 내려간 뒤 산수 좋은 석문산(石門山)에서 오유한 것을 이백이 읊은 시가 있는데 이 시구를 지칭하는 듯하나, 분명하지 않다. 《李太白集 卷19 與周剛 清溪玉鏡潭宴別》

294 자장(子長)의 유람 : 자장은 사마천(司馬遷)의 자(字)이다. 그는 유람을 좋아하여 남북으로 천하의 산천을 다니면서 호한(浩瀚)한 기운을 얻었다고 한다. 《漢書 司馬遷傳》

고적 古蹟

방산폐현(方山廢縣) 현 북쪽 30리에 있다. 본래 고구려 삼현현(三峴縣)으로, 일명 밀파혜(密波兮)라고 한다. 신라에서 삼령(三嶺)으로 고치고 양록군의 영현(領縣)으로 삼았다. 고려 초에 방산(方山)으로 이름을 고치고 그대로 회양(淮陽)에 병합시켰다. 본조 세종(世宗) 때에 본현에 편입시켰다.

해안소(亥安所) 현 북쪽 60리에 있다. 본래 춘천부(春川府) 지역인데, 본조 세종 6년(1424)에 떼어 내 본현에 편입시켰다.

비봉산성(飛鳳山城) 돌로 쌓았다. 둘레가 892자이다.

낭천현狼川縣

동쪽으로 양구현(楊口縣) 경계까지 45리이다. 남쪽으로 춘천부(春川府) 경계까지 23리이다. 서쪽으로 김화현(金化縣) 경계까지 64리이다. 북쪽으로 금성현(金城縣) 경계까지 56리이다. 서울과의 거리는 297리이다.

한전 旱田

수전 水田

건치연혁 建置沿革

본래 고구려 성천군(狌川郡)이다. 일명 야시매(也尸買)라고 한다. 신라 경덕왕(景德王) 때에 낭천군(狼川郡)으로 고쳤다. 고려 초에 춘주(春州)에 편입시켰고, 예종(睿宗) 초에 다시 낭천현을 설치하였다. 본조에서 그대로 따랐다. 관장하는 면은 □개이다.

관원

현감(縣監), 훈도(訓導) 각 1인이다.[295]

군명 郡名

성천(狌川)

풍속 風俗

그 풍속이 순박하여 옛날에 가깝다. 본조 허목(許穆)이 이르기를[296] "낭천과 인제(麟蹄)는 모두 영내(領內 영서(嶺西))에서 산수가 깊은 곳인데, 그 풍속 또한 순박하여 옛날에 가깝다."라고 하였다.

산천 山川

성산(狌山) 현 서쪽 1리에 있다. 진산(鎭山)이다.

용화산(龍華山) 현 남쪽 22리에 있다. 춘천부에도 보인다.

계성산(啓星山) 현 서쪽 28리에 있다.

마현(馬峴) 하나는 현 남쪽 29리에 있고, 하나는 현 북쪽 64리, 김화현 지경에 있는데, 모두 마현이라고 이름한다.

일산(日山) 현 동쪽 21리에 있다.

회수(淮水) 원류는 회양부(淮陽府)에서 나와 금성현 경계에서 흘러 들어와 현 동쪽 12리를 지나고 또 남쪽으로 흘러 춘천부에 이르러 소양강(昭陽

295 각 1인이다 : 대본에는 뒤에 '今增'이 있는데, 탈문이 있는 듯하여 삭제하고 번역하였다.

296 허목(許穆)이 이르기를 : 〈척주에 있을 때 쓴 기행문을 간추린 이야기〔陟州時記行鈔語〕〉이다. 《記言 卷24》

江)과 합해지는데, 현 지경에 있는 것은 대리강(大利江)이라고 이름한다.

○ 본조 허적(許樀)의 시[297]에,

대리강 가의 일엽편주	大利江邊一葉舟
가을바람에 노 저어 물 가운데 띄웠네	秋風移棹泛中流
푸른 산 양 언덕에 새벽노을 걷히고	青山兩岸曉霞捲
초록 나무 긴 물가에 아침 해 떠오르네	綠樹長洲朝日浮

하였다.

남진수(南津水) 마현에서 나와 현 남쪽 1리를 지나고, 또 동쪽으로 흘러 회수에 들어간다.

풍천(楓川) 현 동쪽 27리에 있다.

마탄(馬灘) 현 동쪽 46리에 있으니 바로 회수 여울이다. 물이 협곡을 지나 굽이돌면서 거세게 뿜어 대니, 이곳의 위아래 물길에는 물살이 센 여울이 매우 많다.

토산 土産

옻〔漆〕, 잣〔海松子〕, 오미자(五味子), 지치〔紫草〕, 인삼(人蔘), 복령(茯苓), 석이버섯〔石蕈〕, 꿀〔蜂蜜〕, 황랍(黃蠟), 영양(羚羊), 누치〔訥魚〕, 여항어(餘項魚), 쏘가리〔錦鱗魚〕

297 허적(許樀)의 시 : 〈대리 나루를 건너며〔渡大利津〕〉이다. 《水色集 卷5》

학교 學校

향교(鄕校) 현 서쪽 3리에 있다.

궁실 宮室

객관(客館)

남진정(南津亭) 현 남쪽 1리, 남진수 언덕에 있다.

여지당(勵志堂) 객관 서쪽에 있다.

우역 郵驛

방천역(方川驛) 현 동쪽 42리에 있다.

원천역(原川驛) 현 남쪽 15리에 있다. ○ 본조 허적의 시[298]에,

외로운 역이 천 산 안에 있고	孤驛千山裏
잔폐한 마을이 한 물가에 있네	殘村一水邊
땅이 외지니 인성도 옹졸하고	地偏人性塞
길이 험하여 말발굽도 구멍났지만	路險馬蹄穿
걸쭉한 죽에 새 꿀을 타고	饘粥添新蜜
밥상에는 작은 생선 구워 올렸네	盤飧煮小鮮
깊숙이 속세와 떨어진 곳에서	幽深隔塵世
남은 세월을 의탁하고 싶어지네	擬欲托殘年

298 허적의 시 : 〈원천역에 제하다(題原川驛)〉이다. 《水色集 卷5》

하였다.

산양역(山陽驛) 현 북쪽 45리에 있다.

대리원(大利院) 현 동쪽 12리, 회수 언덕에 있다.

사묘 祠廟

사직단(社稷壇) 현 서쪽에 있다.

문묘(文廟) 향교에 있다.

성황사(城隍祠) 민간에서 자모당(子母堂)이라고 칭한다. 모당(母堂)은 현 북쪽 4리에 있고, 자당(子堂)은 현 서쪽 7리에 있다.

여단(厲壇) 현 북쪽에 있다.

사찰 寺刹

성불사(成佛寺) 용화산에 있다.

계성사(啓星寺) 계성산에 있다.

고적 古蹟

용화산성(龍華山城) 돌로 쌓았다. 둘레가 956자이다. 안에 우물이 3개 있다. 지금은 반이 무너지고 떨어져 나갔다.

성산성(狌山城) 돌로 쌓았다. 둘레가 3014자이다. 지금은 반이 무너지고 떨어져 나갔다.

이천현伊川縣

동쪽으로 평강현(平康縣) 경계까지 38리이다. 남쪽으로 안협현(安峽縣) 경계까지 14리이다. 서쪽으로 황해도 신계현(新溪縣) 경계까지 35리이다. 북쪽으로 함경도 안변부(安邊府) 경계까지 105리이다. 서울과의 거리는 322리이다.

한전 旱田

수전 水田

건치연혁 建置沿革

본래 고구려 이진매현(伊珍買縣)이다. 신라 경덕왕(景德王) 때에 이천(伊川)으로 고치고 토산군(兎山郡)의 영현(領縣)으로 삼았다. 고려 현종(顯宗) 때 동주(東州)에 편입시켰고, 뒤에 다시 이천현을 설치하였다. 본조에서 그대로 따랐다. 공정왕(恭定王 태종) 13년(1413)에 경기에서 본도로 옮겨 예속시켰다. 관장하는 면은 4개이다.

관원

현감(縣監), 훈도(訓導) 각 1인이다.

군명 郡名

이진매(伊珍買)

형승 形勝

고을이 높은 산과 큰 내의 사이에 있다. 본조 김수온(金守溫)의 〈열운정기(悅雲亭記)〉[299]

계곡이 깊고 땅은 척박하다. 김수온의 시에 "계곡 깊어 자주 빗물 불어나고, 땅이 척박하여 쉽게 흉년이 드네.〔溪深頻雨漲 地瘠易年荒〕"라고 하였다.

풍속 風俗

풍속이 귀신을 숭상한다. 지지(地志)

풍속이 촌스럽고 순박하다. 땅이 척박하여 논이 없고, 흉년이 들면 도토리와 밤을 주워 식량으로 삼는다. 풍속은 촌스러운데 사람들은 오히려 순박하다. 평강(平康)과 같다.

299 김수온(金守溫)의 열운정기(悅雲亭記) : 《식우집(拭疣集)》 권2에 나온다.

산천 山川

성산(城山) 현 북쪽 2리에 있다. 진산(鎭山)이다.

갈산(葛山) 현 동북쪽 129리에 있다.

옥곡산(玉谷山) 현 동쪽 37리에 있다.

소이산(所伊山) 현 남쪽 10리에 있다.

고성산(古城山) 현 북쪽 9리에 있다. 위에 옛 성이 있었는데, 둘레가 겨우 350여 자이다. 지금은 모두 헐고 무너졌다.

광복산(廣福山) 현 북쪽 60리에 있다. 산이 높고 험하다. 또 암석이 성처럼 둘러 있는데, 둘레가 15리이고 안에 거주하는 사람들이 있다.

회며산(檜旀山) 현 북쪽 10리에 있다.

두니산(豆尼山) 현 북쪽 31리에 있다.

개련산(開蓮山) 현 북쪽 68리에 있다.

달마산(達摩山) 현 동쪽 15리에 있다.

이천수(伊川水) 또 단수(湍水)라고 부른다. 원류는 안변부 영풍현(永豐縣) 경계에서 나와 흘러 현 북쪽 30리에 이르러 모여서 덕진연(德津淵)이 되고, 고성산 아래를 지나니 고성진(古城津)이라고 부른다. 또 남쪽으로 흘러 안협현 지경에 들어간다.

옥천(玉川) 일명 남천(南川)이라고 한다. 옥곡산에서 나와 객관 남쪽을 지나고, 또 동쪽으로 흘러 이천수에 들어간다.

덕진연(德津淵) 현 북쪽 30리에 있다. 위에 덕진사(德津祠)가 있다. ○ 본조 김수온의 시에,

이천수가 일만 골짜기를 씻어 내리는데	伊川之水漱萬壑
두 물이 흘러와 합치는 곳에 산은 높고 험하네	兩水來合山崒嵂

사람들은 그 아래에 용이 산다 말하건만　　人言其下龍所宅
침침한 그 물속은 깊어 헤아릴 수 없네　　沈沈水府深莫測

하였다.

갈산동 온천(葛山洞溫泉) 현 북쪽 19리에 있다. 세종(世宗)이 일찍이 안질(眼疾)이 있어서 사신을 보내 여러 도의 온천물을 떠 오게 해서 무게를 달아 보니 이 온천물이 가장 무거웠다. 이에 친히 행차하여 목욕하였는데, 효험이 좋았으므로 이 물을 제일로 쳤다고 한다. 지금 행궁(行宮)의 유지(遺址)가 남아 있다.

구리항 온천(丘里項溫泉) 현 북쪽 80리에 있다.

토산 土産

옻〔漆〕, 잣〔海松子〕, 오미자(五味子), 인삼(人蔘), 복령(茯苓), 지치〔紫草〕, 송이버섯〔松蕈〕, 석이버섯〔石蕈〕, 꿀〔蜂蜜〕, 황랍(黃蠟), 영양(羚羊), 산무애뱀〔白花蛇〕, 누치〔訥魚〕, 여항어(餘項魚), 쏘가리〔錦鱗魚〕

학교 學校

향교(鄕校) 현 북쪽 3리에 있다.

궁실 宮室

객관(客館)

열운정(悅雲亭) 객관 동쪽에 있다. 본조 김수온이 현에 이르러 열흘간 머물면서 정자에 올라 아침저녁으로 운기가 많이 일어나는 것을 사랑하였기 때문에 열운이라고 명명하였다. 그가 지은 〈열운정기〉가 있다.

우역 郵驛

건천역(乾川驛) 현 남쪽 4리에 있다.

광덕원(廣德院) 현 북쪽 50리에 있다.

관량 關梁

주음곡관(周音谷關) 현 북쪽 110리에 있다. 북쪽으로 안변부 영풍현(永豐縣)에 통하는데, 형세가 험요(險要)하여 동쪽으로 큰 산을 누르고 서쪽으로 큰 내에 임하여 있으니, 한 명의 사내가 관문을 지키면 만 명의 군사를 막을 수 있다. 옛사람이 담을 쌓고 관문을 설치하여 오랑캐를 막았는데, 유지(遺址)가 아직까지 남아 있다. 세속에서 방장(防墻)이라고 부른다.

사묘 祠廟

사직단(社稷壇) 현 서쪽에 있다.

문묘(文廟) 향교에 있다.

성황사(城隍祠) 성산에 있다.

여단(厲壇) 현 북쪽에 있다.

덕진사(德津祠) 덕진연 위에 있다. 매양 봄가을에 본현에서 제사를 지낸다.

사찰 寺刹

갈산사(葛山寺) 갈산에 있다.

소림사(小林寺), **양음사**(陽陰寺) 모두 달마산에 있다.

고적 古蹟

동성(東城) 현 동쪽 21리에 있다. 돌로 쌓았다. 둘레가 870자이다.

성산고성(城山古城) 돌로 쌓았다. 둘레가 740자이다.

열녀 列女

손씨(孫氏) 고려 때 사람으로, 한림 승지(翰林承旨) 기전룡(奇田龍)의 처이다. 나이 21세 때에 기전룡이 중국에 들어갔다가 돌아오지 않았는데, 손씨는 시어머니를 봉양하는 데 오직 부지런히 하여 나태한 마음을 갖지 않았다. 조정에서 그 절의(節義)를 가상히 여겨 비를 세워 정려(旌閭)하였다.

평강현平康縣

동쪽으로 김화현(金化縣) 경계까지 24리, 회양부(淮陽府) 경계까지 27리이다. 남쪽으로 철원부(鐵原府) 경계까지 15리이다. 서쪽으로 이천현(伊川縣) 경계까지 60리, 안협현(安峽縣) 경계까지 63리이다. 북쪽으로 함경도 안변부(安邊府) 경계까지 81리이다. 서울과의 거리는 268리이다.

한전 旱田

수전 水田

건치연혁 建置沿革

본래 고구려 부양현(斧壤縣)이다. 일명 어사내(於斯內)라고 한다. 신라 경덕왕(景德王) 때에 광평(廣平)으로 이름을 고치고 부평군(富平郡)의 영현(領縣)으로 삼았다. 고려 현종(顯宗) 때에 평강(平康)으로 고치고 동주(東州)에 병합시켰다. 명종(明宗) 때에 다시 평강현을 설치하고 뒤에 김화(金化)에서 겸임하게 하였다. 공양왕(恭讓王) 초에 도로 떼어 내 현(縣)으로 삼았다. 본조에서 그대로 따랐다. 관장하는 면은 7개이다.

관원

현감(縣監), 훈도(訓導) 각 1인이다.

군명 郡名

부양(斧壤), 광평(廣平)

풍속 風俗

귀신을 숭상한다. 지지(地志)

산천 山川

중봉산(重峯山) 현 남쪽 25리에 있다.

장고산(長鼓山) 현 북쪽 14리에 있다.

미륵산(彌勒山) 현 동쪽 15리에 있다.

죽림산(竹林山) 현 북쪽 39리에 있다.

희령산(戱靈山) 현 북쪽 88리에 있다.

청룡산(靑龍山) 현 북쪽 59리에 있다.

신성산(新城山) 현 북쪽 13리에 있다.

율지산(栗枝山) 현 서쪽 25리에 있다.

설탄령(雪呑嶺) 현 북쪽 90리에 있다.

분수령(分水嶺) 현 북쪽 49리에 있다. 백두산(白頭山)의 산맥이 회령부(會

寧府) 우라한령(于羅漢嶺)에서 갑산(甲山) 동북쪽에 이르러 두리산(頭里山)이 되고, 영흥(永興) 서북쪽에 이르러 검산(劍山)이 되고, 또 남쪽으로 본현 및 안변부 경계에 이르러 이 고개가 된다. 그 위는 평탄한데, 물로 동서를 나누어 뻗어 나가는 산맥이기에 그렇게 이름하였다. 백두산이 여기에 이르러 다시 일어나 동서 두 갈래로 나뉜다. ○ 고려 김구(金坵)의 시[300]에,

두견새 소리 속에 보이는 것은 청산뿐 杜鵑聲裏但青山
온종일 푸르고 빽빽한 산속을 뚫고 가네 竟日行穿翠密間
한 시내를 건너자니 그 몇 굽이나 되던고 渡一溪流知幾曲
졸졸 흐르는 물 보내니 또 졸졸 흐르네 送潺潺了又潺潺

하였다.

재송평(栽松坪) 현 남쪽 15리에 있다.

적암천(狄巖川) 현 서쪽 34리에 있다.

유수(楡水) 현 북쪽 80리에 있다. 원류는 설탄령에서 나와 이천현 지경에 들어간다.

토산 土産

옻〔漆〕, 잣〔海松子〕, 오미자(五味子), 인삼(人蔘), 복령(茯苓), 석이버섯〔石蕈〕, 매〔鷹〕, 꿀〔蜂蜜〕, 황랍(黃蠟), 영양(羚羊), 산무애뱀〔白花蛇〕, 누치〔訥魚〕, 여항어(餘項魚)

300 김구(金坵)의 시 : 〈분수령 가는 길에서〔分水嶺途中〕〉이다. 《止浦集 卷1》

학교 學校

궁실 宮室

객관(客館)

봉수 烽燧

송현 봉수(松峴烽燧) 현 동쪽 9리에 있다. 남쪽으로 토빙산(吐氷山)에 응하고, 북쪽으로 회양부의 쌍령(雙嶺)에 응한다.

토빙산 봉수(吐氷山烽燧) 현 남쪽 15리에 있다. 서쪽으로 철원부의 소이산(所伊山)에 응하고, 북쪽으로 송현에 응한다.

진촌산 봉수(珍村山烽燧) 현 남쪽 59리에 있다. 동쪽으로 김화현의 소이산에 응하고, 서쪽으로 철원부의 소이산에 응한다.

우역 郵驛

단림역(丹林驛) 현 북쪽 15리에 있다.

옥동역(玉洞驛) 현 서쪽 40리에 있다.

석교원(石橋院) 현 북쪽 5리에 있다.

관량 關梁

설탄령관(雪呑嶺關) 설탄령 위에 있다. 길이 안변(安邊)으로 나 있는데, 산세가 매우 험하여 옛날 사람이 담을 쌓고 관문을 설치하여 오랑캐를 방어하였다. 유지(遺址)기 아직 남아 있다. 세속에서 방상(防墻)이라고 부른다.

사묘 祠廟

사직단(社稷壇) 현 서쪽에 있다.

문묘(文廟) 향교에 있다.

성황사(城隍祠) 현 북쪽 2리에 있다.

여단(厲壇) 현 북쪽에 있다.

사찰 寺刹

유적사(幽寂寺) 중봉산에 있다.

원적사(圓寂寺) 만운산(萬雲山)에 있다.

고적 古蹟

게현(憩峴) 현 서쪽에 있다. 궁예(弓裔)가 사냥을 하다가 일찍이 여기에서 쉬었으므로 이렇게 이름하였다.

갑천(甲川) 현 서쪽에 있다. 세상에서 전하기를 "궁예가 변란을 듣고 도망가다가 이 냇가에 이르러 갑옷을 버리고 달아났기 때문에 그렇게 이름 지었다. 궁예는 여기에서 바위 골짜기로 도망가 이틀을 묵다가 배가 너무 고파 보리이삭을 비벼 낟알을 주워 먹다가 부양(斧壤) 백성에게 살해되었다."라고 한다.

사정소(史丁所) 현 북쪽 60리에 있다.

유림소(楡林所) 현 북쪽 90리에 있다.

청룡산성(青龍山城) 돌로 쌓았다. 둘레가 1460자이다. 안에 우물이 1개 있다. 지금은 없어졌다.

성황당산성(城隍堂山城) 현 북쪽 1리에 있다. 돌로 쌓았다. 둘레가 922자이다. 안에 우물이 1개 있다. 지금은 없어졌다.

명환 名宦

본조

오윤겸(吳允謙) 선조조(宣祖朝)에 평강 현감이 되었다. 현에 재임한 5년간 경내가 크게 다스려졌다. 당시 정구(鄭逑)가 관찰사가 되어 순찰하다가 현에 이르러 오윤겸을 만났는데, 행동거지가 단정하고 고상하며 언사가 자세하고 분명하여 묻는 데 따라 해명하는 것이 물 흐르듯 하므로 저도 모르게 감복하였다. 방 안으로 이끌고 들어와 앉아 밤새도록 일을 논하고서 기뻐하며 말하기를 "참으로 금옥(金玉) 같은 군자이다."라고 하였다.

인물 人物

고려

채송년(蔡松年) 자태가 단아하고 수려하며 성품이 화평하였다. 고종(高宗) 때 병마사(兵馬使)가 되어 최향(崔珦)을 토벌하여 평정시키고, 여러 관직을 거쳐 중서시랑평장사(中書侍郎平章事)에 이르렀다. 시호는 경평(景平)이다. 당시에 시종 부귀를 누린 자를 거론할 때는 채송년을 일컬었다.

채정(蔡楨) 채송년의 아들이다. 지조가 있고 기탄없이 직언을 하였다. 원종(元宗)이 몽고에 갔을 때에 호종하여 비익(裨益)함이 많았다. 관직이 문하시랑평장사(門下侍郎平章事)에 이르고, 원종 묘정에 배향되었다.

채홍철(蔡洪哲) 충렬왕조(忠烈王朝)에 과거에 급제하여 통례문 지후(通禮門祗候)를 거치고 여덟 번 옮겨 정승이 되니, 선비들이 영광으로 여겼다. 뒤에 순천군(順天君)에 봉해졌다. 사람됨이 정교하고 문장과 기예에 모두 그 능력을 발휘하였다. 자호를 중암거사(中菴居士)라 하였다. 그가 지은 〈자하동곡(紫霞洞曲)〉이 세상에 전해진다. 아들 채하중(蔡河中)은 원(元)나라에 들어가 심왕(瀋王)을 시종하고 정승이 되었다.

채한로(蔡漢老) 공민왕조(恭愍王朝)에 정승이 되었다.

본조

채침(蔡忱) 문과에 급제하고 여러 관직을 거쳐 사헌부 대사헌에 이르렀다.

김화현金化縣

동쪽으로 금성현(金城縣) 경계까지 36리이다. 남쪽으로 낭천현(狼川縣) 경계까지 21리이다. 서쪽으로 철원부(鐵原府) 경계까지 30리이다. 북쪽으로 평강현(平康縣) 경계까지 26리이다. 서울과의 거리는 283리이다.

한전 旱田

수전 水田

건치연혁 建置沿革

본래 고구려 부여군(夫如郡)이다. 신라 경덕왕(景德王) 때에 고쳐 부평군(富平郡)으로 삼았다. 고려 현종(顯宗) 때 김화군(金化郡)으로 고치고, 뒤에 동주(東州)에 편입시켰다. 인종(仁宗) 때 다시 김화현을 설치하였다. 본조에서 그대로 따랐다. 관장하는 면은 □개이다.

관원

현감(縣監), 훈도(訓導) 각 1인이다.

군명 郡名

부여(夫如), 부평(富平) 별호는 화산(花山)이다.

풍속 風俗

백성들이 적고 풍속은 순박하며, 화전을 일구어 밭을 개간하고, 판자로 지붕을 덮는다.

산천 山川

오신산(五申山) 현 북쪽 13리에 있다. 진산(鎭山)이다.

장지산(將之山) 현 서쪽 27리에 있다.

삼신산(三申山) 현 서쪽 10리에 있다.

적산(赤山) 세속에서 적근산(赤根山)이라 칭한다. 현 동쪽 40리에 있다. 홀로 우뚝하게 솟아올라 여러 산에 비해 특히 높다.

등산(燈山) 현 북쪽 21리에 있다.

아오현(阿吾峴) 현 북쪽 4리에 있다.

만심산(萬深山) 현 동쪽 3리에 있다.

천불산(千佛山) 현 동남쪽 20리에 있다. 뭇 석봉(石峯)이 늘어서 있는 것이 마치 여러 부처들이 늘어서 있는 것 같으므로 이렇게 이름하였다.

충현산(忠峴山) 현 동쪽 36리에 있다.

여파산(餘波山) 현 북쪽 44리에 있다.

수우산(水于山) 현 북쪽 37리에 있다.

말흘천평(末訖川坪) 현 북쪽 25리에 있다.

마현(馬峴) 현 동쪽 29리에 있다.

대성산(大聖山) 현 남쪽 24리에 있다.

단암(丹巖) 낭천, 금성 경계에 있고, 현과의 거리는 13리이다. 길가에 있는 봉우리가 절벽을 이루어 그 높이가 천 길이나 되어서 새도 날아오를 수 없다. 돌 빛이 조금 붉기 때문에 그렇게 이름하였다.

용두암(龍頭巖)

남대천(南大川) 현 남쪽 5리에 있다. 서쪽으로 흘러 철원부 지경에 들어가 체천(砌川)과 합해진다.

방동천(方洞川) 현 동쪽 26리에 있다. 남대천과 합해진다.

토산 土産

석철(石鐵), 방동천에서 난다. 녹반(綠礬), 현 북쪽에서 난다. 활석(滑石), 옻〔漆〕, 잣〔海松子〕, 오미자(五味子), 인삼(人蔘), 복령(茯苓), 안식향(安息香), 석이버섯〔石蕈〕, 강활(羌活), 독활(獨活), 꿀〔蜂蜜〕, 황랍(黃蠟), 영양(羚羊), 산무애뱀〔白花蛇〕, 쏘가리〔錦鱗魚〕, 여항어(餘項魚)

학교 學校

향교(鄕校) 현 서쪽 2리에 있다.

궁실 宮室

객관(客館)

봉수 烽燧

소이산 봉수(所伊山烽燧) 현 북쪽 10리에 있다. 동쪽으로 금성현의 아현(阿峴)에 응하고, 서쪽으로 평강현의 진촌산(珍村山)에 응한다.

우역 郵驛

생창역(生昌驛) 현 남쪽 4리에 있다.

보덕원(寶德院) 현 남쪽 6리에 있다.

사묘 祠廟

사직단(社稷壇) 현 서쪽에 있다.

문묘(文廟) 향교에 있다.

성황사(城隍祠) 산성 안에 있다.

여단(厲壇) 현 북쪽에 있다.

사찰 寺刹

보현사(普賢寺) 대성산에 있다.

수태사(水泰寺) 오신산에 있다.

삼신사(三申寺) 삼신산에 있다.

고적 古蹟

성산성(城山城) 현 북쪽 4리에 있다. 돌로 쌓았다. 둘레가 1489자이다.

신화역(新化驛) 옛터가 현 남쪽 25리에 있다.

안협현安峽縣

동쪽으로 평강현(平康縣) 경계까지 34리이다. 남쪽으로 경기 삭녕군(朔寧郡) 경계까지 15리이다. 서쪽으로 황해도 토산현(兎山縣) 경계까지 14리이다. 북쪽으로 이천현(伊川縣) 경계까지 45리이다. 서울과의 거리는 260리이다.

한전 **旱田**

수전 **水田**

건치연혁 **建置沿革**

본래 고구려 아진압현(阿珍押縣)이다. 일명 궁악(窮嶽)이라고 한다. 신라 경덕왕(景德王) 때에 안협(安峽)으로 고치고 토산군(兎山郡)의 영현(領縣)으로 삼았다. 고려 현종(顯宗) 때 동주(東州)에 편입시켰다. 예종(睿宗) 때 다시 안협현을 설치하였다. 본조 공정왕(恭定王 태종) 14년(1414)에 삭녕군(朔寧郡)에 병합시켰다가 16년(1416)에 다시 떼어 내 현(縣)을 설치하였다. 관장하는 면은 □개이다.

관원

현감(縣監), 훈도(訓導) 각 1인이다.

군명 郡名

궁악(窮嶽)

풍속 風俗

촌락이 서로 보호하고, 민속은 태곳적과 같다. 촌락이 서로 보호하여 완연히 주씨(朱氏)와 진씨(陳氏)만 사는 마을[301]과 같으니, 대대로 밭 갈아 먹고 샘 파서 물 마시는 태평한 생활을 이어 와서 민속이 태곳적과 같다.

화전을 일구는 것을 중요시한다.

산천 山川

만경산(萬景山) 현 북쪽 2리에 있다. 진산(鎭山)이다.

팔봉산(八峯山) 현 북쪽 16리에 있다.

고암산(高巖山) 현 동쪽 20리에 있다.

301 주씨(朱氏)와……마을 : 한 마을에 주씨와 진씨(陳氏) 두 성씨만 살면서 대대로 서로 혼인했다는 고사에서 나온 말이다. 당(唐)나라 백거이(白居易)의 시 〈주진촌(朱陳村)〉에 "서주의 고풍현에, 마을이 있으니 주진촌이라.……한마을에 오직 두 성씨, 대대로 혼인하는구나.〔徐州古豐縣, 有村曰朱陳.……一村唯兩姓, 世世爲婚姻.〕"라고 하였다.

교곡산(橋谷山) 현 북쪽 39리에 있다.

유달령(鍮達嶺) 현 북쪽 20리에 있으니, 바로 팔봉산 서쪽 고개이다.

등갈동(藤葛洞) 현 북쪽 15리에 있다.

단수(湍水) 현 서쪽 9리에 있다. 이천수(伊川水)가 본현에 이르러 이 물이 된다. 세속에서 포리진(浦里津)이라고 칭한다. 남쪽으로 흘러 토산과 삭녕의 지경에 들어간다.

저탄수(猪灘水) 세속에서 저전탄천(猪轉灘川)이라고 칭한다. 현 서쪽 12리에 있다. 원류는 평강현의 분수령(分水嶺)에서 나오고, 또 서쪽으로 흘러 단수에 들어간다.

제당연(祭堂淵) 현 서쪽 12리에 있다. 단수가 모여들어 못이 되었는데, 바위가 물가에 우뚝 서 있고 위에 옛 제당(祭堂) 유지(遺址)가 있다. 민간에 전해지기를 "고려 때 달단(韃靼)이 침입하여 여기에 이르러 멀리 바라보니, 기병(騎兵) 만여 명이 나란히 늘어서 있는 듯하여 감히 진격하지 못하였다. 이 일로 사당을 짓고 제사 지냈다."라고 한다. 지금 날이 가물 때 비를 빈다.

저전탄(猪轉灘) 현 서쪽 12리에 있다.

토산 土産

청석(青石), 저전탄 석벽에서 난다. 옥등석(玉燈石), 등갈동에서 난다. 석철(石鐵), 현 동쪽 노은동(奴隱洞)에서 난다. 성질이 강해서 쉽게 부러진다. 옻〔漆〕, 잣〔海松子〕, 오미자(五味子), 인삼(人蔘), 복령(茯苓), 석이버섯〔石蕈〕, 꿀〔蜂蜜〕, 황랍(黃蠟), 영양(羚羊), 산무애뱀〔白花蛇〕, 누치〔訥

魚], 여항어(餘項魚)

학교 學校

향교(鄕校) 현 서쪽 1리에 있다.

궁실 宮室

객관(客館)

사묘 祠廟

사직단(社稷壇) 현 서쪽에 있다.

문묘(文廟) 향교에 있다.

성황사(城隍祠) 현 남쪽 2리에 있다.

여단(厲壇) 현 북쪽에 있다.

사찰 寺刹

암천사(巖泉寺) 만경산 서쪽에 있다. 산의 정상에 있는 암석 사이에 샘이 솟아 나오는데, 아무리 날이 가물어도 마르지 않으므로 그렇게 이름하였다.

심곡사(深谷寺) 만경산 동쪽에 있다.

수도사(修道寺) 팔봉산에 있다.

고적 古蹟

만경산성(萬景山城) 돌로 쌓았다. 둘레가 1424자이다. 지금은 반이 무너지고 떨어져 나갔다.

남산성(南山城) 현 남쪽 5리에 있다 돌루 쌓았다. 둔레가 1965지이다. 인에 우물이 1개 있다. 지금은 없어졌다.

인물 人物

고려

손관(孫冠) 문종조(文宗朝)에 과거에 급제하여 관직이 우복야 참지정사(右僕射參知政事)에 이르렀다. 사람됨이 맑고 순수하여 질박한 옛사람의 풍도가 있었다. 문학(文學)으로 이름이 났다. 시호는 장간(章簡)이다.

지은이

유형원(柳馨遠)

1622(광해군14)~1673(현종14). 조선 후기의 실학자이다. 본관은 문화(文化), 자는 덕부(德夫), 호는 반계(磻溪)·둔암(遁庵)이다. 부친인 예문관 검열 유흠(柳欽)이 유몽인(柳夢寅)의 옥사에 연루되어 죽은 뒤 5세 때부터 외삼촌 이원진(李元鎭)과 고모부 김세렴(金世濂)에게 수학하였다. 두 차례 과거에 응시했으나 낙방하고, 32세 때 전라도 부안군 보안면 우반동에 은거하였다. 이곳에서 학문과 저술에 전념하며 여생을 보냈다. 저술로는 그의 실학사상을 집대성한《반계수록(磻溪隨錄)》 외에 《주자찬요(朱子纂要)》, 《이기총론(理氣總論)》, 《동국여지지(東國輿地志)》, 《무경사서초(武經四書抄)》, 《기효신서절요(紀效新書節要)》, 《정음지남(正音指南)》, 《동국문초(東國文抄)》 등 수십 권이 있으나 《반계수록》과 《동국여지지》 외에 시문 몇 편만 전하고 나머지는 유실되었다. 그의 저작과 사상은 생전에는 인정받지 못하였으나 100여 년이 지난 뒤 《반계수록》의 개혁 사상이 널리 알려지면서 영조의 관심을 받아 높은 평가를 받고 책이 간행되어 세상에 전해졌다. 1770년(영조46) 통정대부 호조참의 겸 세자시강원찬선에 증직되었다. 그의 개혁안은 이후에도 실행되지 못하였으나 이익, 안정복, 정약용으로 이어지는 실학자들에게 큰 영향을 주었다.

옮긴이

오세옥(吳世玉)

전 한국고전번역원 수석연구위원. 《한국문집총간》 수록 문집 해제를 집필하였고, 《승정원일기》, 《명재유고》, 《사직서의궤》, 《경모궁의궤》, 《천의소감》 등의 번역에 참여하였다.

동국여지지 7

유형원 지음 | 오세옥 옮김

2023년 8월 31일 초판 1쇄 발행

발행인 김언종 | 발행처 한국고전번역원
등록 2008. 3. 12. 제25100-2018-000049호
주소 (03310) 서울시 은평구 진관1로 85
전화 02-350-4886 | 팩스 02-350-4899 | 홈페이지 www.itkc.or.kr

연구총괄 정영미 | 연구책임 장희성 | 연구기획 강지원

책임편집 이선주 | 편집진행·제작 조은지
교정 곽지숙 노성완 | 디자인 은희주
인쇄 명일인쇄

값 20,000원
ISBN 978-89-284-1004-0(94910)
978-89-284-0621-0(세트)